平阳县水利志

（1989～2012）

平阳县水利志编纂委员会　编

方志出版社
Publishing House of Local Records

图书在版编目（CIP）数据

平阳县水利志 ：1989～2012 / 《平阳县水利志》编纂委员会编. -- 北京 : 方志出版社, 2016.1
ISBN 978-7-5144-1941-2

Ⅰ. ①平… Ⅱ. ①平… Ⅲ. ①水利史－平阳县－1989～2012 Ⅳ. ①TV-092

中国版本图书馆CIP数据核字(2016)第032126号

平阳县水利志（1989～2012）

编　　者：《平阳县水利志》编纂委员会
责任编辑：李　静

出 版 人：冀祥德
出 版 者：方志出版社
地址　北京市朝阳区潘家园东里9号（国家方志馆4层）
邮编　100021
网址　http://www.fzph.org
发　　行：方志出版社发行中心
电话（010）67110500
经　　销：各地新华书店
印　　刷：温州市天虹印业有限公司

开　　本：889×1194　　1/16
印　　张：31
字　　数：351千字
版　　次：2016年1月第1版　　2016年1月第1次印刷
印　　数：001～650册

ISBN 978-7-5144-1941-2　　定价：200.00元

《平阳县水利志(1989~2012)》编纂委员会

顾　问　雷大取　林立军　曾上俊　梁　超　周　慧　林大雪
　　　　张端坤　庄义瑞　缪纪顺　陈绍熙　温一榴　陈先夏
　　　　刘纪动

主　任　申建设

副主任　林存玺　蔡祖尧　许益顺（常务）　林宝宽　陈南评
　　　　黄学松　苏中坚　周敏捷

委　员　毛芳丛　包道钦　冯　力　孙平瑞　庄一平　庄一成
　　　　李盛业　陈　云　陈圣利　陈纪冲　陈岳程　陈景雁
　　　　吴邦伟　吴联志　林　继　周贻兴　金　玲　练高团
　　　　郑邦山　郑经兴　胡型聪　施国鸿　黄东晓　黄美胜
　　　　董晓瑜　温正策　蔡德迪　修海峰　许宏棉

《平阳县水利志(1989~2012)》编辑部

主　　编　林克聪

副 主 编　庄义瑞　苏苗松

编辑顾问　（以姓氏笔画为序）
　　　　　王友建　王希贤　卢立新　池方光　陈肖粟　陈作郑
　　　　　陈永琢　林开胜　周贻训　柳宜本　夏江雷　殷为东
　　　　　潘永乐

编　　辑　温正策　陈佩佩　黄明国

鳌江（鲍小红 摄）

万全河网（倪宝道 摄）

说明：未署名照片由平阳县水利局办公室提供

2009年8月11日，省委书记赵洪祝（中）到平阳考察2009年8号“莫拉克”台风灾情

2008年5月11日，省人大常委会副主任章猛进（右二）、省水利厅厅长陈川（左三）在市水利局局长林孝悌（左二）陪同下，考察顺溪水利枢纽工程

2011年5月14日，省委常委、副省长葛慧君（中）一行到平阳考察水头城市防洪工程建设

2014年9月29日，省水利厅厅长陈川（中），在市水利局局长王振勇（左二）、县水利局局长申建设陪同下，到顺溪水利枢纽工程建设工地考察

2008年4月26日，温州市委书记邵占维（中）一行，到平阳调研顺溪水利枢纽工程，并到墨城水闸建设工地进行检查指导

2013年10月6日，温州市市长陈金彪（左二）在平阳县县委书记王中毅（左三）、县长黄敏（左一）陪同下，在鳌江镇西湾指导防汛工作

2010年12月6日，平阳县县委书记王中毅（右三）考察鳌江干流麻步段防洪工程

2014年11月19日，平阳县县委书记马永良（右一），县委副书记陈永光（左二）考察鳌江干流麻萧段防洪工程

2012年8月22日，平阳县县长黄敏（右二）调研山门镇水利工作

2012年6月15日，平阳县副县长周慧（左二）考察西湾围垦工程与墨城水闸

平阳县水利局局长申建设在县水利局主持“五水共治”研讨会

顺溪水库全景（陈永琢 摄）

顺溪水库大坝（陈永琢 摄）

顺溪水库电站（陈永琢 摄）

黄坑水库

后畲水库

黄坑水电站（陈永琢 摄）

吴畲水库

仙岩水库

泰丰水库

白水漈水库

岩庵水库

罗垟水库

老铜钿水库

鲤鱼田水库

鲤鱼田水电站发电车间（陈永琢 摄）

山门水电站（陈永琢 摄）

石门水电站（陈永琢 摄）

石门水电站发电车间（陈永琢 摄）

宋埠–西湾围垦工程一隅（陈永琢 摄）

宋埠–西湾围垦工程主堤坝（陈永琢 摄）

宋埠–西湾围垦工程中水闸（陈永琢 摄）

西湾海涂围垦工程南堤（陈永琢 摄）

西湾海涂围垦工程南顺堤及杨屿山水闸

（陈永琢 摄）

平瑞塘河(昆阳一角)

万全镇章桥一河治理工程

昆阳镇鲍垟河治理工程

鳌江东塘河治理工程

萧江镇直浃河治理工程

带溪整治工程

梅溪整治工程

凤巢溪整治工程

1	
2	
3	4

1. 水头镇小南江堤
2. 水头镇南湖江堤
3. 麻步江堤（陈永琢 摄）
4. 建设中桃源江堤（陈永琢 摄）

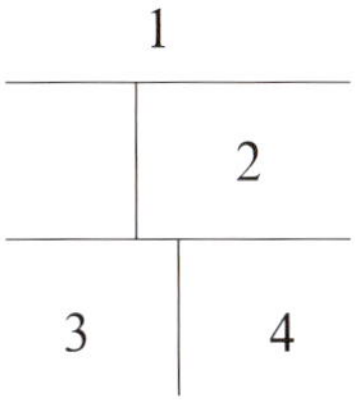

1．蒲潭垟堰坝（倪宝道 摄）

2．山门大桥堰坝（陈永琢 摄）

3．山门镇杭坑1#堰坝（陈永琢 摄）

4．山门镇杭坑2#堰坝（陈永琢 摄）

墨城水闸

南湖水闸

水头镇凤林水厂

平阳引供水五十丈水源工程

顺溪镇上顺溪村水厂

2010年3月28日，平阳县顺溪水利枢纽工程开工典礼

2013年1月16日，平阳县鳌江干流治理萧江段防洪工程开工仪式

2013年6月28日，全国中小河流治理重点县开工仪式

1989～2012年平阳县水利局历任局长留影

从左至右：陈先夏　温一榴　陈绍熙　申建设　庄义瑞　缪纪顺（摄于2015年春）

《平阳县水利志》终审会议全体代表合影（摄于2015年春）

字，涵盖我县20多年的水利历史，全面、系统地记述了境内江河溪流、抗拒自然灾害、新建和改建的水利工程以及水利管理等情况。全志史料真实，编纂得体，是一部翔实而实用的专业志书。这部志书将为当代和后人留下一份宝贵财富，一定能够发挥存史、资治、教化的深远作用。

庆贺《平阳县水利志（1989～2012）》成功编辑和出版，并向辛勤工作的县水利志编纂委员会及其编辑部全体人员表示感谢。

平阳县人民政府县长

2015年4月

序　一

水是生命之源，生产之要，生态之基。

自古以来，平阳县人民为除水患、兴水利而奋力拼搏。平阳历届政府十分重视水利建设，特别是21世纪以来，水利建设成就尤为显著。水利投资激增，海塘和溪堤修建、顺溪水库建成蓄水、灌溉工程兴建、喷微灌工程推广、海涂围垦等项目全面展开，有效地改善了水生态，提升了水功能，有力地推进了全县经济转型升级、城乡人居水环境的优化。

在肯定水利建设成就的同时，还要看到我们在水环境整治和水资源开发等方面的不足和问题。随着社会经济快速发展，城镇规模不断扩大，水资源供给能力、水环境承载能力和水利设施支撑能力等方面都面临越来越大的压力和挑战。诸如：人均水资源占有量匮乏，水资源要素制约日益凸显；水域资源无序开发，水体污染等现象仍然严重；水患不绝，洪、涝、台、旱灾害频繁；水功能单一，统筹综合利用程度不高。

可见，今后平阳县的水利建设任务仍很繁重。我们必须牢固树立“治水必胜”的理念，从平阳县生态文明建设和资源状况的实际出发，加快从农业水利向城市水利、环境水利、生态水利的转型，统筹、规划、管理、利用好水资源，除弊兴利，为平阳县经济跨越性发展提供强有力的水资源保障，为人民安康创造良好条件。

盛世修志，造福后代。新编《平阳县水利志（1989～2012）》，约35万

序　二

水资源与人类生存发展密切相关，前人说“兴水利，而后有农功，有农功，而后裕国”。自古以来，平阳人民发挥聪明才智，兴建了一个又一个水利工程。20多年来，尤其是进入21世纪以来，我县水利建设事业快速发展：大规模加强水利建设，大幅度增加水利投入，大力度强化水利管理，全面提高防汛防台抗旱综合能力，全面改善水生态环境承载能力，逐步推进江河安澜、百业润泽、人水和谐，实现科学发展与平阳社会经济发展相适应的水利现代化。

随着经济社会的发展，水利的支撑和保障作用更显重要。习近平总书记提出了“节水优先、空间均衡、系统治理、两手发力”的新时期治水兴水新思路，国务院作出了加快重大水利工程建设的决策部署，这是历史和现实赋予我们这一代水利人的光荣使命。水利工作任重而道远，唯有我们继续发扬前辈负重拼搏的优良传统，坚持改革创新的科学理念，保持真抓实干的工作作风，才能不断提高治水、蓄水、调水、用水的科学化水平，才能实现我县高标准的水利防灾体系、高水平的水资源配置网络、高质量的水生态环境、高效率的水利运行机制、高水平的水利人才队伍，才能为我县水利事业谱写一曲曲更加辉煌壮丽的乐章。

“盛世修志，志载盛世”。为对我县二十多年的水利工作进行总结，并为研究我县水利史、水文化提供更丰富的文献，我局编纂了《平阳县水利志（1989～2012）》。该书资料翔实、内容丰富、文笔流畅、图文并茂，为我们提供了可资借鉴的翔实史料和宝贵经验，有助于研究总结我县的水利工作，把过去的经验教训变成大家共同的智慧和财富，将起到“存史、资治、教化”的作用。

今借志书面世之际，谨向参与编写工作的同志们，尤其是一批不辞辛苦、认真负责的老同志致以深深的谢意。

谨书短文，聊以为序。

中共平阳县委候补委员

平阳县水利局党组书记、局长

2015年4月

凡　例

一、本志是2001年版《平阳县水利志》的续志，定名《平阳县水利志（1989～2012）》。

二、本志坚持辩证唯物主义和历史唯物主义，实事求是地记述1989～2012年平阳县水利事业的发展状况。

三、本志记述年限为1989～2012年，为反映事物发生、发展全过程，有些内容适当上溯或下延至2014年，并补入2001年版《平阳县水利志》未记述的部分史实。

四、本志之首设图照、序言、凡例、概述、大事记；专志部分设十章，随文附图表；志末设附录。

五、本志采用规范的现代汉语体文记述。标点符号、数字、计量单位使用等遵循国家标准出版规定。物理量一般使用法定计量单位,某些计量单位仍沿用非法定计量单位，如亩（“市亩”简称）。高程测算采用1985年国家高程基准。

六、本志数据以统计部门提供的数据为准，其余来源经斟酌考订后采用。数据若有小数点的，一般取小数点后两位。统计表格中无此项统计的用空格表示，有统计而缺资料的用“/”表示，数值为零的用“0”表示。

七、本志采用公元纪年。

八、本志资料主要来源于平阳县档案局、平阳县水利局。

目 录

概　述

平阳县地处浙江省东南沿海，陆域位于北纬27° 21′ –27° 46′，东经120° 04′ –121° 08′之间，南北宽47千米，东西长138千米。东濒东海，南临苍南县，西连文成县，北接瑞安市。土地总面积1042.21平方千米，海域面积约1300平方千米。

2012年，全县人口87.3万人。设9个镇（昆阳镇、鳌江镇、水头镇、萧江镇、万全镇、腾蛟镇、山门镇、顺溪镇、南雁镇）1个乡（青街畲族乡），共有66个大社区、32个村级社区、6个居民区、600个建制村。全县地区生产总值259.76亿元，其中，第一产业13.41亿元、第二产业128.59亿元、第三产业117.76亿元，人均生产总值29729元。

一

平阳县境处在新华夏系构造一级隆起带上，南雁荡山脉和鳌江水系贯穿全境，地势西高东低。沿海由于海岸长期下沉，造成众多岛屿与喇叭形海湾，海岸线蜿蜒曲折。以火山形成地貌为主，其次为沉积地貌，有山地、丘陵、河谷、平原、滩涂和岛礁等。

南雁荡山脉由浙闽边界的洞宫山延伸至吴垟，入境后分为三支。北支呈东北走向，蜿蜒至龙尾的大尖山，其分支向东南趋水亭的莲花山，迤东南至西湾入海，是飞云江水系与鳌江水系的分水岭；中支沿苍南与平阳边界呈西东走向，是鳌江北港与南港的分水岭；南支自狮子岩迤东南，延平文、平泰和平福（鼎）边界。

县境内最高山峰为棋盘山，海拔1231.1米，其次为仙乌岩尖（1133.5米）、朝天马（1120.3米）等。

境内属山地丘陵地带的有：青街、顺溪、吴垟、维新、山门、晓坑、怀溪、闹村、朝阳、腾蛟、龙尾、凤巢、梅溪、梅源、墨城、西湾等地。

境内属河谷平原的有：山门的东屿、腾蛟镇（部分）、南雁镇（部分）及水头镇（凤卧、南湖、鹤溪）、萧江镇等。

水网平原有万全平原、小南（鳌江）平原、萧江平原（包括麻步、夏桥和后林部分地方）。

滨海滩涂主要分布于万全镇宋埠和鳌江镇西湾、下厂和墨城等沿海地带。

面积在500平方米以上的岛屿有65个，岛陆总面积11.5平方千米，岸线总长80.38千米。近陆岸岛屿有杨屿山、上头屿、上二屿、三屿、四屿、小洋山等。外海型岛屿有南麂列岛，由52个面积在500平方米以上的岛屿组成。

二

平阳县属亚热带季风气候区，全年光照充足，雨水充沛。年平均气温18.5℃，年际变动在17.5℃～19.6℃之间，无霜期275天左右。多年平均年降水量为1854.2毫米，山区大于平原，山区在2000毫米左右，平原在1600毫米左右，吴垟、顺溪、青街一带是暴雨中心。全县多年平均年水资源总量为11.97亿立方米，其中地表水资源量10.92亿立方米，占总量的91%；地下水资源量1.05亿立方米，占总量的9%；单位面积水资源总量114万立方米/平方千米，人均水资源占有量1371立方米。

境内的江河溪流，除万全河网属飞云江水系外，均属鳌江水系。

鳌江是省内八条主要河流之一，干流全长82.47千米（不包括河口段）。发源于文成县桂山乡桂库村（吴地山南麓），流域总面积1521.49平方千米，属平阳县辖区的有894.5平方千米。鳌江上游自桂库至顺溪大桥，长19.1千米，流域面积112平方千米，平均坡降为39.8‰，有石柱溪和坳下溪注入，是县内林业地区。中游自顺溪大桥至詹家埠，长24.7千米，流域面积332.05平方千米，平均坡降为2.9‰，有岳溪、青街溪、怀溪、闹村溪、凤卧溪等注入，为县内农业地区之一。下游自詹家埠至狮子口，长38.67千米，流域面积1077.44平方千米，平均坡降为0.2‰，为感潮河段，受潮流控制，有涌潮，带溪和梅溪注入，为县内工农业地区。

县境内主要河网有万全河网、小南（鳌江）河网、萧江河网。其间大小河道共489条，总长555.9千米，水域面积17.18平方千米，水域容积3699万立方米。万全河网属飞云江水系，流域面积223.7平方千米，属平阳县的有157.3平方千米，河道322条，河长349千米。正常水位时，万全河网水域面积13.1平方千米，水域容积2900万立方米。万全河网干河有两条：平瑞塘河和平宋塘河。平瑞塘河和平宋塘河相互沟通，组成万全河网。平瑞塘河主干河长15.5千米（境内11.04千米），经南码道水闸注入飞云江；平宋塘河主干河长8.4千米，经塘头、宋家埭水闸注入飞云江口。小南河网位于鳌江下游左岸，流域面积181.6平方千米。小南河网发源于新罗山和昆山，计有大小河流104条，总长135千米，正常水位时，水域面积2.86平方千米，水域容积579万立方米。小南河网主河道分东西两支，西塘河长13.2千米，经雁门水闸注入鳌江，东塘河长6.5千米，经下埠水闸注入鳌江，东西塘河间的支河相互流通，构成小南河网。萧江河网位于鳌江下游右岸，流域面积30.9平方千米，有大小河流63条，总长71.9千米，正常水位时，水域面积1.22平方千米，水域容积220万立方米。萧江塘河主源为横阳支江，全长10.9千米（属平阳段5千米），由萧江水闸注入鳌江；沪山内河全长21.7千米（属平阳段3.63千米），发源于大玉苍山东南麓，经夏桥水闸注入鳌江。萧江塘河和沪山内河的大小支河相互沟通，构成萧江河网。另有北港内河位于鳌江中游，以鳌江为界，分南北两河：北河主要纳凤卧溪之水，流行于水头平原；南河主要纳朝阳山北麓诸水，流行于南湖平原。两河共19条河流，长43.8千米，水域面积0.61平方千米，水域容积95.7万立方米。

县境内水旱灾害较为频繁，每年4～10月的主汛期，梅雨、台风、暴雨引起沿海、沿江地区潮灾、涝灾。在夏秋季，时有干旱之虞。1989～2012年，平阳县遭受多种自然灾害，受灾直接经济损失500万元以上的有34次，其中台风侵袭28次、梅雨2次、暴雨1次、干旱2次、冰雹1次。全县累计受灾农田面积35万公顷次，受灾人口827.8万人次（其中死亡202人、失踪7人、受伤1187人），直接经济损失97.17亿元。

三

1989～2012年，平阳县水利建设经历了巩固、提高和大投入大发展两个阶段。

一是1989～2000年，主要是对已建水利工程续建配套，维修加固，完善管理，增强效益。1990年，续建黄坑水库，至1992年建成（装机1000千瓦）发电。宋埠、墨城海涂围垦自1955年开工，至此继续建设。1993年，拓宽、疏浚北港下游；1994年，开展自力更生治水，在石塘等建成“三面光”渠道24.8千米。1995年，建成农村初级电气化县。1997年，拆扩建萧江中型水闸，同年，开展粮食自给和吨粮田工程建设。1998年开始在鳌江河口和沿海建设50年一遇的高标准海塘。1999年，建成西湾海涂围垦中隔堤0.88千米。全县小水电发展步伐加快，具有上规模、讲效益、股份制特点，先后建成亩水田、白水漈、戈场桥等一批重点水电站。至2000年，全县水电装机容量达到19435千瓦。

二是2001～2012年的水利建设进入大投入、大发展阶段。在此期间，全县水利工程建设投资39.22亿元，其中国家投资4.99亿元，占12.72%，自筹或融资资金34.23亿元，占87.28%。“十一五”期间（2006～2010年）的水利投资额是“八五”期间（1991～1995年）水利工程投资额的11倍。2011～2012年的水利投资额为25亿元，是整个“十一五”期间（2006～2010年）水利投资额的2.2倍。

其间，建成宋埠－西湾海涂围垦工程，围垦面积9858亩，工程投资3.61亿元，建成后主要用于工业开发；西湾南片围垦工程，围垦面积5220亩，工程投资2.05亿元，围垦土地主要用于房地产开发；西湾北片围垦已于2012年10月27日正式开工，围垦面积6870亩，工程概算投资2.74亿元。

根据省人民政府修筑海塘的统一部署，至2012年，平阳县修建宋埠、宋埠－西湾、西湾南、墨城、鳌江等5条海塘，长18.28千米，共投资6.05亿元；修建岱口桥以下5条江堤（鳌江镇区、垂阳、钱仓、东江、萧江），长17.64千米，共投资0.47亿元；修建岱口桥以上江堤10.25千米，完成投资1.61亿元。全县新建、修建溪堤98条，总长62.28千米，总投资1.16亿元，保护人口6.75万、农田1.1万亩。全县改建、新建中小型水闸68座，其中出江出海排涝水闸40座，计87孔，总净宽312.55米，最大过闸总流量2527.16立方米/秒；内河节制闸28座，计36孔，总净宽99.8米，最大过闸总流量388.5立方米/秒。

至2012年，全县小型水库23座，总库容1491.55万立方米，正常库容1133.13万立方米，灌溉面积4.08万亩。其中，小（一）型水库有黄坑、鲤鱼田、白水际、后岙4座，总库容920.2万立方米，正常库容711.85万立方米，灌溉农田1.25万亩；小（二）型水库19座，总库容571.35万立方米，正常库容421.28万立方米，灌溉农田2.83万亩。对16座水库进行除险加固处理，建成砼拱坝及灌砌石拱坝8座。蓄水量在1万～10万立方米的山塘63座，蓄水量198.98万立方米，灌溉农田1.31万亩。2014年建成顺溪水库（中型水库），总库容4265万立方米，正常库容2341万立方米，可灌溉农田4.7万亩。

2002年建成平阳引供水工程（一期工程），规模为日供水7.4万吨，总投资1.52亿元。2006年1月，珊溪水利枢纽平阳城区引供水工程建成通水，整个工程于2010年6月投产，供水规模5万吨/日，供水范围包括昆阳镇、万全镇、滨海新区，供水服务人口约30万。2012年平苍引水一期工程完工，全线通水，工程投资3.41亿元，日供水15万吨（其中苍南10万吨，平阳5万吨）。农村安全饮用水工程至2012年已完成400个村，累计解决46.5万人的饮用水安全工程，共投入资金2.03亿元。灌溉工程有北港引水工程、山门引水工程、引水堰坝、万全河网补水工程、农田水利工程。北港引水工程由南北两条干渠组成，干渠总长20.4千米，共灌溉农田4万亩。山门引水工程渠道长4.24千米，支渠4条，长1.5千米，可灌溉农田0.68万亩。2012年，全县境内有堰坝198座，引水灌溉农田7.77万亩。万全河网补水工程（潘山翻水站），属中型泵站，扬程7.2米，装机10台，总容量1150千瓦，提水流量10.5立方米/秒，泵站在干旱季节翻水补充平瑞平原。平阳县农田水利工程有自力更生治水、吨粮田、粮食自给、渠道和喷微灌等工程，新建和修建引水渠道总长501.9千米，投资1.05亿元，受益农田16.8万亩。

全县水力资源理论蕴藏量5.8万千瓦，可开发利用的有5万千瓦。2012年全县共有水电站54座，装机容量3.6万千瓦（顺溪电站装机1万千瓦未计入），年发电量1.08亿千瓦时。

四

2001年前平阳县水利局几经更名，2001年12月正式定名为平阳县水利局，至2012年12月底，共有编内人员156人，其中行政人员10人，事业单位人员146人。行政科室有办公室、水政水资源科、规划建设科、行政审批科4个。事业单位有：县水利、水电、堤塘、河道管理所，北港引水工程管理所，县水土保持监督所，县水政监察大队，县水利水电工程质量监督站，县水利水电勘测设计所，县防汛防旱指挥部办公室，县农村饮用水工程建设领导小组办公室，县城镇节约用水办公室，县水利局昆阳、鳌江、水头、萧江、万全、山门水利管理所，县水利水电物资总站，山门水力发电站等20个。

随着水利建设事业的快速发展，平阳县水利队伍逐步壮大，科技水平不断提高。至2012年年底，在职专业技术人员103人，占在编人员总数的66%。2000～2012年，水利水电勘测设计所先后取得水利工程设计、水土保持方案编制、水利工程施工图审查等丙级资质资格，2000年完成设计任务38项，2012年完成设计任务242项。

2008年建成遥测系统。至2012年，建成县级山洪灾害预警平台1套，水位、雨量、潮位遥测站57个，视频会商系统48套，视频监控站25个，无线预警广播30个，室外预警大小屏幕38个等各类防汛设施设备，可将各类防汛信息及时传递到县防汛指挥部。

进入21世纪，全县逐步推进江河安澜、百业润泽、人水和谐、科学发展与平阳社会经济发展相适应的水利现代化。大规模加强水利建设，大幅度增加水利投入，大力强化水利管理，全面提高防汛防台抗旱综合能力，全面改善水生态环境承载能力。其间，三个项目列入国家级水利建设项目：国家独流入海河流治理计划、全国中小河流综合整治重点县、全国小型农田水利重点县。平阳县水利局两次获得“大禹杯”提名奖。

五

在今后数年内，尚有几项较为重大的水利项目等待我们去完成。

一是以全国中小河流重点县建设为平台的河网综合整治（2013～2016年）。

二是以全国农田水利重点县建设为平台的农田水利基础设施建设（2013～2016年）。

三是鳌江流域干流治理麻萧段防洪工程（投资9.38亿元，建堤20.35千米，防洪标准20年一遇，计划于2017年完工）。

四是平阳县鳌江标准堤（下埠、镇区、垂杨段）加固工程（2017年竣工）。

五是横阳支江堤防加固工程（平阳县实施段，投资0.76亿元，2015年进场施工，2017年完工）。

六是水头段防洪工程（一期鳌江干流治理工程，投资13.17亿元；二期南湖分洪工程，投资8亿元。一、二期工程建成后，使水头镇的防洪标准达到20年一遇）。

七是平阳海涂围垦中期工程。

八是兴建鳌江河口大闸。

随着上述工程建设完成，全县将建成防洪、排涝、御潮、防旱、供水、灌溉、发电、环保、生态、旅游为一体的水利基础设施；随着“安全水利”“生态水利”“民生水利”“资源水利”“阳光水利”的打造，平阳县大水利展现在人们眼前的将是高标准防灾体系、高水平的水资源配置网络、高质量的水生态环境、高效率的水利运行机制、高水平的水利人才队伍。它定会为平阳县经济的转型发展、跨越崛起提供更加有力的水利安全保障。

今后，必须继续坚持以科学发展观为指导，认真贯彻落实国家、省、市和县委、县政府有关水利工作的各项重要部署，以“五水共治”为重点，不断提高治水、蓄水、调水、用水的科学化水平；加快修复水生态、美化水环境、储备水资源、保障水安全、强化水管理、弘扬水文化，为保障平阳经济社会可持续发展而共同努力。

大　事　记

1989年

4月，对蓄水量在10万立方米以上的水库，出江出海排涝闸、内河控制闸以及海塘江堤等水利工程建立行政首长负责制。

5月11日，全县有14个乡镇、219个村遭遇特大暴雨和冰雹袭击，死2人、伤25人。

1990年

6月23日至9月11日，受到5号、12号、15号、17号、18号五次台风严重影响，全县农田受涝5.13万公顷次，死14人、伤36人，直接经济损失0.92亿元。9月9日18号台风期间，水头镇有5万多人被洪水围困，省长沈祖伦、省水利厅厅长陈绍沂，从杭州乘专机到温州后，立即派中国人民解放军驻温部队舟桥连官兵赶往水头镇投入抗台救灾工作。

冬季，黄坑水库续建工程竣工。坝高39米，总库容360.5万立方米；电站装机容量2×500千瓦（于1992年3月并网供电）。工程总投资822万元。

11月15日，经县编委批复，成立平阳县水政水资源管理所。

1991年

1月，国务院国发〔1991〕11号批准平阳县为全国第二批建设农村水电初级电气化试点县。

6月7日，成立平阳县电气化建设委员会，主任王吼狮，副主任周景标、上官女、庄义瑞（兼办公室主任）。1994年7月2日，主任王擎峰，副主任周景标、郑文锦、缪纪顺（兼办公室主任）。1995年3月13日林克聪任办公室主任。

7月，全县有0.47万公顷水田受旱。

8月，完成《平阳县农村水电电气化规划》编制工作。

1992年

6月，山门镇岳溪村鲤鱼田水电站竣工发电，装机容量2×320千瓦。

7月25日，经县编委批复，成立昆阳、鳌江、水头、萧江4个水利管理所，为全额拨款事业单位，拟定编制28人。

9月23日，19号台风在鳌江口登陆，登陆后的台风中心最大风力达11级。全县死亡4人，2.35万公顷的农作物受灾，直接经济损失2亿元。

1993年

3月，温州市水利电力勘测设计院编制了《平阳县鳌江北港流域水利规划》，顺溪水利枢纽工程作为推荐的首批兴建工程。

6月，县人大常委会任命缪纪顺为平阳县水利电力局局长。

11月29日，鳌江桃源段河道拓宽工程开工，20天完成岱口桥至塔下段堤防2千米，土石方30万立方米，工程投资100万元。

12月8日，温州市冬修水利现场会议在平阳县召开。是年，全县水利工程开工1185处，完成1181处，累计完成685.8万人工。全年疏浚河道45条长85千米。

1994年

1月，浙江省水利水电勘测设计院受平阳县水利局委托，对顺溪水利枢纽工程进行测量、勘探和设计。

1月，顺溪水利枢纽工程列入平阳县“九五”社会发展计划。

3月10日，黄坑水电站改制为平阳县黄坑水电有限责任公司，实行股份制。此为平阳县首家国有改制水电企业。

4月11日，成立平阳县自力更生治水工程指挥部，指挥周景标，常务副指挥缪纪顺，副指挥周维亮、徐乃敏、卢立勤、许方楷。

7月，完成《顺溪水利枢纽工程可行性研究报告（1994年版）》的编制。

8月21～22日，17号台风在瑞安市梅头登陆，风力12级，过程雨量296毫米。全县死亡166人、受伤916人，倒塌民房8557间，损坏房屋6.88万间，1.83万公顷农作物受灾，经济损失15.4亿元。台风登陆后，国务委员陈俊生，浙江省委常委、副省长刘锡荣等到平阳县查看灾情并指导抗台工作。

9月，平阳县启动自力更生治水工程建设。

1995年

1月6日，成立顺溪梯级水电工程建设指挥部，总指挥周景标，副指挥缪纪顺、叶笃洲、林克聪（兼任办公室主任），技术顾问潘永乐。

7月6日，成立平阳县王宅35千伏输变电工程建设指挥部，指挥周景标，副指挥缪纪顺、谢卫刚、郑文锦。指挥部下设办公室，林克聪任办公室主任。

9月，平阳县通过省验收组验收，成为全国第二批农村初级电气化达标县。

9月17日，平阳县西湾围垦工程获浙江省围垦局批准立项。

1996年

5月，平阳县水利电力局被评为全国第二批农村水电初级电气化建设先进集体，周景标、缪纪顺、华稳健被评为全国农村水电初级电气化建设先进个人（水利部、国家计委、中国水电工会全委颁发荣誉证书）。

6月9日，成立平阳县西湾海涂围垦工程建设指挥部，总指挥周景标。

6月12日，省水利厅副厅长褚加福到平阳县检查水利防汛工作。

8月1日，遭受8号台风袭击。全县死亡7人，倒塌民房2348间，1.67万公顷农作物受灾，直接经济损失2.92亿元。

8月28日，平阳县西湾围涂工程初步设计获浙江省围垦局批准。

9月，顺溪水利枢纽工程获省计划经济委员会批准兴建。

10月，省、县投资550万元的王宅升压站及配套的35千伏输变电线路，通过竣工验收并投产。

12月6日，中共平阳县委确定1997年为“水利年”。

12月13日，经县编委批复，设立县水政监察大队（自收自支事业单位），核定编制12人。

1997年

4月13日，省水利厅副厅长陈岳军一行，考察西湾海涂围垦工程。

4月28日，成立平阳县顺溪水利枢纽工程建设指挥部。

7月，平阳县水利电力局更名为平阳县水利水电局。

8月，成立平阳县萧江水闸拆扩建工程指挥部，10月12日动工，至1999年1月竣工，工程投资880.2万元。

8月17～19日，11号台风来袭，风力12级以上。全县34个乡镇的853个村受灾，倒塌房屋2350间，损坏房屋4500间，0.97万公顷农作物受灾，150公顷海、淡水养殖面积受损，直接经济损失1.68亿元。

8月28日，14号台风来袭，风力12级以上。全县有7.5万人被洪水围困，倒塌房屋570间，损坏房屋8500间，1.87万公顷农作物受灾，25公顷海、淡水养殖面积受损，直接经济损失2.65亿元。

12月6～8日，平阳县引供水工程建设指挥部在鳌江镇成立。县引供水一期工程开工。

1998年

1月，鳌江标准堤下埠段开工建设。堤长2.05千米，按Ⅲ级堤塘50年一遇潮位设计，重力式结构，总投资680万元（1999年12月工程竣工）。

3月，平阳县利得海涂围垦开发有限公司成立（股份制民营企业，注册资金441万元，法人代表蒋昭亭）。

4月21日，省水利厅副厅长陈岳军一行到鳌江标准堤检查指导。

5月，西湾海涂围垦中隔堤工程开工。中隔堤长0.88千米，1999年12月竣工。2014年6月，按防洪标准20年一遇、等别Ⅳ级进行加固，11月完工。

5月，市委书记张有余、常委金邦清一行考察鳌江标准堤工程建设。

8月，县人大常委会任命陈绍熙为平阳县水利水电局局长。

12月，鳌江标准堤镇区西段开工建设。堤长1.16千米，总投资292.5万元（2000年12月工程竣工）。

1999年

1月30日，省水利厅副厅长王希明检查和指导鳌江标准堤工程建设。

2月，鳌江标准堤东江段开工建设。堤长2.2千米，总投资223万元（2000年12月工程竣工）。

3月，开展清除水荷花活动。平原河网的水域由15个乡（镇）和县农场分片包干清理。全县共投入资金400万元，成立5支专业队，购买10只专业打捞船。经过半年多时间集中整治，全县水荷花基本清除（2000年5月，县人民政府获市府清除水荷花工作二等奖）。

3月，成立平阳县标准堤工程建设领导小组，雷大取任组长，陈有诚、陈绍熙任副组长，林克聪任顾问，白锡队任办公室主任。

7月，经县编委批准，增设平阳县山门水利管理所（全额拨款事业单位，编制4人）。平阳县水政水资源管理所增挂平阳县水土保持监督所牌子，两家合署办公，人员由内部调剂。

7月，浙江中水围海技术咨询中心完成了《西湾围涂开发项目的营运模式及其经济、风险分析》《宋埠围涂工程建设方案初步规划报告》。

9月1日，鳌江标准堤镇区中段开工建设。堤长1.69千米，总投资1470万元（2001年12月工程竣工）。

9月15日，鳌江标准堤镇区东段开工建设。堤长0.91千米，总投资750万元（2001年8月工程竣工）。

10月，中共平阳县委、平阳县人民政府命名平阳县水利水电局为第八批县文明单位。

10月11日至年底，出现秋冬连旱天气，山区部分溪流断水，农作物枯死，部分群众饮水困难。

11月11日，温州市市长钱兴中、副市长王成云、市政协副主席姜嘉峰一行到鳌江镇检查标准堤建设情况。

11月，浙江省水利厅命名平阳县水利水电局为浙江省水利系统首批文明单位。

12月29日，成立平阳县西湾海涂围垦工程建设领导小组，白一舟任组长，雷大取任副组长，陈绍熙任办公室主任，殷为东、周贻训、林克聪任办公室副主任。

2000年

2月1日，平阳县人民政府委托县水利水电局与平阳县利得海涂围垦开发有限公司签订合同，将西湾海涂围垦项目按照BOT“建设—运营—移交”的运行方式，特许平阳县利得海涂围垦开发有限公司围垦开发。

3月11日，鳌江标准堤下厂段工程开工建设。堤长3.97千米，总投资806.51万元（2001年3月工程竣工）。

3月，平阳县西湾南片围垦工程获浙江省计划与经济委员会批准立项；7月，项目可行性研究报告获浙江省发展计划委员会批准。

3月，编制完成《平阳县水利水电局“十五”计划和2015年远景目标》。

4月9日，鳌江标准堤萧江段开工建设，堤长2.54千米，总投资727万元（2001年4月工程竣工）。

4月27日，平阳县人民政府（甲方）与浙江省圣雄集团有限公司（乙方）签订《浙江省平阳县顺溪水利枢纽工程合同书》。该工程动态投资2.5亿元，建设期4年，经营期39年，合同运行期满，乙方无条件将水利枢纽工程移交甲方。（由于枢纽工程设计变更，于2001年5月21日签订《浙江省平阳县顺溪水利枢纽工程补充合同书》。2005年5月21日，双方签订《关于解除浙江省平阳县顺溪水利枢纽工程合同书的协议》）。

6月7日，调整平阳县顺溪水利枢纽工程建设指挥部成员，指挥曹高林。

6月，增设平阳县水利水电规划建设所(属全额拨款事业单位，编制3人)。

7月24日，调整平阳县西湾海涂围垦工程建设指挥部成员，雷大取任指挥，陈绍熙、柳宜本（常务）、蒋昭亭任副指挥，周景标任顾问，林克聪任总工程师。

7月28～29日，县防汛防旱指挥部组织水利、公安、土地、规划、建设、水头镇政府等有关单位100多人，对水头镇溪心占用滩地、违章建房进行专项清理。

8月5日，宋埠标准堤工程开工建设。堤长3.4千米，总投资1033.5万元(2001年11月工程竣工)。

8月7日，鳌江标准堤垂杨段工程开工建设。堤长2.05千米，总投资260万元（2001年7月工程竣工）。

8月，鳌江标准堤钱仓段工程开工建设。堤长7.09千米，总投资950万元（2001年11月工程竣工）。

8月29日，温州市市长钱兴中到平阳县督查指导防台抗台工作。

12月13日，西湾滩涂围垦南堤工程开工，南堤长2.71千米（主体工程至2012年5月竣工，8月通过工程验收）。

12月，省水利厅厅长张金如到平阳县检查标准堤、小流域治理、河道整治等工程。

12月，平阳县水利综合办公楼开工兴建。办公楼位于昆阳镇兴工路149-2号，占地面积2950平方米，建筑面积3006平方米，总投资490余万元（2001年12月通过工程审计和验收。2002年1月，县水利局办公地点由解放街17号乔迁到水利综合楼办公）。

2001年

3月9日，中国雨田集团董事长章烈成为西湾围垦项目法人。

3月，平阳县西湾南片围垦工程初步设计获浙江省计划与经济委员会批准。围垦面积5220亩，工程投资概算1.98亿元，建设资金由平阳县利得海涂围垦开发有限公司自筹。

3月，浙江省围垦局颁发西湾滩涂围垦许可证。

5月，山门水利管理所办公楼动工兴建。办公楼占地面积105平方米，建筑面积430平方米，投资32万元（同年11月竣工）。

7月30日，温州市副市长林培云一行到西湾海涂围垦工程检查指导。

8月10日，温州市委书记蒋巨峰、副书记金邦清、副市长冯志礼一行到鳌江标准堤、西湾围垦工地检查指导。

10月30日，经县编委批复，建立平阳县水利水电工程质量监督站，属全额拨款事业单位，定编5人；建立平阳县水土保持监督所，属差额拨款事业单位，定编5人；撤销平阳县机电排灌站，其人员转入县水利水电工程质量监督站；撤销平阳县水政水资源管理所，其人员转入县水土保持监督所。

12月10日，平阳县水利水电局更名为平阳县水利局。

12月25日，调整平阳县西湾海涂围垦工程建设领导小组成员，组长郑国惠，副组长雷大取，办公室主任周景标。

12月27日，县人大常委会任命陈绍熙为平阳县水利局局长。

2002年

6月2日，鲤鱼田水电站异地重建，水库工程开工建设（2004年12月水库下闸蓄水）。

6月12日，平阳县沿海、易涝易洪重点乡镇防汛工作会议召开。

7月3日，在全县乡镇长会议上再次部署防汛工作。公布2002年度防汛工作行政首长负责制和责任人名单，印发平阳县防汛指挥部成员主要工作职责，修订并颁发《平阳县防洪预案》。

9月7日，16号台风“森拉克”正面袭击平阳，全县74.5万人受灾，直接经济损失3.81亿元。9日，省长柴松岳、副省长章猛进、市委书记李强率队视察灾情。

9月13日，经县编委批复，增设平阳县堤塘管理所，属全额拨款事业单位，编制5人。

2003年

4月，成立平阳县滩涂围垦工程建设领导小组，林立军任组长，金启浩、陈绍农、陈绍熙任副组长，陈绍农兼任办公室主任，林瑞选、殷为东、陈朝阳任办公室副主任。

6月，宋埠—西湾滩涂围垦工程获省围垦局批准立项，围垦面积9700亩，概算投资1.81亿元，建设期4.5年。

6月，成立平阳县滩涂围垦开发建设有限公司，性质为国有独资，注册资金4000万元，法人代表陈绍熙。

7月22日，省水利厅副厅长陈岳军、省围垦局局长魏超然一行到平阳县检查指导西湾海涂围垦工程建设。

7月25日，在西湾跳头村举行宋埠—西湾滩涂围垦工程抛石促淤开工仪式，温州市委书记李强参加开工典礼。

7月，调整平阳县滩涂围垦工程建设领导小组组成人员，仇杨均任组长，黄安波、董君敏、林立军任副组长，陈绍熙任办公室主任，殷为东、蔡起新任办公室副主任。

2004年

2月，萧江水利管理所办公楼动工兴建。该办公楼占地面积680.6平方米，建筑面积973.2平方米，总投资150万元（2006年10月完工）。

3月，浙江省发展和改革委员会同意将鳌江干流水头镇区段整治工程纳入平阳县城市防洪工程。

6月14日，宋埠—西湾滩涂围垦工程初步设计获省围垦局批准（围涂规模调整为10650亩）。

10月16日，县府印发〔2004〕74号专题会议纪要，确定墨城水闸工程建设资金由县人民政府、鳌江镇政府、利得公司三方，按3.5:2.5:4比例共同筹集。

11月16日，成立平阳县墨城水闸改扩建工程指挥部。总指挥林立军，副指挥周景标、殷为东（常务）、吴小樟，技术顾问林克聪（2006年4月24日，许益顺任常务副指挥）。

12月29日，县编委平编〔2004〕27号文决定：平阳县城市节约用水办公室成建制划转给平阳县水利局管理，属自收自支事业单位，定编5人。

2005年

4月19日，墨城水闸改扩建工程奠基开工典礼。工程造价1265.24万元（2007年7月主体工程完成，2010年5月20日竣工验收）。

7月17～18日，温州市委书记王建满一行到墨城水闸检查防台工作。

7月19日下午，5号台风“海棠”在福建连江登陆，过程雨量424.3毫米。全县31个乡镇的590个行政村（居民区）受灾。受灾人口73万，其中53.2万人被洪水围困，死亡1人，失踪5人，受伤5人。倒塌房屋2632间，1.69万公顷农作物受灾，直接经济损失20.73亿元。

7月26日，中共浙江省委书记、省人大常委会主任习近平到平阳县实地察看5号台风“海棠”所造成的灾情，并慰问受灾群众。

8月29日，县人大常委会任命温一榴为平阳县水利局局长。

8月31日，温州市市长刘奇到墨城水闸检查防台工作。

9月1日下午，13号台风“泰利”在福建莆田平海镇登陆，沿海风力12级以上。全县43.24万人受灾，其中21.23万人被洪水围困，死亡1人，受伤1人。倒塌房屋806间，损坏6835间，1.87万公顷农作物受灾，直接经济损失8.23亿元。

9月，成立平阳县宋埠—西湾滩涂围垦工程建设指挥部，林立军任指挥，周世彬、温一榴、蔡起新、陈宜范（常务）、陈光荣、陈顺利任副指挥。

12月，省水利厅厅长陈川、副厅长彭佳学、总工程师许文斌专程到顺溪，踏勘顺溪水利枢纽工程坝址。

2006年

4月4日，调整平阳县顺溪水利枢纽工程建设指挥部成员，仇杨均任指挥，林立军（常务）、温一榴、陈南评任副指挥，陈南评兼任办公室主任，王希贤任办公室副主任。

4月20日，陈宜范为平阳县滩涂围垦开发建设有限公司法人代表。

8月，平阳县海洋与渔业局颁发西湾南片围涂工程海域使用权证书。

8月10日下午，8号超强台风“桑美”在苍南县马站登陆，平阳县受正面袭击，南麂风力15级。全县70.24万人受灾，死亡2人，失踪1人，受伤14人。倒塌房屋4963间，受损23635间，全县直接经济损失9.54亿元。

10月12日，成立平阳县顺溪水利枢纽工程建设领导小组，与平阳县顺溪水利枢纽工程建设指挥部实行一套班子、两块牌子。

2007年

3月，温州市市委常委、副市长黄德康到平阳县调研顺溪水利枢纽工程和水头城市防洪工程建设情况。

3月，调整平阳县顺溪水利枢纽工程建设指挥部组成人员。

8月4日，西湾海涂围垦南顺堤工程开工。南顺堤长1.53千米（主体工程至2012年5月竣工，8月通过工程验收）。

8月19日凌晨，9号超强台风“圣帕”在福建惠安登陆。平阳县出现强风、大暴雨与鳌江高潮“三碰头”，面平均雨量321.3毫米。全县40.25万人受灾，直接经济损失2.85亿元。

9月19日凌晨，13号强台风“韦帕”在苍南县霞关登陆。平阳县受13号台风影响，沿海风力11级以上，普降大雨。全县42.36万人受灾，直接经济损失3.04亿元。

9月，申建设任平阳县宋埠—西湾滩涂围垦工程建设指挥部常务副指挥。

2008年

4月26日，温州市委书记兼市长邵占维率市有关部门负责人调研顺溪水利枢纽工程和西湾海涂围垦工程。

5月，省人大常委会副主任章猛进、省水利厅厅长陈川视察顺溪水利枢纽等重点水利工程。

7月11日，调整平阳县顺溪水利枢纽工程建设指挥部组成人员。

7月28日，8号台风“凤凰”在福建省福清市登陆，风力12级。受“凤凰”台风影响，平阳县面平均雨量280.7毫米。全县28.95万人受灾，1.12万公顷农作物受灾，直接经济损失1.57亿元。

7月，温州市水利局副局长张维林增补为平阳县顺溪水利枢纽工程建设指挥部副指挥。

7月，许益顺任珊溪水利枢纽平苍引水工程平阳段项目建设领导小组办公室主任。

8月29日，顺溪水利枢纽工程项目建议书获省发展和改革委员会批复（浙发政农经〔2008〕620号）。

11月，县人大常委会任命陈先夏为平阳县水利局局长。

2009年

1月，调整平阳县宋埠—西湾滩涂围垦工程建设领导小组成员，黄安波任组长，徐定锦、陈景宝任副组长。领导小组下设指挥部，陈景宝兼任指挥，申建设任常务副指挥，叶荣华、陈修明任副指挥。

是月，经县编委批复，核定平阳县顺溪水利枢纽工程建设指挥部为全额拨款事业单位，编制21名；核定平阳县防汛防旱指挥部办公室为全额拨款事业单位，编制6名。

2月17日，在宋埠—西湾滩涂围垦工地召开“决战三百天，合龙主堤坝”誓师大会，围垦工程正式进场施工。6月18日，《宋埠—西湾滩涂围垦项目》贷款获省农行批准。12月25日主体工程基础部分全线贯通（2010年12月30日两个龙口堵口合龙。至2012年底完成三座水闸、堤坝路面、防浪墙等节点工程施工）。

3月16日，珊溪水利枢纽平苍引水一期工程正式开工。工程总投资3.41亿元，设计供水规模为15万吨/日（2012年11月7日，实现全线通水）。

5月，顺溪水利枢纽工程建设征地及移民安置规划大纲获省人民政府批复（浙政函〔2009〕115号）。

7月，温州市委常委、宣传部长曹国旗率市水利局局长林孝悌及国土、移民办等单位人员调研顺溪水利枢纽工程建设。

8月9日，8号台风“莫拉克”在福建省霞浦县沿海登陆，平阳县遭受强风和大暴雨袭击，面平均雨量428.4毫米。全县51.33万人受灾，转移人员8.23万人，倒塌房屋976间，损坏858间，直接经济损失9.33亿元。国务院副总理回良玉、水利部长陈雷、省委书记赵洪祝一行到平阳县视察灾情。

8月，浙江省水利厅副厅长、省防汛指挥部副指挥虞洁夫到平阳县调研防汛工作。

9月17日，县委、县政府成立平阳县鳌江流域综合治理领导小组，仇杨均任第一组长，王中毅任组长。

9月30日，顺溪水利枢纽工程可行性研究报告获浙江省发展和改革委员会批复（浙发政农经〔2009〕1068号）。

11月，省移民办对顺溪水利枢纽工程移民安置设计报告出具审查意见（浙移安〔2009〕64号）。

12月2日，省围垦局局长朱志豪到宋埠—西湾滩涂围垦工程指挥部检查指导工作。

12月12日，经县编委批复，同意平阳县北港引水工程管理所由差额事业单位转为全额事业单位，经费由县财政全额拨款。

12月31日，顺溪水利枢纽工程初步设计报告获省发展和改革委员会批复（浙发政设计〔2009〕195号）。

2010年

1月9日，夏桥水闸重建工程开工。工程总造价9365.25万元（2013年1月16日完工）。

2月，国家海洋局颁发宋埠—西湾海域使用权证，省围垦局颁发围垦许可证。

3月28日，顺溪水利枢纽工程举行开工典礼。省委常委、副省长葛慧君发来贺电，温州市市长赵一德主持开工典礼，市委书记邵占维宣布开工。

4月，省水利厅副厅长黄建中到顺溪水利枢纽工程检查工程建设情况。

4月，省防汛办主任科员王宁任中共平阳县水利局党组成员、副局长（挂职时间2010年4月至2011年1月）。

4月，经县编委批复，核定县水利水电规划建设所增加编制5名，合计编制8名。

5月31日，鳌江流域综合治理麻步江堤开工建设。全长2.03千米，总投资4675万元（工程于2012年9月25日完工）。

6月7日，温州市委书记陈德荣考察顺溪水利枢纽工程。

6月，经县编委批复，增设平阳县农村饮用水工程建设领导小组办公室为全额拨款事业单位，编制3名；建立平阳县河道管理所，为全额拨款事业单位，核定编制6名；撤销平阳县水利水电规划建设所，其人员全部划入县河道管理所。

7月16日，顺溪水利枢纽大坝工程正式开工。

7月27日，成立“平阳县第一次全国水利普查领导小组”。2011年4月，启动平阳县水利清查工作。7月，开始水利普查，共完成普查静态名录4015个，动态数据226个，空间数据采集555个，于2012年10月通过国家级验收。同年11月，完成市级档案交接工作。

8月17日，平阳县宋埠—西湾滩涂围垦工程建设指挥部更名为平阳县滩涂围垦工程建设指挥部。平阳县利得海涂围垦开发有限公司纳入平阳县滩涂围垦工程建设指挥部管理。

8月20日，南湖水闸改建工程开工。工程总概算1233万元（2012年1月19日工程竣工）。

10月，原浙江省委副书记陈法文及水利厅领导一行到顺溪水利枢纽工程工地检查工程进展情况。

11月，省水利厅副厅长虞洁夫一行考察顺溪水利枢纽工程建设。

12月24日，在杨屿山举行西湾北片滩涂围垦工程开工仪式，常务副县长、指挥部总指挥陈景宝宣布开工令。

12月，成立鳌江流域综合治理工程建设办公室，林存玺任主任，王友建、池方光任副主任。

2011年

1月，平阳县利得海涂围垦开发有限公司与新湖中宝股份有限公司重组，新湖中宝股份有限公司占股份51%，平阳县利得海涂围垦开发有限公司占股份49%。2012年10月，县政府与利得公司重新签订了开发建设协议书。

2月，平阳县鳌江干流水头段防洪工程、麻萧段防洪工程列入国家独流河流治理计划。

4月8日，在宋埠—西湾滩涂围垦施工现场举行“万亩填方决胜战千人誓师大会”。

4月，水利部太湖流域管理局副局长叶建春等人到平阳县调研并指导顺溪水利枢纽工程安全度汛工作。

4月，省水利厅副厅长许文斌参加顺溪水利枢纽工程截流验收会议。

5月16日，省委常委、副省长葛慧君一行考察水头镇城市防洪工程和顺溪水利枢纽工程建设。

6月9日，经县编委批复，同意平阳县昆阳水利所增挂平阳县瑞平水系（平阳段）管理办公室牌子，编制由8名增至11名。

12月16日，县人大常委会任命申建设为平阳县水利局局长。

2012年

1月，平阳县水头城市防洪工程（一、二期工程）通过完工验收。该工程于2005年3月开工，左岸修建防洪堤2.29千米，右岸修建斜坡式护岸2.14千米，疏浚河道4.25千米，工程投资9800万元。

1月15日，万全镇宋桥章桥一河、二河等7条河道生态工程开工，整治岸线总长5.98千米，总投资2520万元（2013年7月完工验收）。

3月6日，陈南评任平阳县顺溪水利枢纽工程建设指挥部办公室主任，王希贤任指挥部总工程师。

3月16日，省水利厅厅长陈川到顺溪水利枢纽工程工地视察。

3月，平阳县滩涂围垦工程建设指挥部调整领导分工，总指挥郑树群，副指挥叶荣华、陈献伟、李赋，总工程师陈作郑。

4月，平阳县鳌江标准堤（下埠、镇区、垂杨段）应急加固工程开工，投资1320.3万元，由浙江汇力建设有限公司承建（2013年10月完工）。

5月14日，省水利厅总工程师李锐到平阳县作题为《浙江水利发展改革展望》讲座。

5月23日，西湾南片（一期）围垦主体工程完工。

5月25～27日，水利部水利水电规划设计总院在北京召开浙江省鳌江治理工程可行性研究报告审查会议。

6月12日，经县编委批复，设立平阳县水利局万全水利管理所，为全额拨款事业单位，定编5名。

7月13日，昆阳镇水亭河、前溪及垟底河综合治理工程开工。新建护岸6.02千米，清淤河段6.73千米，工程总投资1703万元（工程于2013年8月完工验收）。

7月27日，平阳中期围垦工程（飞鳌工程）项目建议书通过省发展和改革委员会批准。该工程的海堤堤线总长约18.2千米，围垦面积约5.05万亩。

7月，经县编委批复，核定平阳县鳌江流域综合治理工程建设办公室为全额拨款事业单位，编制7名。

8月2日，温州市委常委、组织部部长李一飞等人到平阳县检查指导防汛抗台工作。

11月27日，省委常委、温州市委书记陈德荣，市长陈金彪率市四套班子考察团察看宋埠—西湾围垦施工现场。

2013年

1月9日上午，在宋埠—西湾围垦区举行平阳县飞鳌围垦工程促淤堤等十大项目启动暨滨海新区管委会成立仪式。

1月16日，鳌江干流治理萧江段防洪工程举行开工仪式，县委书记王中毅宣布开工，县长黄敏致辞，县政协主席孙瑞庆、县人大常委会副主任方靖、副县长周慧等参加开工仪式。

4月23日，鳌江流域综合治理办公室领导调整，申建设为办公室主任，许益顺为常务副主任。

4月，县府任命周慧为平阳县顺溪水利枢纽工程建设指挥部指挥，林存玺为常务副指挥（兼指挥部办公室主任），徐良友、孙达楷为副指挥。

5月，经县编委批复，撤销县堤塘管理所，其职责、人员编制划入县河道管理所。调整后，县河道管理所为全额拨款事业单位，编制11名。

5月27日，《宋埠—西湾围垦养殖用海转区域建设用海规划》获国家海洋局批准。

6月27日，温州市委书记陈德荣视察顺溪水利枢纽工程。

6月28日，全国中小河流治理重点县综合治理平阳县项目正式开工，省水利厅副厅长徐国平宣布开工令，省河道总站主任陈永明，温州市水利局局长林孝悌，平阳县四套领导班子领导，县有关部门、乡镇负责人，设计单位、施工单位、监理单位的人员，以及当地干部群众，共200人参加开工仪式。平阳县项目共划分为10个项目区，整治河道总长185.4千米，工程投资2.55亿元。

8月，平阳县被列入第五批中央财政小型农田水利重点县。

12月30日，宋埠—西湾围垦区列入温州市第二个省级产业集聚区范围——温州浙南沿海先进装备产业聚集区。

2014年

4月2日，省水利厅副厅长杨炯视察顺溪水利枢纽工程。

4月19～22日，南科院组织专家组对顺溪水利枢纽工程水库进行蓄水安全验收，顺利通过。

5月9日，顺溪水利枢纽工程拦河大坝全面结顶。

5月26日，召开顺溪水利枢纽工程水库下闸蓄水验收会议，省水利厅副厅长杨炯，省、市、县有关部门领导及专家等17人参加验收会议。

5月28日，顺溪水利枢纽工程举行水库下闸蓄水仪式，温州市市长陈金彪、省水利厅副厅长杨炯、市政府秘书长谢树华、平阳县委书记王中毅、县长黄敏等出席下闸蓄水仪式，市长陈金彪发布下闸令。

第一章　水文环境

平阳县地处浙江省东南沿海，位于北纬27° 21′～27° 46′，东经120° 04′～121° 08′ 之间。东濒东海，南邻苍南县，西靠文成县，北接瑞安市。陆域面积1042.21平方千米，海域面积约1300平方千米。地质地貌、气候水文等水文环境比较复杂。

第一节　地质地貌

一、地　质

平阳县处于新华夏系构造一级隆起带。在元古代震旦纪时期奠基（约6亿年前），后受古生代诸构造运动的影响，地面逐渐隆起，并出现一系列北东向的内陆山间小盆地。中生代侏罗纪（约1.4亿年前）至白垩纪末（约7000万年前）火山喷发，大量火山岩（其中以流纹质火山碎屑岩为主）和侵入体覆盖了县境大部分面积。境内的南雁荡山即为火山喷发区之一，矾岩前山上的仰天湖即为古火山口湖；以山门为中心的北港地区系火山断陷盆地。第三纪（约2500万年前）火山作用停止，县境在全面隆起的情况下，侵蚀剥蚀作用增强，形成了第四纪的大面积沉淀物。

平阳县地质构造属于浙东南褶皱系，在“华夏古陆”中的温州—象山隆起带的南端，受北、北东方向展布的华夏系基底构造、华夏式构造及晚期北东展布的新华夏系构造控制。按地质构造特点，可分为东部穹形隆起和西部断陷盆地的两个构造类型。

一是东部穹形隆起：在昆阳镇的城东，鳌江镇的务垟、墨城、西湾，万全镇的象山、宋埠等地，在卫星照片上表现为一个环圈构造，其基底地层是晚侏罗统磨石山组b段流纹质晶屑凝灰岩和角砾岩，周围被第四纪冲积层覆盖。

二是西部断陷盆地：以山门为中心，包括水头、麻步、腾蛟、顺溪等地，因地壳在燕山运动中断裂而发生陷落，形成断陷盆地。

县内的地层：一为上侏罗统磨石山组（J3m）F地层，分布广，厚度大，岩性杂，据岩性可分为磨石山组b、c、d三段；二为下白垩统地层，此地层由内陆河湖相碎屑岩夹火山杂岩组成，按其生成环境和岩性组合分成馆头组和朝川组a、b段；三为在沿海沿江带发育的新生界第四系地层（中更新统、上更新统下段、上更新统上段、全新统）的松散沉积物。

境内岩浆岩可分为三大类：一为侵入岩，较发育，大小共40多处，规模较大的有19处，约占陆地面积的10%，属燕山晚期产物；二为脉岩，为燕山晚期产物，沿北东、北西及东西向断裂填充；三为次火山岩，有10多处，总面积约122平方千米，形态为椭圆状，不规则状或条带状，呈北东—南西向展布，以中酸性为主，可分三大类：石英闪长玢岩类、流纹岩类、安山玢岩类。

二、地　貌

全县地貌以火山地貌为主，其次为沉积地貌。南雁荡山脉和鳌江水系贯穿全境，地势西高东低。沿海由于海岸长期下沉，造成众多岛屿与喇叭形海湾，海岸线蜿蜒曲折（属里亚斯沉降海岸），故地貌类型较复杂，有中山（海拔1000米以上）、低山（500～1000米）、丘陵（500米以下）、谷地、平原、滩涂和岛礁等。

（一）山　脉

南雁荡山脉系浙闽边境洞宫山脉的延伸，进入狮子岩后分三支：

北支自狮子岩向东北，蜿蜒于平阳县与文成县边界至龙尾的大尖山。此后沿平阳与瑞安边界，山势逐渐降低，止于瑞安市境内的杜山头。其分支自水亭的莲花山，迤东南至西湾入海，是鳌江水系与飞云江水系的分水岭。

中支自狮子岩向东，逶迤于县境的中部，止于麻步的鸡岑山，是鳌江南港水系与北港水系的分水岭。

南支（分布于苍南县），自狮子岩迤东南，延平阳文成、平阳泰顺和平阳福鼎边界入海。

在山脉中，海拔1000米以上的有9座，它们是：

棋盘山（在顺溪，又名大洋头山），是全县主干山脉，主峰海拔1231.1米，是全县最高的山峰；乌岩尖（在维新），海拔1133米；朝天马山（在怀溪），海拔1120.3米；龙井山，又名龙潭山（在龙尾），海拔1098.5米；双尖山（在满田），海拔1077.7米；狮子岩（在吴垟），海拔1071.5米；牛栏湾（在维新），海拔1056米；双桂标山（在顺溪），海拔1043.6米；戈场栋山（在顺溪），海拔1036.6米。

（二）山地和丘陵

县境西部群山，由南雁荡山系的山脉所构成，多数山体海拔在700米以上，平均坡度在40°以上。中部与东部山体，一般海拔200～400米，有的达500～700米，如树贤的企岩山，蔡垟的煤山顶山，万全的万盘尖、嘉丰山，西湾的半天山等。这些山体的坡度，在25°左右，最大可达35°以上。山麓比较平缓，一般在5°～10°之间。

属于山地丘陵地带的有顺溪、山门、吴垟、青街、维新、怀溪、晓坑、南雁、闹村、朝阳、龙尾、岭门、凤巢、梅溪、梅源、西湾、墨城等，约占全县总面积的45.9%。

（三）平原和滩涂

平原分河谷平原、水网平原和滨海滩涂。

1. 河谷平原　在低山丘陵之间，地势平缓，有大小不等的河谷盆地，边缘缓坡起伏；鳌江干、支流蜿蜒其间，河床较宽，沿河两岸断续分布着成片的河谷平原，属沉积地貌。分布在山门、南雁、水头、腾蛟的部分及萧江等地，约占全县总面积的11.61%，其地势南北高、中间低，是全县的经济作物区。

2. 水网平原　分布在鳌江下游和飞云江之间，属海相沉积。地势平坦，高程一般在3～5米，河网密布，航运、灌溉便利，是粮食、淡水鱼的主要产区。该区包括昆阳、郑楼、榆垟、宋桥、鳌江、钱仓、萧江等地，约占全县总面积的14.48%。

3. 滨海滩涂　属第四纪海相沉积物，分布在宋埠、西湾和墨城等地，以及鳌江镇沿海丘陵延伸部分，地势平坦，向东海倾斜，海岸平缓，海水较浅。20世纪90年代至21世纪初，平阳县大规模人工围海造田，滨海滩涂面积也逐渐扩大，至2012年共85.68平方千米，占全县总面积的8.22%。

（四）岛屿和礁石

平阳县海域面积约1300平方千米，大于500平方米的岛屿65个，岛屿总面积11.5平方千米，岸线总长80.38千米，滩地面积0.7平方千米。在65个岛屿中，有名有人岛7个，有名无人岛30个，无名无人岛28个，礁石156座。

属西湾社区的岛屿和礁石有杨屿山、上头屿、上二屿、三屿、四屿、小洋山、木桶南礁等岛屿13个，礁石21座。岛陆总面积0.37平方千米，滩地总面积0.06平方千米，岸线总长5.72千米。

属南麂社区的南麂列岛，南邻苍南县的七星岛，北邻瑞安市的北麂列岛，东临东海大陆架海区，西靠平阳与苍南县近陆岸岛屿。岛屿和礁石有南麂、竹屿、大擂山、门屿、柴屿、上马鞍等大小岛屿52个，礁石135座。岛陆总面积11.13平方千米，滩地面积0.64平方千米，岸线总长74.66千米。主岛南麂岛面积7.69平方千米。

第二节　土壤植被

一、土　壤

（一）土壤类型

鳌江流域的地势由西至东逐渐降低，分布着不同成因的土壤；万全镇局部地区由于飞云江影响，形成水网平原。根据成土因素和特点，全县土壤划分为丘陵山地、河谷平原、水网平原和沿海滩涂四个地区类型。

1. 丘陵山地土壤

鳌江上、中游群山绵亘，海拔高程600米以上的山地较多，切割强烈、沟壑纵横、基岩出露，遇暴雨灌注，则山洪暴发，挟泥沙石砾冲下，水土流失严重。母岩经历漫长成土历史，岩石强烈风化，形成厚薄不均的风化壳，原生矿物分解，土体中的二氧化硅、钙、镁、钾、钠等基盐离子受到强烈淋溶，基盐饱和度低，硅铁铝率偏低，而铁铝氧化物相对积聚。故，土壤为薄层型，含沙砾较多。

随海拔高程上升，从低山丘陵到中山区，依次分布着红壤—黄红壤—黄壤。

红壤分布在海拔200米以下的低山丘陵缓坡地带，与黄红壤交错。

黄红壤分布在海拔200米以上的低山区，呈宽带状分布。

黄壤分布在低山区与中山区之间。

还有酸性紫色土零星分布于低山丘陵地带；水稻土零星穿插于红壤、黄壤、紫色土之间。耕作加强了土壤的氧化，增强了土壤的保水保肥能力。山坳水田由于地下水和倒渗水作用，形成潴育型水稻土（如黄泥沙田）；山坡梯田受灌水影响，形成渗育型水稻土（如黄泥田）。

2. 河谷平原土壤

土壤由洪积物、冲积物、河海相交沉积物和江潮淤积物发生发育而成。由于河谷宽窄相差较大，溪流众多，河道弯曲多变，加上潮水顶托作用，因而发育的土壤性质彼此不同，主要表现在土壤颗粒的组成和酸碱度的差别较明显。

鳌江上、中游两岸，如山门至南雁一带，地形开阔平坦，上游来的泥沙、砾石在两岸沉积形成以粉沙为主的河海相交沉积物，发育为粉沙泥，经水耕后，演变为江粉沙田。这种洪积泥沙土多分布于山谷、小溪两旁及谷口的洪积扇上。而泥沙田则分布于溪岸较平缓的小平原上。从河床向两侧，依次为清水沙、培泥沙田、黄泥沙田。在河漫滩上，分布着近沙性的江潮沉积物—江涂沙，其内侧为江粉泥田。

3. 水网平原土壤

成土母质为约6000年前的老浅海沉积物。海水退去后，又经过漫长的沼泽化，形成一层较厚较黏的潜育层。潜育层的结构面上有青灰色胶膜，靠近山边的低地下部埋藏有腐泥层和泥炭层。麻步、鳌江等地属于此种土壤。潜育层经过人工开垦、排水、种植，降低了地下水位，逐渐进入潴育化；水旱轮作又增加了土壤的通透性，土色渐变为灰黄，形成青紫塥黏田土。在地形稍高的河边田或村边田为中位青紫塥，在低平的垟心田为青紫塥，泥沙头青紫塥常在河流两岸呈带状分布，黄泥沙青紫塥则以带状分布于山边。

4. 沿海滩涂土壤

成土母质是含盐分的浅海沉积物和江潮淤积物。鳌江每年向东海倾泻18.2亿立方米水量和8万吨泥沙，江口海涂以10～20米的速度向大海推进（飞云江口海涂的推进形式大致相同），形成了沉厚、黏重、匀细的浅海沉积物，人工围垦加速了滩涂成陆过程。沿海滩涂的土壤主要是淤泥质亚黏土，含盐量高，称滨海盐土。围垦后，土壤脱离了海水浸渍，逐渐脱盐、脱钙、耕作熟化，形成潮土化盐土。经过水耕，发育成潴育型水稻土—淡涂黏田土。含钙的江涂泥，经水耕熟化，发育成江涂泥田。

根据成土历史长短和人为垦殖利用的不同影响，从海涂向内陆，顺次分布涂黏土、咸黏土、淡涂黏土、淡涂黏田；再向内，则是水网平原区的青紫塥黏田土。

西湾、墨城两地，海边土壤分布情况较为独特，仅有潮间带的涂泥土，其内侧即为山地土壤。

（二）土壤的土类

根据成土过程、土壤性态，全县有6个土类，15个亚类，34个土属，63个土种。

1. 红壤土类

有红壤、黄红壤、侵蚀型红壤3个亚类以及红泥土、黄泥土、黄泥沙土、石沙土、白岩沙土等5个土属。成土母质以凝灰岩为主，也有凝灰岩、流纹岩、花岗岩等风化残积物。红壤土类分布最广，面积最大，主要分布在海拔600米以下丘陵，面积82.87万亩，占土壤总面积的57.34%。

2. 黄壤土类

有黄壤、侵蚀型黄壤2个亚类和山地黄泥土、山地黄沙土、山地石沙土3个土属。成土母质有凝灰岩、流纹岩为主的风化物，也有石英正长斑岩和各种母岩残积风化物。主要分布在海拔600米以上山地，面积7.4万亩，占土壤总面积的5.12%。

3. 紫色土类

只有1个酸性紫色土亚类和1个酸性紫泥土土属。酸性紫色土土属，母质系非石灰性紫色粉砂岩和紫色凝灰岩风化物，常与红壤交错于同一气候带，如梅溪、梅源、桃源、联山、闹村、凤巢、新田、顺溪、吴垟、青街等处。零星分布于低山丘陵，面积1.13万亩，占土壤总面积的0.78%。

4. 潮土土类

为非地带性土壤，有潮土、钙质潮土2个亚类和洪积泥沙土、清水沙、培泥沙土、泥沙土、淡涂黏土、江涂泥土6个土属。母质为洪积物或河流新、老冲积物，浅海沉积物。主要分布在河床和低河漫滩、清水沙内侧河漫滩和鳌江中、下游两岸，面积2.9万亩，占土壤总面积的2.01%。

5. 盐土土类

有滨海盐土、潮化盐土2个亚类和涂泥土、涂黏土、咸黏土3个土属。母质为浅海沉积物或新浅海沉积物。主要分布在鳌江口和滨海潮间带，面积11.58万亩，占土壤总面积的8.01%。

6. 水稻土

全县主要耕作土壤，有渗育型、潴育型、脱潜潴育型、潜育型、盐渍型等5个亚类，有山地黄泥田、黄泥田、紫泥田、洪积泥沙田、黄泥沙田、泥沙田、培泥沙田、淡涂黏田、江涂泥田、山地黄泥沙田、紫泥沙田、江粉泥田、青紫塥黏田、烂泥田、烂浸田、咸黏田等16个土属。主要分布在鳌江中、下游水网平原，面积38.65万亩，占土壤总面积的26.74%。

二、植　被

根据《中国植被》区划，平阳县属中国东部湿润森林区、亚热带常绿阔叶林带，常年湿润常绿阔叶林带东部组，中亚热带常绿阔叶林南亚带，浙南闽中丘陵山区常绿栲栎类林区，雁荡山丘陵低山植被片。变叶榕、异叶榕、小叶榕、绿竹、水松、山杜鹃、沉水樟、东南鸡血藤、野海棠、山豆根等南方植物在境内广为分布，近年又引入大批南方树种、竹类，亚热带风光越来越明显。

平阳植物区系的历史悠久，古老孑遗植物和稀有品种不少，如顺溪五十丈村的竹柏（俗名椤树），至今还留有一株，树龄三百余年。与苍南县交界的白云山，上有停骖谷，俯临深涧，无路可通，有巨藤绕其上，行人须攀藤而上，称为“藤道”。现虽缺乏古时景观，但到处可见到古藤，如南雁仙姑洞口仍有百年老藤。

元朝以后，历经兵燹，森林植被渐被破坏，许多珍稀树种灭绝。近年积极造林，植被稍有改观，主要植被有如下八类。

（一）亚热带针叶林

以马尾松为主，全县分布面积广，占山林面积的80%以上。近几年在山区建设了一批新的杉木、柳杉用材林基地，林相比较整齐。常见伴生植物有光叶石楠、苦槠、枫香、柃木、老鼠刺、羊舌树、石斑木、冻绿柴、山矾等。草本以芒萁、茅草、狗尾草等为主。

（二）亚热带荒山灌木草丛

海拔1000米以上的棋盘山、朝天马、双尖山、龙潭山山顶一带，有野枯草、芒萁为主的植物群落分布，伴有地网草、蛇莓、龙胆草、铁线莲等。海拔1000米以下的山顶、坳地避风处，形成片状灌丛，分布于吴垟、维新、顺溪等地。灌丛高不足2米，有白栎、红白杜鹃、鹿角杜鹃、山柳、岩蕨、香薷等，地面上有地刷子、铺地蜈蚣等。

（三）常绿阔叶、落叶阔叶混交林

称为杂林木，在顺溪、吴垟等地海拔500米以上的山地保存着良好的林相。上层常绿树有桢楠、木荷、冬青、栲类等；下层灌木有藤本，油茶、木姜子、山矾、小竹、猕猴桃、栝蒌等；地被茂盛，有双盖蕨、金毛狗脊、书带草、博洛回、兰花等。原有的常绿阔叶林，由于长期以来人为的破坏，只能在交通闭塞或极险峻的地方，偶尔能找到半原生状态的植被，大部分为次生针叶林所覆盖，有的已沦为灌木林或灌木丛。

（四）亚热带毛竹林

一是原有成片毛竹纯林，吴垟、青街、睦源等地有较大面积分布；二是近年来人工栽培竹林，或从竹、杉杂混交林抚育出来的毛竹丛林。稀疏的竹林常伴有马尾松、枫香等。地被物有铺地锦、茅草、金沙、络石藤、野葡萄、菝葜等。全县竹类品种繁多，以毛竹和青皮竹为主。青皮竹对鳌江中游干、支流两岸的护坡及堤塘，起固堤防冲作用。

（五）低坡山丘、平地特产林和鳌江上游溪滩林

低坡山丘、平地特产林主要有人工栽培的茶叶、桑树、杨梅、柑、橘、桃、李、橄榄林。通过人工培育，多成纯林，林下植物种类不多。

鳌江上游溪滩林，主要分布在山门至南雁东门、山门大溪、闹村溪、溪心溪、畴溪、顺溪溪的溪滩上。溪滩林的植物种类主要有千年桐、枫杨、溪柳、水竹、青皮竹以及五节芒植物群落等。

（六）沿海防护林

20世纪80年代，在沿海（江）堤塘营造了以防风固堤护坡为目的的沿海防护林，树种以木麻黄为主，伴有苦楝、酸栾、枸桔等。随着林带营造，堤塘土壤逐渐脱盐熟化，林下植物随之增加，常见的有马兰、羊蹄、卤地菊、盐蒿、剪土股、半夏、金沸草等植物。

（七）水生植被

塘河一带水中，有浮萍、菱芡、水荇、凤眼莲、水浮莲、菖蒲、藻类、菰米等。

（八）“四旁”林

“四旁”林（村前屋后、路边栽植的林木）树种主要有绿竹、水竹、桉树、木麻黄、黑荆、苦楝、棕榈、悬铃木、青桐、小叶榕、柏树、樟树、水杉等，单行栽植多，成片栽植少。树下地被种类繁多，主要有鸡眼草、铁扫帚、酢奖草、车前草、马蹄金、狗牙根、墨旱莲、空心莲子草（革命草）、毛飞蓬蒿等。

第三节　气象水文

平阳县地处浙江省东南沿海，濒临西北太平洋，气候受海洋影响较大，属于中亚热带海洋性季风气候区。总的气候特征：冬无严寒，夏少酷暑，春季温暖，秋季干爽；夏冬季长，春秋季短，四季分明。全年光照充足，雨水丰沛，温暖湿润，适宜生物生长和居民生活。主要灾害性天气有台风、暴雨、干旱、大风、龙卷风、冰雹等。

一、气　象

（一）四季特征

四季（以稳定通过10℃和22℃作为各季界限）中，夏季较长，冬季稍短，春秋均匀。夏季从5月下旬或6月上旬开始，到9月下旬或10月上旬结束，约4个月，约占全年日数1/3；冬季始于12月上旬，止于次年3月上、中旬，约3个月；风和日暖的春秋佳季各长80天左右。

1989～2012 年逐年四季平均气温和降水情况

表 1-3-1　　单位：℃、毫米

年份	春季		夏季		秋季		冬季	
	气温	降水	气温	降水	气温	降水	气温	降水
1989	15.9	682.3	26.4	656.5	19.8	400.3	8.8	203.4
1990	16.5	529.7	27.0	843.4	19.9	656.5	9.6	291.9
1991	16.1	411.7	27.6	446.0	19.1	399.0	9.6	150.1
1992	15.9	523.1	26.0	862.0	18.9	372.9	9.2	307.0
1993	15.7	438.0	27.0	662.5	20.0	393.8	8.2	175.8
1994	16.9	477.1	27.3	817.8	20.1	259.6	10.0	325.7
1995	15.8	644.2	26.7	514.0	19.5	216.3	7.9	150.0
1996	14.8	431.5	27.5	777.3	20.6	359.2	7.9	97.4
1997	17.3	417.6	26.6	819.3	19.8	254.7	9.4	181.8
1998	18.1	474.4	27.5	537.0	20.8	291.9	10.3	329.1
1999	16.7	733.8	26.8	578.5	20.9	308.2	9.8	56.6
2000	17.0	405.2	26.9	882.1	20.8	400.6	9.7	214.5
2001	17.4	392.2	27.3	805.3	20.1	325.4	10.2	339.7
2002	18.3	409.8	27.1	884.3	19.9	496.7	10.5	246.7
2003	17.0	436.3	28.6	503.8	21.5	489.3	9.2	152.5
2004	17.3	383.0	27.7	546.7	20.5	381.7	10.4	252.8
2005	16.3	581.9	27.5	909.8	21.9	268.4	7.7	282.2
2006	17.1	480.4	27.8	1135.0	21.8	247.9	10.1	198.0
2007	17.5	319.9	28.5	701.3	21.2	678.1	11.2	170.9
2008	17.4	302.7	27.7	703.9	21.5	409.0	8.3	168.1
2009	16.9	428.1	27.7	960.5	21.1	372.5	9.6	113.7
2010	15.7	797.6	27.2	795.5	20.2	346.7	9.8	296.5
2011	15.8	303.0	27.9	656.0	21.2	304.0	7.7	140.8
2012	17.3	606.8	28.1	772.5	20.0	433.6	8.5	385.8
平均值	16.7	457.3	27.4	740.5	20.5	377.8	9.3	218.0

春季　春分前后进入春季。春季开始，大陆高压衰退，副热带高压北进，暖湿气流势力加强，气温逐渐回升。由于锋面气旋活动频繁，雨水增多。1989～2012年，春季平均气温16.7℃，平均降雨量457.3毫米。

夏季　5月下旬或6月上旬至7月上旬称为初夏，极锋开始稳定，冷暖空气交错，以致雨量充沛，雨日增多，属于梅雨季节。因空气湿度高，衣物易霉，故又称“霉季”。此段时间，大雨、暴雨较多，易发生洪涝。7月中旬至8月份为盛夏，处于副热带高压控制下，以晴热天气为主。1989～2012年，夏季平均气温27.4℃，平均降雨量740.5毫米。

秋季　秋季是夏季风向冬季风转变时期。秋分前后，北方冷空气势力开始加强，气温逐渐下降，雨水减少，气温日差较大，出现秋高气爽天气。9月份气温仍然较高，且由于极锋南返，台风活动也较频繁。谚云：“九月九，大雨洗港口。”1989～2012年，秋季平均气温20.5℃，平均降雨量377.8毫米。

冬季　小雪前后，进入冬季，在北方冷气团的控制下，盛行偏北风，气温明显下降，多晴冷天气。冷空气南下时，形成寒潮，又常有雨雪出现。年极端最低气温均出现在本季。1989～2012年，冬季平均气温9.3℃，平均降雨量218毫米。

（二）气温

1989～2012年，平阳县年平均气温为18.5℃，年际变动在17.5℃～19.6℃之间。受城市热岛效应和全球气候变暖的影响，20世纪末21世纪初，气温连续出现偏高年。

全年最热的月份为7月、8月，月平均气温分别为28.6℃和28.4℃。年极端最高气温均出现在这两个月内，1989～2012年的极端最高气温40.4℃（2003年7月15日）。全年最冷月份为1月、2月，平均气温分别为8.1℃、9.1℃。年极端最低气温均出现在1月、2月、12月，1989～2012年的极端最低气温-4.1℃（1999年12月23日）。

图 1-3-1　1989～2012 年年平均温度

（三）风向和风速

风向、风速受季风影响，随季节变化明显，同时，由于境内地形复杂，也造成地区间的差异。1989～2012年，最多风向为东北偏东，频率均为13，平均风速1.7米/秒。其中冬季盛行东风和东北偏东风，夏季盛行偏南风和东北偏东风。

（四）雷暴

1989～2012年，年平均雷暴日数为32天，最多的是2010年，55天，最少的是1999年，20天。3月份，气温逐渐回升，春回大地，万物复苏，春雷萌动。7月、8月进入盛夏，雷暴日占全年的39%。持续的高温天气有利于不稳定能量积聚，一旦有弱冷空气渗透，极易促发雷暴积雨云的发生发展。9月凉风渐起，雷暴天气骤减。冬季鲜有雷暴发生。

（五）湿度、蒸发量和日照时数

1.湿度　1989～2012年，年平均相对湿度为80%，月平均相对湿度最大在6月，为86%；最小在12月，为76%。

2.蒸发量　1989～2012年，年平均蒸发量1342.8毫米。月蒸发量7月最大，8月次之，月蒸发量最大的出现在2003年7月，为318.9毫米；月蒸发量2月最小，1月次之，其中月蒸发量最小的出现在1990年2月，为23.5毫米。

3. 日照时数　1989～2012年，年平均日照时数1783.7小时。年最多日照出现在2003年，为2237.4小时；最少出现在2012年，为1516.2小时。

1989～2012 年逐年相对湿度、蒸发量和日照时数

表 1-3-2

年份	相对湿度（%）	蒸发量（毫米）	日照时数（小时）	年份	相对湿度（%）	蒸发量（毫米）	日照时数（小时）
1989	84	1162.2	1652.1	2001	82	1330.0	1851.0
1990	86	1171.2	1684.5	2002	83	1308.3	1768.9
1991	84	1158.4	1795.8	2003	78	1656.0	2237.4
1992	84	1155.2	1795.4	2004	75	1488.2	2134.2
1993	84	1206.3	1709.7	2005	77	1352.6	1751.5
1994	83	1336.9	1824.1	2006	77	1397.8	1625.3
1995	82	1345.4	1958.0	2007	78	1398.7	1795.4
1996	81	1401.8	1939.2	2008	77	1488.4	1700.4
1997	82	1335.2	1757.2	2009	76	1472.1	1825.1
1998	83	1326.6	1722.7	2010	81	1281.8	1657.9
1999	81	1332.8	1682.4	2011	76	1390.3	1701.0
2000	82	1337.7	1722.2	2012	76	1393.8	1516.2

二、水　文

平阳县境，东北属飞云江水系，西南属鳌江水系。鳌江由西向东，注入东海，而小南河网及萧麻塘河又注入鳌江，与沿海潮汐构成了水文的主要要素。水资源主要由降水补给，形成河川径流（包括地表径流和地下径流两部分）。

（一）降水量

平阳县属亚热带季风气候区，全年光照充足，雨水充沛。据平阳水文站1956～2012年资料统计，多年平均年降水量为1854.2毫米，最多的是1960年，达2548.1毫米；最少的是1967年，仅1119.7毫米，年际差达1428.3毫米。平均年降水日数为152.8天，最多的是1970年，达190天；最少的是2003年，为108天。

1956～2012年各月平均降水量和降水天数

表1-3-3 单位：毫米

月份	降水量	降水天数	最大降水量（1960年）	最小降水量（1967年）
1	58.9	10.8	42.4	12.5
2	89.4	13.1	1.4	86.5
3	140.1	17.0	235.6	154.2
4	153.0	15.7	185.9	120.1
5	214.3	17.1	211.2	228.8
6	247.7	16.4	290.9	167.6
7	192.9	11.2	169.5	78.0
8	285.4	14.0	942.4	57.8
9	255.2	12.5	394.9	18.2
10	97.3	8.0	11.2	22.7
11	68.7	8.7	39.4	148.6
12	51.3	8.3	23.3	24.7
全年	1854.2	152.8	2548.1	1119.7

说明：采用平阳县水文站加权法计算的1956～2012年雨量站的月、年降水量

区域内降水量地区分布不均匀：山区大于平原，山区在2000毫米左右，平

原在1600毫米左右；由于地形地貌的作用，降水量分布自东向西逐渐增加，垂直分布随地形上升而增加。吴垟、顺溪、青街一带是暴雨中心，最大雨量达2500～3000毫米，其中吴垟雨量站1990年总雨量达3611.2毫米；降水量年内分配不均匀，4～10月的梅雨、台汛期降水量占全年的70%以上。

降水量时间分布不均匀，年际变化大，月际差异更大。全年分为四个雨期。一是春雨期：3月至4月，因华南静止锋的影响，导致春雨绵绵，平均降水量293.1毫米，占年降水量的15.8%。二是梅雨期：5月至6月，因锋面北移，加上地形阻挡，平均降水量462毫米，占年降水量的24.9%。三是台风期：7月至9月，因锋面南移和台风影响，雨量较多，平均降水量733.5毫米，占年降水量的39.6%。四是少雨期：10月、11月、12月、1月、2月共5个月，平均降水量365.6毫米，占年降水量19.7%。

平均年暴雨日数5.3天，一般发生在5～10月，6～9月为暴雨中期，占全年暴雨总日数的75.5%。暴雨的地理分布相似于降水量分布。1958～2012年，24小时雨量最大的特大暴雨发生在2005年7月18日朝阳雨量站，降水量达526毫米。

平阳县各水文（位）站1956～2012年平均降水量月年统计

表1-3-4 单位：毫米

站名＼月份	1	2	3	4	5	6	7	8	9	10	11	12	年平均
平阳	58.3	86.0	136.0	147.5	203.8	236.7	172.7	241.8	230.8	88.6	69.6	48.9	1720.6
吴垟	78.3	108.7	176.5	174.4	236.7	310.7	311.9	434.3	300.6	121.0	99.8	63.6	2416.5
顺溪	60.8	96.2	144.4	160.3	233.1	284.8	270.1	383.2	304.5	109.1	73.7	53.2	2173.4
朝阳	67.8	98.6	162.2	163.1	218.8	295.8	312.2	412.9	278.5	102.4	83.9	53.5	2249.5
山门	63.0	94.6	151.0	160.2	218.7	287.2	256.2	351.5	263.0	103.3	74.3	49.6	2072.6
上垅	75.1	104.1	159.5	172.3	240.7	295.6	266.9	368.7	276.5	114.6	88.8	63.5	2226.1
南雁	65.1	92.4	147.0	162.0	217.8	284.5	242.8	329.5	260.6	103.7	80.8	54.7	2041.9
埭头	60.5	90.8	144.0	161.1	221.5	280.4	239.8	337.9	290.2	112.6	72.3	51.4	2062.5
腾蛟	58.0	84.3	139.4	154.4	202.0	261.5	202.8	301.3	217.9	96.1	65.9	45.1	1828.7
鳌江	57.5	86.2	134.7	143.7	198.4	215.5	136.7	207.2	197.7	78.2	66.7	49.5	1572.1
殿后山	58.5	83.4	137.6	142.9	200.7	220.6	135.2	203.1	180.8	74.2	73.2	45.4	1555.7
南麂	58.6	77.8	126.0	122.7	167.7	192.9	85.1	149.7	162.6	66.6	77.0	51.4	1338.2

（二）径　流

径流来自降水补给，年内分配呈双峰型，双峰在梅雨期与台风期，7月份出现峰谷。埭头水文站（位于鳌江中游）的径流变化最有代表性。

埭头水文站控制集水面积346平方千米，1958～2012年的55年径流资料统计，全年最枯为12月，最大为8月，3～6月份占全年37.4%，8～9月份占全年35.4%，多年平均流量为16.4立方米/秒，变差系数（CV）0.35，径流深1490毫米，径流模数47.1升/秒平方千米，径流系数0.72。最大流量3680立方米/秒，最小流量为0.12立方米/秒；最大一日洪量1.11亿立方米，最大三日洪量1.96亿立方米。最大径流年份是1960年，径流量达9.12亿立方米；最小径流年份是

1967年，径流量为2.64亿立方米，多年平均值为5.16亿立方米。

据文字记载，埭头水文站所在地曾发生两次大洪水：清咸丰三年（1853年），最大流量5930立方米/秒，水位18.83米；民国14年（1925年），最大流量4240立方米/秒，水位17.75米。

1958～2012年埭头水文站平均月径流量

表1-3-5　单位：亿立方米

月份	平均		P=20% 偏丰年 (1969年)	P=50% 平均年 (1978年)	P=75% 偏枯年 (1957年)	P=95% 枯水年 (1967年)
	径流量	分配率				
1	0.10	2.0	0.37	0.13	0.08	0.06
2	0.17	3.3	0.58	0.17	0.22	0.13
3	0.31	6.1	0.50	0.45	0.34	0.32
4	0.36	7.0	0.31	0.63	0.27	0.42
5	0.53	10.2	0.92	0.70	0.58	0.52
6	0.73	14.1	0.69	1.11	0.41	0.50
7	0.59	11.5	0.47	0.07	0.07	0.13
8	0.94	18.1	0.74	1.40	0.46	0.17
9	0.89	17.3	1.46	0.13	0.82	0.06
10	0.31	6.1	0.37	0.06	0.42	0.02
11	0.14	2.6	0.11	0.14	0.08	0.22
12	0.09	1.7	0.06	0.04	0.11	0.10
全年	5.16	100	6.58	5.03	3.86	2.65

（三）水　位

1963至2012年，平阳水位站平均水位为2.59米，最高水位3.86米（1973年7月6日），最低水位河水干枯（1967年8月24日）。萧江水位站1960～1990

年，平均水位2.76米，正常水位3.12，最高水位4.99米（1960年8月10日），最低水位河干（1978年11月2日）；埭头水文站1956～2011年，平均水位11.80米，最高水位17.94米（2005年9月1日），最低水位11.08米（2011年4月6日）。

2012年平阳县各水位站水位

表1-3-6 单位：米

序号	站名	地点	正常水位	警戒水位	备注
1	平阳水位站	昆阳镇北门	2.92	3.12	
2	鳌江水位站	鳌江镇平阳中医院边	2.84	3.04	
3	萧江水位站	萧江水闸上游	3.12	3.32	
4	鳌江潮位站	鳌江大厦边		3.70	
5	埭头水文站	南雁埭头村		14.70	

（四）潮　汐

鳌江潮汐，属不正规半日潮。据鳌江水文站1958至2012年观测资料统计，最高潮位4.80米（1992年8月30日22点30分），最低潮位-2.63米；平均高潮位2.58米，平均低潮位-1.68米，平均潮位0.31米；平均涨潮潮差5.1米，平均落潮潮差5.09米，最大潮差6.42米，最小潮差1.03米。其潮波传递受浅海地形影响，由前进波转为驻波。涨落潮历时不等，且涨潮历时小于落潮历时；河口段平均涨潮历时为4时18分，平均落潮历时为8时07分。

1956～2011 年 鳌江潮汐特征

表 1–3–7

名称		最大	最小	平均
潮位（米）	高潮	4.80	0.74	2.58
	低潮	1.08	-2.63	-1.68
潮差（米）	涨潮	6.42	1.03	4.25
	落潮	6.33	1.25	4.25
历时（时　分）	涨潮	7:37	2:17	4:18
	落潮	10:35	4:40	8:07

1991 年 3 月 17～19 日 鳌江河口段实测潮流量特征

表 1–3–8

断面位置	至河口距离（千米）	涨潮		落潮		备注
		潮量（万立方米）	平均流速（米每秒）	潮量（万立方米）	平均流速（米每秒）	
新美洲	0.5	2022	0.51	2107	0.56	测验时上游径流量3.34～5.57立方米每秒
龙港镇	5.2	1722	0.84	1817	0.76	
鳌江镇	7.6	1689	0.89	1834	0.72	

鳌江潮候

表 1–3–9

农历日期	涨潮时间	平潮时间	农历日期	涨潮时间	平潮时间
初一、十六	5:45	10:36	初九、廿四	12:09	17:00
初二、十七	6:33	11:24	初十、廿五	12:57	17:48
初三、十八	7:21	12:12	十一、廿六	13:45	18:36
初四、十九	8:09	13:00	十二、廿七	14:33	19:24
初五、二十	8:57	13:48	十三、廿八	15:21	20:12
初六、廿一	9:45	14:36	十四、廿九	16:09	21:00
初七、廿二	10:33	15:24	十五、三十	16:57	21:24
初八、廿三	11:21	16:12			

（五）水　质

平阳县水功能区水质现状评价指标分别采用全指标（地表水环境质量标准中的常规监测项目）和双指标（COD_{Mn}、NH_3–N）进行评价。根据《浙江省水功能区水环境功能区划》，平阳县共有15个水功能区，一级水功能区4个，二级功能区11个。其中一级水功能区保护区2个：鳌江（顺溪）平阳源头水保护区和怀溪平阳源头水保护区；保留区2个：鳌江（顺溪）平阳源头水保留区和带溪平阳保留区。二级水功能区饮用（农业）用水区3个：平鳌塘河平阳饮用、农业用水区，萧江塘河平阳、苍南饮用、农业用水区和平瑞塘河平阳饮用水源区；工业农业用水区2个：鳌江（北港）平阳工业、农业用水区和鳌江平阳工业、农业用水区；农业工业用水区2个：鳌江（北港）平阳农业工业用水区和鳌江平阳农业工业用水区；农业用水区2个：鳌江平阳农业用水区和梅溪平阳农业用水区；渔业用水区2个：闹村溪平阳渔业用水区和凤卧溪平阳渔业用水区。

平阳县水功能区水环境质量情况

表1–3–10

<table>
<tr><th colspan="2">水功能区</th><th rowspan="2">水环境功能区</th><th rowspan="2">监测站位</th><th rowspan="2">水质目标</th><th colspan="4">水质现状</th><th rowspan="2">达标情况</th></tr>
<tr><th>级别</th><th>名称</th><th>2010年</th><th>2011年</th><th>2012年</th><th>2013年</th></tr>
<tr><td rowspan="2">一级</td><td rowspan="2">鳌江（顺溪）平阳源头水保护区</td><td rowspan="2">自然保护区</td><td>百僧堂</td><td>Ⅰ</td><td>Ⅰ</td><td>Ⅰ</td><td>/</td><td>/</td><td>达标</td></tr>
<tr><td>顺溪大桥</td><td>Ⅱ</td><td>Ⅰ</td><td>Ⅰ</td><td>Ⅰ</td><td>Ⅰ</td><td>达标</td></tr>
<tr><td rowspan="4">一级</td><td rowspan="4">鳌江（顺溪）平阳源头水保留区</td><td rowspan="4">多功能区</td><td>堂基</td><td>Ⅱ</td><td>Ⅰ</td><td>Ⅰ</td><td>/</td><td>/</td><td>达标</td></tr>
<tr><td>维新（岳溪）</td><td>Ⅱ</td><td>/</td><td>/</td><td>Ⅳ</td><td>/</td><td>不达标</td></tr>
<tr><td>垟心村(青街溪)</td><td>Ⅱ</td><td>/</td><td>/</td><td>Ⅰ～Ⅱ</td><td>Ⅰ～Ⅱ</td><td>达标</td></tr>
<tr><td>五十丈</td><td>Ⅱ</td><td>/</td><td>/</td><td>Ⅰ</td><td>Ⅰ</td><td>达标</td></tr>
<tr><td>二级</td><td>鳌江（北港）平阳农业、工业用水区</td><td>多功能区</td><td>埭头</td><td>Ⅲ</td><td>Ⅱ</td><td>Ⅲ</td><td>Ⅲ</td><td>Ⅱ</td><td>达标</td></tr>
</table>

续表1-3-10

水功能区		水环境功能区	监测站位	水质目标	水质现状				达标情况
级别	名称				2010年	2011年	2012年	2013年	
二级	鳌江（北港）平阳工业、农业用水区	工业用水区	江屿	Ⅳ	劣Ⅴ	劣Ⅴ	劣Ⅴ	劣Ⅴ	不达标
一级	怀溪平阳源头水保护区	多功能区	祥和大桥(怀溪)	Ⅱ	/	/	/	Ⅱ	达标
二级	鳌江平阳农业用水区	多功能区	岩头	Ⅲ	/	劣Ⅴ	劣Ⅴ	劣Ⅴ	不达标
二级	鳌江平阳工业、农业用水区	多功能区	方岩渡	Ⅲ	劣Ⅴ	劣Ⅴ	Ⅴ	Ⅴ～Ⅳ	不达标
			江口渡	Ⅲ	Ⅴ	Ⅳ	Ⅳ	Ⅲ～Ⅳ	不达标
二级	闹村溪平阳渔业用水区	渔业用水区	龙凤村(闹村)	Ⅱ	/	/	Ⅱ	/	达标
二级	凤卧溪平阳渔业用水区	渔业用水区	凤卧溪	Ⅲ	/	/	劣Ⅴ	劣Ⅴ	不达标
一级	带溪平阳保留区	多功能区	腾蛟镇大文院水潭水源地	Ⅲ	/	/	/	Ⅲ	达标
			南坨村	Ⅲ	/	/	劣Ⅴ	劣Ⅴ	不达标
二级	梅溪平阳农业用水区	多功能区	梅蒲斗门	Ⅲ	/	/	Ⅲ～Ⅴ	Ⅲ～Ⅴ	不达标
二级	平鳌塘河平阳饮用、农业用水区	多功能区	吉祥桥	Ⅲ	/	/	Ⅳ～Ⅴ	Ⅳ～Ⅴ	不达标
二级	萧江塘河平阳、苍南饮用农业用水区	饮用水水源二级保护区	萧江塘河陡门	Ⅲ	/	Ⅴ-劣Ⅴ	劣Ⅴ	劣Ⅴ	不达标
			中平桥	Ⅲ	/	/	劣Ⅴ	劣Ⅴ	不达标
二级	平瑞塘河平阳农业、工业用水区	工业用水区	小姜垟	Ⅳ	劣Ⅴ	Ⅳ	Ⅳ	Ⅴ	不达标
二级	平瑞塘河平阳饮用水源区	饮用水水源一级保护区	老铜钱水库	Ⅱ	/	/	/	Ⅲ	不达标

说明：据平阳县人民政府2014年6月《平阳县水功能区水环境功能区划分（修编）》制表

一级水功能区中，鳌江（顺溪）平阳源头水保护区的全年水质能满足水功能区水质目标要求；鳌江（顺溪）平阳源头水保留区、怀溪平阳源头水保护区和带溪平阳保留区水质均满足水功能区水质目标要求（其中南陀村水质劣Ⅴ）。

二级水功能区中，鳌江（北港）平阳农业、工业用水区，闹村溪平阳渔业用水区，满足水功能区水质目标要求。鳌江（北港）平阳工业、农业用水区（江屿）水质则全部超标，均为劣Ⅴ类。鳌江平阳工业、农业用水区全部不达标。萧江塘河平阳饮用农业用水区水质不达标，全年水质为劣Ⅴ类。平瑞塘河平阳农业、工业用水区水质不达标。

境内水功能区全年水质达标率不足一半，水质主要呈现中下游劣于上游、平原区劣于山丘区、城镇劣于农村的现象。主要污染源为生活污水、垃圾污染，局部地区还受工业、畜禽养殖业废水污染，主要污染指标为氨氮、总磷、五日生化需氧量等。城镇内河污染严重，呈生活型有机污染特征。

第四节　境内水系

县境内的江河溪流，除万全河网属飞云江水系外，均属鳌江水系。

一、鳌江干流

鳌江位于浙江省东南部，是省内八条主要河流之一，也是全国三大涌潮江之一。鳌江在平阳、苍南二县境内，被誉为平阳县和苍南县的母亲河。分南北两支：北支为干流，经平阳县顺溪、南雁、山门至水头感潮区，然后经麻步、萧江、钱仓、鳌江等地注入东海；南支称横阳支江，为最长支流，经苍南县莒溪、桥墩、灵溪，然后分别为横阳支江至朱家站水闸；沪山内河至夏桥水闸；萧江塘河至萧江水闸三处流入鳌江。干流流域称北港，横阳支江流域称南港，南北港在凤江汇合后，东流注入东海。

鳌江干流全长82.47千米（不包括河口段），发源于文成桂山（吴地山南麓），主峰海拔1124米，源头在桂库村，流域总面积1521.49平方千米，其中属平阳县辖区的有894.5平方千米，干流总落差836米。

（一）上　游

自源头桂库至顺溪镇顺溪大桥一段，为鳌江上游（亦称顺溪），长19.1千米，流域面积112平方千米，平均坡降为39.8‰。桂库之水自吴垟进入平阳县境，有一条长长的浙南大峡谷。架在峡谷之上的戈场廊桥，建于清代，是浙南最为险峻的廊桥之一。水到顺溪古镇，溪床顿时开阔。这里是南雁荡山主要景区之一，有元代的百僧堂、气势磅礴的三折瀑、风光宜人的知音涧、人文积淀丰富的国家级文物陈氏古屋、终年云雾缭绕的画眉峰。

鳌江上游受两岸山岩峭壁制约，岸坡陡峻，河床块石巨岩犬牙交错，河道弯曲狭窄（宽50～100米），河床基岩裸露或覆盖大砾石与孤石，落差大，水流湍急，下切旁蚀作用大。遇洪水则暴涨暴落，属山溪性河流，水力资源丰富。

（二）中　游

自顺溪镇顺溪大桥至水头镇詹家埠，长24.7千米，流域面积332.05平方千米，平均比降为2.9‰。鳌江至南雁镇，这里重峦叠嶂，溪宽水缓，碧溪汇流，芦蒿遍地，是南雁荡山的中心景区。五代时景区已经开发，历史上名人纷至沓来，有观音洞、仙姑洞、会文书院、棣萼世辉等众多景观。

中游两岸仍受制于山岩，河道曲折，水流湍急，河宽100至200米，河谷处宽200至500米，河床多被卵石覆盖。洪枯水变化大，造成多次改道，而形成苔湖、东门、水头等河间台地。特别是自吴山至溪头一段，长约5千米的河道动荡摇摆不定，河床变迁频繁。1985年后，主河道自玛瑚渡东行约1千米，再窜向北行至水头镇，与凤卧溪水汇合。由此，水头镇除承受凤卧溪水外，更增承鳌江上游之来水，且原河道狭窄而曲折，加重了水头镇洪涝灾害。

中游河床逐渐淤积，水量不足，有利于筑堰建渠引水灌溉，不利于航运。

（三）下　游

詹家埠至狮子口，长38.67千米，流域面积1077.44平方千米，平均比降为0.2‰，为感潮河段。其中詹家埠至钱仓段长26.83千米，为河口过渡段，受径流与潮流共同作用，河床演变复杂；钱仓至狮子口长11.84千米，为河口潮流段，该河段受潮流控制，有涌潮，潮头0.3～0.5米，钱仓附近最大涌潮高近1米。

岱口桥至狮子口，河宽100至500米，航道宽约100米，水深3至4米，最浅1米左右。低潮时最浅0.1米，最深2.1米，平均深0.8米。两岸为冲积平原和滨海平原，地面高程3～4米左右；河床覆盖渐由砂卵石质过渡到泥沙质，至清江浦附近，已不见卵石。岱口桥以上两岸，仅有局部护岸工程和零星堤防；岱口桥以下江堤为标准堤。

狮子口至麻步段，据1962年9月9～27日水文测验，涨落潮平均流速为0.5～0.7米/秒，涨潮值大于落潮值。

鳌江下游各测验点潮差

表1-4-1

水文测验点	河　口	鳌江镇	钱　仓	萧江渡	麻　步
潮差（米）	3.94	3.86	3.76	3.39	2.92

（四）河　口

鳌江入海口原来在平阳县墨城长岗下江道的狮子口与苍南县龙港新美洲之间。民国28年（1939年），为阻止日本侵略军舰艇进港，县长徐用下令在狮子口抛打大松木和巨石做成梅花桩，以封港御敌，结果造成河口内外逐渐淤积。1959至1961年鳌江航管所组织力量，用爆破法清桩除障。河口已向前移10千米。

现河口在平阳县西湾杨屿山与苍南县舥艚琵琶山之间连线上，位于北纬27°34′7″，东经120°37′47″。

鳌江河口为不对称的喇叭口，狮子口河宽500米，外移5千米处河宽1千米，外海入海处宽度为10千米。

河口段主要受潮流控制，河床比较稳定。

1. 河口潮位

河口最高潮位4.98米（1956年9月3日），最低潮位-2.32米，平均高潮位2.47米，平均低潮位-1.78米。

2. 河口航道

低潮水深0.7米，高潮水深5.83米，可持续5小时。弯道曲率半径600米。河口段200米宽航道，1600吨级货轮可候潮进港。

3. 河口外岛屿

河口外海面，有小岛屿半环形排列，自北而南，有杨屿山、头屿、二屿、三屿、四屿（属平阳县）、长腰山、蒜屿和琵琶山（属苍南县）等，分列成半环形。从鳌江发展趋势预测，不久的将来，河口位置将在这排岛屿之间。

二、鳌江支流

鳌江水系（平阳县境内）流域面积在20平方千米以上的支流有坳下溪、岳溪、青街溪、怀溪、闹村溪、凤卧溪、带溪、梅溪、墨城溪9条（不包括入江内河）。

（一）坳下溪

坳下溪又名石门楼溪，为鳌江右岸一级支流之一，发源于苍南县天井九峰尖（海拔1237.3米），源头在黄社北约1千米处。溪流长12.56千米，流域面积25.86平方千米。

（二）岳　溪

岳溪为鳌江左岸一级支流之一，发源于朝天马西首牛栏湾（海拔1056.3米），源头在进士坑西北约1.5千米处。岳溪长15.5千米，流域面积46.6平方千米。

（三）青街溪

青街溪为鳌江右岸一级支流之一，发源于杨家山（海拔485.4米）北麓，源头在苍南县大田后。青街溪长10.03千米，流域面积30.39平方千米。

（四）怀　溪

怀溪是鳌江左岸主要支流之一，发源于平阳、文成二县交界黄罗山（海拔899.6米）南麓，源头在文湾（海拔726.6米）。从文湾东流，经过怀溪、晓坑、山门、东屿，在南雁左岸汇入干流。怀溪长17.61千米，流域面积95.6平方千米。

（五）闹村溪

闹村溪为鳌江右岸一级支流之一，发源于玉苍山（海拔901.2米）北麓。经龙坑至埭头，注入干流。闹村溪长13.72千米，流域面积39.29平方千米。

（六）凤卧溪

凤卧溪古名径川，为鳌江左岸主要支流之一，发源于龙井山（海拔1098.5米）西南麓，经白沙坑、高岩头、樟垟、凤岭、东山至老埠头，注入鳌江干流，溪流长17.14千米，流域面积52.23平方千米。

（七）带　溪

带溪是鳌江左岸主要支流之一，发源于龙井山（又名龙云山，海拔1098.5米）南麓。带溪长23.34千米，流域面积99.8平方千米。

（八）梅　溪

梅溪是鳌江左岸主要支流之一，主流发源于瑞安市圣井山沙帽岩（海拔662.1米）西南麓。河流经过梅源、梅溪、钱仓，在梅浦河口通过梅浦水闸注入鳌江。梅溪长20.14千米，流域面积77.7平方千米。

（九）墨城溪

墨城溪发源于大平山（海拔522米）南麓，河流长9.17千米，流域面积20.8平方千米。

鳌江水系主要支流

表 1-4-2

支流名称	发源地	河长(千米)	流域面积(平方千米)	总落差(米)	多年平均降水量(毫米)	多年平均径流深(毫米)	多年平均流量(立方米/每秒)	多年平均年径流量(万立方米)	注入处
坳下溪	九峰尖	12.56	25.86	1160	/	/	/	/	溪口
岳　溪	朝天马	15.50	46.6	987	2207	1545	2.37	7645	岭脚
青街溪	杨家山	10.03	30.39	355	2000	1400	1.46	4557	矾岩
怀　溪	黄罗山	17.61	95.6	875	2048	1331	4.51	14210	横溪
闹村溪	玉苍山	13.72	39.29	892	1674	1088	1.51	4774	埭头
凤卧溪	龙井山	17.14	52.23	994	1900	1235	2.28	7203	金凤
带　溪	龙井山	23.34	99.8	1052	2128	1383	4.89	15414	显桥
梅　溪	圣井山	20.14	77.7	634	1625	1056	2.95	9316	梅浦
墨城溪	太平山	9.17	20.8	551	1674	1088	0.81	539	墨城

说明：据 2013 年 8 月平阳县水利水电勘测设计所测算

三、主要河网

境内主要河网有万全河网、小南（鳌江）河网、萧江河网。大小河道共489条，总长555.9千米，水域面积17.18平方千米，水域容积3699万立方米。主要河流6条。

平阳县主要河网情况

表1—4—3

河网名称	河道数量（条）	河长（千米）	平均河宽（米）	平均水深（米）	水域面积（平方千米）	水域容积（万立方米）	正常水位（米）
万全	322	349	37.6	2.21	13.1	2900	2.92
小南	104	135	21.2	2.02	2.86	579	2.84
萧江	63	71.9	17.0	1.81	1.22	220	3.12
合计	489	555.9	/	/	17.18	3699	/

各河网主要河流

表1—4—4

河网名称	干河名称	起讫地点	河长（千米）	支河数（支）	支河总长（千米）
万全河网	平瑞塘河	昆阳镇城北水闸至瑞安市交界	11	47	48
	平宋塘河	平阳县医院至万全镇林宅村	8.4	115	108
小南河网	东塘河	昆阳镇飞龙桥至鳌江下埠水闸	6.5	207	198
	西塘河	昆阳镇坡南至钱仓城村水闸	13.2	55	59
萧江河网	萧江塘河	萧江镇杨梅庄村至萧江水闸	5	53	73
	沪山内河	萧江镇河坤村至夏桥水闸	3.6		

（一）万全河网

属飞云江水系，位于飞云江右岸，西南靠山，东北傍江临海，总面积223.7平方千米，流域内有昆阳镇、万全镇和瑞安市仙降镇。其中属于平阳县的有157.3平方千米。在平阳县辖区内，有纵横交错的大小河流322条，构成河网，正常水位2.92米时，水面面积13.1平方千米，蓄水容积2900万立方米。河流总长349千米，平均河宽37.6米，平均水深2.2米。万全河网的河首为县城河，其干河有二，即平瑞塘河和平宋塘河。

1. 平瑞塘河（北塘河）

平瑞塘河是县城河北出之河，又称北塘河，始凿于西晋。主干河全长15.5千米，其中属于平阳县的（至杜山头止）11.04千米，经南码道水闸注入飞云江，干河河道宽狭深浅不一，最宽处（观音亭以北）94米，最狭处（鸣山桥北）仅9米；水最深9.4米，最浅3米，共联络大小河流207条。平瑞塘河东岸支河计有24条，西岸在县境内的支河有后垟河、鸣山河、鲍岱河、后林河、占下河、岙底河、东村河、湖岭河和横塘河等9条河流。平瑞塘河接纳上游山溪41条，其中接纳的主要山溪有：吴岙、上水碓坑、流水白坑、沙岗溪。

平瑞塘河原为平阳县对外水上交通运输的要道，自公路网发展以后，已经显衰落之势，在泄水排涝、蓄水灌溉和供水方面，仍起着重要作用。

2. 平宋塘河（东塘河）

平宋塘河是县城河东出之干河，又称东塘河，西晋时开凿，历代曾多次疏浚拓展。主干河全长8.4千米，经塘头、宋家埭水闸注入飞云江口，河道最宽处（在柏阳、三百桨等处）有80米，狭处（浃口村前）仅3.5米；水深处7米，浅处2.5米，共联络大小河流115条。在平宋塘河左岸支河有19条。其沿途右岸支河有水阁河、泉方头河、山下池河、茶亭前河、茶亭河、新渎河、麻车河、横河河、嘉峰河（3支）、仙口河（2支）等13支。平宋塘河接纳上游山溪31条来水。

平瑞塘河与平宋塘河相互沟通，组成万全河网，除可供往来宋埠及附近乡村航运交通外，还为万全平原提供排涝、灌溉之利。

（二）小南河网（鳌江河网）

又称鳌江河网，位于鳌江下游左岸，东、西、北三面环山，南临鳌江，流域总面积181.6平方千米，其中平原51平方千米，计有大小河流104条，总长135千米，正常水位2.84米时，水面面积2.86平方千米，蓄水容积为579万立方米，平均河宽21.2米，平均水深2.02米。境内除梅溪外，别无其他较大溪流。

河流容积小，蓄水量不足，常患旱灾。

小南河首受新罗山（东门山）和昆山（九凰山）之水。二水自通福门向南经坡南、夹屿桥，至飞龙桥分为二支：于飞龙桥右侧向西南行的为西塘河，河长13.2千米，经雁门水闸和钱仓城村水闸排入鳌江；穿飞龙桥东南行的为东塘河，河长6.5千米，经下埠水闸和下厂水闸排入鳌江；平鳌塘河（轮船河）起于昆阳镇坡南河头，穿峡屿桥后，经象山、鸽巢河、孙家垟、东河，终达鳌江镇下埠轮船埠头，河长8千米。

西塘河、东塘河与平鳌塘河及其之间的支河，相互流通，构成小南河网。

（三）萧江河网

位于鳌江下游右岸，流域面积30.9平方千米。有大小河流63条，总长71.9千米，正常水位3.12米时，水面面积1.22平方千米，蓄水容积220万立方米，平均河宽17米，平均水深1.81米。

萧江塘河主源为横阳支江，自苍南县灵溪控制闸始，穿灵溪镇至平阳县萧江水闸注入鳌江，全长10.9千米（平阳县境内长约5千米）。平均河宽44.71米，平均水深1.54米，水面面积0.49平方千米。排洪流量267立方米/秒，受益农田5.5万亩，可通10吨以下船舶。左岸别出两条支河与沪山内河相通。

沪山内河发源于大玉苍山东南麓，经夏桥水闸注入鳌江。河长21.7千米，从夏桥水闸上溯长12.21千米为主河道，其中属于平阳县的长3.63千米。平均河宽29.89千米，平均水深1.37米，水面面积0.36平方千米，联络大小河流19条。

萧江塘河和沪山内河及其大小支河互相沟通，构成萧江河网。

平阳县境内平原河道除了三大河网外，另有鳌江中游的北港内河。以鳌江为界，分南北两河，北河主要纳凤卧溪之水，流行于水头平原；南河主要纳朝阳山北麓诸水，流行于南湖平原。南北两河有大小河流19条，共长43.8千米，水域面积0.61平方千米，水域容积95.7万立方米。因流域面积小，枯水期流量不足，地势低，常患旱涝洪灾。1983年北港引水工程竣工后，解决了北港内河缺水的问题。

第五节　水资源

平阳县1958～2012年年平均水资源总量为11.97亿立方米，其中地表水资源量为10.92亿立方米，占总量的91%；地下水资源量为1.05亿立方米，占总量的9%。单位面积水资源总量为113.86万立方米/平方千米，2012年人均水资源占有量1371立方米。

1958～2012年平阳县年平均水资源总量

表1–5–1

保证率（%）	地表水（亿立方米）	地下水（亿立方米）	水资源总量（亿立方米）	平方千米产水量（万立方米）	总径流深（毫米）
50	10.62	1.04	11.67	110.99	1110
75	8.07	0.87	9.00	85.19	852
90	6.65	0.80	7.42	70.56	706
95	5.06	0.66	5.65	53.76	538
多年平均	10.92	1.05	11.97	113.86	1139

说明：保证率指多年内灌溉、发电、航运、给水等，能按设计要求正常运行的保证程度。一般以正常运行年数占总年数的百分比表示

一、地表水资源

地表水资源主要来源是降水。平阳县1958～2012年年平均降水量1854.2毫米，年降水总量约19.49亿立方米，除耗于蒸发外，形成河川径流10.92亿立方米。其时空分布与降水量的时空分布一致，径流深从东向西递增。径流的年内

分配为双峰型，4～6月为梅雨期，7～9月为台风季。径流的年际变化不均匀，埭头站年最大降水量为3466毫米，最小为1187毫米，相差2.92倍；其年径流深最大2634毫米，最小853毫米，相差为3.09倍。地表水资源在时空分布上不均匀，在地域分布上山区大于平原，与全县工农业生产对水资源的需求状况正好相反，显示了水资源的供求矛盾。

2010 年平阳县各水利分区水资源占有量统计

表 1-5-2

水利分区代号	流域面积（平方千米）	人口（万人）	耕地面积（亩）	水资源量（亿立方米）		人均占有量（立方米）		亩均占有量（立方米）	
				多年平均	保证率95%	多年平均	保证率95%	多年平均	保证率95%
Ⅰ	0.2	/	/	0.003	0.001	/	/	/	/
Ⅱ	209.5	17.5	10.80	1.93	0.58	1103	329	1787	533
Ⅲ	573.5	40.56	25.29	7.54	4.21	1858	1039	2980	1666
Ⅳ	30.2	5.64	2.79	0.35	0.19	616	335	1246	677
Ⅴ	237.6	20.49	10.56	2.15	0.67	1050	327	2037	635
合计	1051	84.19	49.44	11.97	5.65	1421	671	2421	1143

说明：上述水利分区Ⅰ为腾蛟龙尾，Ⅱ为万全平原，Ⅲ为顺溪、南雁、山门、水头、腾蛟等地，Ⅳ为萧麻平原，Ⅴ为鳌江平原

二、地下水资源

1958～2012年，全县平均地下水资源总量为1.05亿立方米，其中河谷潜水0.18亿立方米，分布在怀溪、凤卧、梅溪等河谷平原；红层裂隙水0.24亿立方米，分布在西部山区大部分地方；基岩裂隙水0.53亿立方米，分布在山

区、丘陵地带；平原潜水0.1亿立方米，分布在万全、鳌江、萧江等地海相沉积平原。

不同保证率下地下水资源量

表 1—5—3　　单位：万立方米

分区	P=50％	P=75％	P=90％	P=95％	多年平均
Ⅰ	2.02	1.76	2.39	1.34	2.01
Ⅱ	2112.86	1733.46	1415.18	859.73	2121.21
Ⅲ	5709.32	4776.27	4408.1	3926.44	5794.44
Ⅳ	300.17	261.27	227.79	208.29	305.13
Ⅴ	2345.15	2028.17	1618.04	907.95	2312.86
全县合计	10447.83	8708.68	7595.97	6643.81	10535.65

说明：水利分区代号同前表

平阳县地下水开采主要集中在鳌江上游及主要支流的河谷地区和河口滨海平原，其中万全及鳌江河口滨海平原以开采深层孔隙水为主。根据《平阳县水资源综合规划》，平阳县地下水资源可开采量为0.22亿立方米，其中河谷孔隙潜水可开采量0.16亿立方米，深层裂隙水0.06亿立方米。

三、水量供需状况

全县人均水量1371立方米，耕地多年亩均水量2421立方米，平阳县典型年水量供需状况如下表：

平阳县典型年水量供需状况

表 1-5-4 单位：万立方米

序号	供水量					国民经济各部门用水量			
年份	总供水量	蓄水	引水	提水	地下水	总用水量	农业用水	工业用水	生活用水
1990	17146	7713	3817	5515	/	18275	16340	361	1574
2000	20109	8183	5399	6426	/	20703	13994	1716	4993
2005	18702	3506	8298	5638	1270	18702	10239	2682	5781
2010	19784	6361	7089	4178	2156	19784	12002	2060	5722
2012	18420	6370	7016	4056	978	18420	9486	3431	5503

说明：农业用水包括林牧渔用水量；生活用水包括城乡公共用水、生态环境用水和其他用水

（一）供水量

2012年，平阳县水源工程供水量为1.84亿立方米，约占1958～2012年平均水资源总量的15.4%。其中地表水源供水量1.74亿立方米，占总供水的94.7%；地下水源供水量0.1亿立方米，占总供水的5.3%。

在地表水实际供水量中，蓄水工程0.64亿立方米，占36.5%；引水工程0.7亿立方米，占40.2%；提水工程0.41亿立方米，占23.3%。

地下水实际供水为浅层水，供水量0.1亿立方米。

在整个供水组成中，地下水源供水所占比例相对较小，只有5%～10%，地表水源供水仍占绝大部分。

（二）国民经济各部门用水量

2012年，平阳县总用水量1.84亿立方米，全县平均水资源开发利用率为15.4%，地表水利用率为16%，地下水利用率为9.3%。其中农业用水0.95亿立方米，工业用水0.34亿立方米，生活用水0.55亿立方米，分别占平阳县总用水量的51.5%、18.6%、29%。

第六节　水能资源

一、水能蕴藏量

平阳县山区、半山区面积广阔，溪流峡谷多，天然落差大，雨量丰沛，水能资源的蕴藏量比较丰富。据1984年普查资料，全县水能理论蕴藏量为5.8万千瓦，以顺溪及区间最多，为2.9万千瓦，占50%；怀溪及区间次之，为1.4万千瓦，占24.1%；带溪及区间0.45万千瓦，占7.8%；闹村溪0.4万千瓦，占6.9%；梅溪、凤卧溪等0.65万千瓦，占11.2%。

二、可开发水能资源量

据1984年普查资料，可开发利用的水能资源有5万千瓦，顺溪及区间可开发2.7万千瓦；怀溪及区间可开发1.02万千瓦；带溪及区间可开发0.4万千瓦；闹村溪可开发0.36万千瓦；梅溪、凤卧溪等可开发0.52万千瓦。2012年装机500千瓦以上电站有25座，装机容量2.91万千瓦，年发电量9113.07万千瓦时；装机500千瓦以下电站29座，装机容量0.69万千瓦，年发电量1716.43千瓦时。

三、潮汐能蕴藏量

鳌江口同温州整个海区一样，潮汐运动的基本能量来自西北太平洋，受琉球中水道中南股潮波的控制和影响，属全国强潮区之一。据勘查估算，潮汐能理论蕴藏量达12.5万千瓦，大于200千瓦可开发电源的有2处，装机容量800千瓦，年发电量200万千瓦时。目前尚未开发利用。

第二章　灾　害

平阳县的自然灾害较为频繁，有台风、暴雨、干旱、龙卷风、冰雹等，而以台风、暴雨和干旱灾害为重。

第一节　台风、洪涝灾害

一、台　风

1989～2012年，共出现有影响的热带气旋55次，平均每年2.3次，其中有严重影响的台风29次，年均1.2次。1990年台风影响多达6次（其中受严重影响的台风4次）。台风季节主要集中在7～9月，这3个月出现27次台风，占严重影响台风数的94%。其中8月份占49%，9月份占28%，7月份占17%。有7年没有受到台风影响。台风出现的最早时间为1990年6月23日的5号台风；最晚一次是2007年10月7日的16号台风“罗莎”。

台风影响程度的大小，多与台风强度、登陆地点、移动路径有关。对平阳县有严重影响的台风登陆地点、路径有三：一是在温州以北登陆的台风（3个，占有严重影响台风总数的11%），二是在温州至厦门之间登陆的台风（25个，占严重影响台风总数的86%），三是在近海转向的台风（1个，占严重影响台风总数的3%）。其中由第二路径来袭的台风数量最多，强度较大，降雨量较多，对平阳危害性最大。

1989～2012 年严重影响平阳县的台风统计

表 2-1-1

台风编号	名称	登陆地点	登陆时间	最大风力（级）	雨量（毫米）	
					面雨量	站点及最大过程雨量
199005	5 号台风	瑞安	6 月 23 日	11	180.3	朝阳 281.4
199012	12 号台风	福清	8 月 19 日	9	302.5	吴垟 540.2
199017	17 号台风	福鼎	9 月 4 日	11	148.1	上垅 167.9
199018	18 号台风	同安	9 月 8 日	11	335.5	吴垟 615.8
199216	16 号台风	长乐	8 月 29 日	12	334.5	吴垟 538.5
199219	19 号台风	鳌江口	9 月 22 日	12	217.1	南雁 275.1
199406	6 号台风	晋江	7 月 10 日	12	114.2	吴垟 235
199417	17 号台风	瑞安	8 月 21 日	>12	227.1	吴垟 310.8
199608	8 号台风	福清	8 月 1 日	11	277.6	吴垟 410.2
199711	11 号台风	温岭	8 月 17 日	12	151.3	吴垟 274
199714	14 号台风	福清	8 月 28 日	10	50.8	南麂 168
199909	9 号台风	惠来	9 月 3 日	10	185.1	山门 359
200010	碧利斯	晋江	8 月 23 日	10	277.3	吴垟 422
200216	森拉克	苍南	9 月 7 日	13	159.1	吴垟 213
200407	蒲公英	鳌江口	7 月 3 日	10	106.4	朝阳 135.5
200414	云娜	温岭	8 月 12 日	14	90.4	南麂 133
200418	艾利	福清	8 月 25 日	13	213.3	朝阳 354
200505	海棠	连江	7 月 19 日	12	530.3	吴垟 670.5

续表2-1-1

台风编号	名称	登陆地点	登陆时间	最大风力（级）	雨量（毫米）	
					面雨量	站点及最大过程雨量
200509	麦莎	玉环	8月6日	13	65.7	南麂 196.5
200513	泰利	莆田	9月1日	12	205.6	朝阳 518
200604	碧利斯	霞浦	7月14日	11	227.5	吴垟 395
200608	桑美	苍南	8月10日	17	255.6	吴垟 332
200709	圣帕	惠安	8月19日	12	321.3	吴垟 503.5
200713	韦帕	苍南	9月19日	14	297.4	上垅 398
200716	罗莎	苍南	10月7日	12	326.9	吴垟 499
200808	凤凰	福清	7月28日	12	280.7	吴垟 606.5
200813	森拉克	近海北上	9月15日	11	196.1	吴垟 286.5
200908	莫拉克	霞浦	8月9日	12	428.4	吴垟 739
201209	苏拉	福鼎	8月3日	10	75	吴垟 139

二、洪涝灾害

1989～2012年严重的洪涝灾害：

1990年从6月23日至9月11日，分别有5、12、15、17、18号台风袭击平阳县，风、潮、洪、涝连续成灾，危害严重，造成直接经济损失0.92亿元，死亡14人，重伤36人。其中5号台风在瑞安市梅头登陆，水头一带平地水深1.5米，有9.7万人被洪水围困达30～40小时，受涝农田1.2万公顷。潮水冲坏宋埠、墨城、西湾海塘多处，损坏水闸3处、溪堤256处、渠道51处、堰坝41处、供电线路7.5千米。

12号台风在福建福清登陆，鳌江受大潮顶托，北港的水头、江屿平地水深

1.5米以上。有12.5万人被洪水围困72小时，受淹农田0.8万公顷，损毁房屋632间，损坏房屋815间，冲毁海塘、江堤、渠道565处。从8月30日至9月8日的10天中，平阳连遭15、17、18号台风侵袭，暴雨成灾，洪水泛滥，造成严重灾害。农作物受灾面积2.72万公顷，损毁房屋1804间，损坏房屋4180间，毁坏校舍59间，损坏船280只，冲坏桥梁涵洞92处，损坏水利设施2332处。

1992年8月29日至9月23日，平阳县连续遭受16、19号台风袭击，造成直接经济损失3.61亿元，死亡12人。16号台风在福建长乐登陆，鳌江最高潮位4.79米，埭头水文站洪峰水位17.16米，损毁房屋3980间，农作物受灾面积2.07万公顷。19号台风在鳌江口登陆，水头平地水深1.8米以上，农作物受灾面积2.35万公顷。

1994年有两次台风影响。17号台风在瑞安梅头登陆，鳌江潮位4.74米，埭头水文站洪峰水位17.27米。全县34个乡镇、853个村庄受灾，死亡166人，受伤916人，倒塌民房8557间，损坏房屋6.88万间，1.83万公顷农作物受淹36小时以上，直接经济损失15.4亿元。

1996年8号台风在福建福清登陆，全县死亡7人，倒塌民房2348间，农作物受灾面积1.67万公顷，直接经济损失2.92亿元。

1997年平阳县遭受11号、14号台风袭击，直接经济损失4.33亿元。其中11号台风在温岭登陆，引起风、暴、潮，8月19日上午9时，鳌江潮位4.74米，堤防多处决口，鳌江、钱仓和萧江三地进水深0.35米以上，持续时间3小时。农作物受灾面积0.97万公顷，倒塌房屋2350间。

1999年9号台风在广东惠来登陆，水头镇区水深1.5米。全县农作物受灾面积0.71万公顷，直接经济损失0.73亿元。

2000年“碧利斯”台风在福建晋江登陆，水头、南湖、鹤溪等地受灾特别严重，洪水淹没时间26小时。直接经济损失0.28亿元。

同年7月4～5日，受强东风气流影响，平阳县西部山区出现了暴雨天气，其中顺溪镇两天雨量达253毫米，埭头水文站洪峰水位16.14米，水头平均积水深1.5米，皮革基地进水最深处3米。农作物受灾面积910公顷，全县直接经济损失0.44亿元。

2002年16号台风“森拉克”于9月7日在南麂岛登陆后，穿过鳌江口近海海面，至18时30分在苍南县金乡镇又一次登陆。受这次台风影响，全县共有74.5万人受灾，因灾受伤156人，房屋倒塌5084间，农作物受灾面积1.46万公顷，直接经济损失3.81亿元。

2004年连续遭受14号、18号台风袭击，直接经济损失3.68亿元。其中14号台风“云娜”于8月12日20时在温岭石塘登陆，平阳县25万人受灾，水头一带满水深度0.8～1.1米，农作物受灾面积0.41万公顷。18号台风“艾利”袭击期间，平阳县48.4万人受灾，倒塌房屋312间，损坏房屋2045间，农作物受灾面积0.52万公顷。

2005年台风影响频繁，从7月19日至10月7日，遭受5号、9号、13号、15号、19号台风影响。台风影响时间集中，降水强度大，特别是5号和13号台风影响严重，造成直接经济损失28.96亿元，全县因灾死亡1人，失踪6人，受伤6人。其中5号台风“海棠”于19日下午在福建省连江登陆，受灾范围涉及全县31个乡镇590个行政村，73万人受灾，53.2万人被困。水头镇最大淹没水深4米，麻步镇大范围受淹，淹没最深处达3米，萧江镇出现历史上从未有过的全镇大满水，农田受淹深度3米。全县倒塌房屋2632间、损坏15348间；农作物受灾面积1.69万公顷。13号台风“泰利”于9月1日14时30分在福建莆田平海镇登陆，平阳县西部水头、南雁、麻步、维新等15个乡(镇)受淹。全县43.24万人受灾，21.23万人被困，倒塌房屋806间、损坏6835间；农作物受灾面积1.87万公顷。

2006年4号、8号台风影响平阳，全县直接经济损失9.92亿元。其中8号超强台风“桑美”在苍南马站登陆，是1949年以来登陆中国大陆最强的台风。水头镇最大淹没深度4.5米，淹没时间21小时。全县70.24万人受灾，因灾死亡2人，失踪1人，受伤14人；倒塌房屋4963间（1120户），受损房屋23635间；农作物受灾面积1.55万公顷。

2007年受9号、13号、16号台风影响，全县直接经济损失5.89亿元。其中9号台风“圣帕”于8月18日早在福建泉州市登陆。面平均雨量321.3毫米，水头镇一带满水2.5～3米，淹没时间40个小时，全县70万人受灾。13号台风“韦帕”于9月19日凌晨在苍南县霞关镇登陆。水头、麻步等地受淹，淹没时长20余小时。全县42.36万人受灾；农作物受灾面积1.64万公顷；水利堤坝损坏45处，决口3处。

2008年，平阳县灾害性天气频发，先后遭受“海鸥”“凤凰”“森拉克”和“蔷薇”台风影响，直接经济损失1.57亿元。其中8号台风“凤凰”于7月28日22时在福建福清市东瀚镇登陆，水头镇平均满水深度1.6米，最大水深2.85米，满水时间30个小时。全县28.95万人受灾，倒塌房屋112间，农作物受灾面积1.12万公顷，水利堤坝损坏85处。

2009年8号台风“莫拉克”于8月7日23时45分在台湾省花莲市附近登陆，又于9日16时20分在福建省霞浦县登陆。水头、麻步、萧江等10多个乡（镇）受淹，水头镇最大淹没水深4.7米，高于2005年“海棠”台风满水0.7米。全县51.33万人受灾，共转移8.23万人；倒塌房屋976间，损坏房屋858间；农作物受灾面积1.84万公顷；水利堤坝损坏98处，决口42处；全县直接经济损失9.33亿元。

2010年受6号强热带风暴“狮子山”和8号热带风暴“南川”环流影响，8月30日20时至9月2日20时，全县面平均雨量96.3毫米，10个站降水量超过100毫米，4个站降水量超过150毫米，过程最大雨量在南雁，为160.1毫米。强降水主要集中在9月1日傍晚到夜间，中西部多个乡镇1小时降水40毫米以上，其中维新乡降水51.1毫米。

2012年第9号台风“苏拉”于8月3日6时50分在福建省福鼎市秦屿镇沿海登陆。面平均雨量75毫米，倒塌房屋3间，损坏69间，农作物受灾面积1630公顷，堤坝损坏17处（长1.08千米），21万人受灾，转移2.75万人，直接经济损失0.23亿元。

第二节 旱 灾

1989年以来较为严重的旱情：

1995年8月1日到9月27日，连续58天高温干旱少雨。全县塘河普遍干涸，河水断流。水稻受灾面积1.4万公顷，鳌江、麻步等地自来水停水，许多工厂因缺水而停产，35万人饮水困难。

1998年由于受厄尔尼诺和拉尼娜现象影响，7月14～18日，8月10～12日，14～16日分别出现日最高气温在35℃以上。7月中旬至8月中旬，出现35℃以上的高温天气16天，为历年之最，是常年的4倍。其中7月14至18日连续5天最高气温大于38℃，其中17日高达39.1℃，是历史最高纪录。全县20万人和15万头牲畜饮水发生困难，0.67万公顷水田受旱，山区单季稻多数因旱无收，经济损失0.82亿元。

1999年10月11日至年底，出现历史上少见的秋冬连旱天气，气温偏高，总降雨量仅25.2毫米，是1957年以来同期最少的。造成山区溪流断水、农作物干枯死亡、部分群众饮水困难。

2003年5月25日至8月12日，全县持续干旱80天，其间总雨量仅165.1毫米。6月26日～7月25日，整整一个月滴雨未下。全县410个村旱情严重，28万人饮水困难，0.53万公顷水稻、0.4万公顷经济作物受灾，直接经济损失0.5亿元。

2004年1～7月，全县降水量偏少，农作物受旱面积0.22万公顷，其中重旱560公顷，干枯30公顷。

2007年梅汛期出现旱情。麻步、南雁、鹤溪、梅溪、桃源、凤巢、南湖、吴垟等地受旱。晚稻受旱面积733公顷，其他作物受旱121公顷。

第三节　其他自然灾害

一、冰雹

1994年4月5日至7日，受强对流天气影响，狂风夹冰雹袭击了怀溪、山门、梅源等地28个行政村，有千余间民房受损，200公顷经济作物受到严重破坏，直接经济损失百余万元。

同年4月20日下午三时许，全县21个乡镇的392个行政村遭受冰雹袭击。损坏民房17600间（其中倒塌千余间），造成6人重伤，53人轻伤，农作物受灾面积0.6万公顷，直接经济损失850万元。

2002年3月21日凌晨，受强对流天气影响，平阳气象观测站附近出现雷雨冰雹天气，给春花作物和蔬菜生长造成了较大影响。

二、山体滑坡

1989年10月1日，鳌江镇山外村发生山体滑坡，滑落体埋没稻田120亩，毁坏山园350亩，流沙冲埋80户房屋，村民死亡4人，重伤15人。

同年10月10日，鳌江镇荆山村从三山脚至半山腰出现裂痕，最大裂隙宽3米。荆山地裂属山体滑坡现象。

第三章　江河治理

千百年来，平阳县人民前赴后继治理江河，特别是1989到2012年，建成了一大批治理鳌江干流、小流域和平原河网的工程设施，有效提高洪涝防治能力。

2011年2月，鳌江干流水头防洪工程、麻萧防洪工程列入国家独流入海治理项目。

第一节　鳌江干流治理工程

鳌江是平阳县独流入海的省级河道，是浙江省八大水系之一，干流全长82.47千米（不含河口段10千米），流域面积1521.49平方千米，北港流域面积（狮子口以上）826.8平方千米，麻步大桥以上流域面积613.8平方千米。

鳌江中下游历来洪涝灾害频繁。1994年成立了“平阳县北港流域治理工程指挥部”对鳌江干流桃源段进行疏浚、拓宽，并加固加高堤塘，筹备建设顺溪水库和岳溪水库，但因各种原因，一直未能对北港流域进行有效治理。十几年来，水头、萧江洪涝灾害更趋严重，水头镇2002年被淹11次。2005～2009年洪涝灾害破坏程度越来越严重（2006年被淹8次），淹没时间由1～2天，增至3～4天，受灾区域也呈扩大趋势。2005年5号“海棠”台风，水头镇淹没水深达4米，麻步大范围受淹，淹没最深处3米，萧江镇出现历史上从来没有过的全镇大满水，农田受淹深度3米，造成水头、麻步、萧江三地直接经济损失20余亿元。2009年8号“莫拉克”台风，水头镇淹没水深4.7米，转移人口1.8万人，麻步淹没水深3.2米，转移人口0.8万人，水头、麻步、萧江三地直接经济损失6.2亿元。

一、建设规划和组织实施

鳌江干流综合治理工程位于鳌江中下游的水头、萧江镇，包括水头城市防洪工程、水头防洪工程和麻萧防洪工程。现状河段长28.84千米，其中水头防洪工程从蒲潭尾（蒲潭堰下游480米处）经小南桥到显桥，现状河长11.34千米；麻萧防洪工程从显桥经麻步到岱口桥，现状河长17.5千米。

2002年，温州市人民政府批准实施《鳌江流域防洪规划》。按照《防洪规划》“上蓄、中疏、下泄”的治理原则，北港流域防洪减灾工程应在上游山区兴建水库，拦蓄洪水；在中下游平原进行河道整治、加高加固堤防、开辟蓄滞洪区，调整和扩大洪水入海出路。2004年3月，浙江省发展和改革委员会同意鳌江干流水头镇区段整治工程纳入“平阳县城市防洪工程”（改称水头城市防洪工程），实施二期后重新进行规划设计。2009年，县委、县政府成立平阳县鳌江流域综合治理领导小组。鳌江沿岸有关镇成立流域综合治理专项工程建设指挥部。

2010年12月，成立平阳县鳌江流域综合治理工程建设办公室。2011年2月，鳌江干流水头防洪工程、麻萧防洪工程列入国家独流入海河流治理计划。11月，温州市人民政府批准同意《浙江省鳌江流域防洪规划修编报告（2010～2030年）》，并成立“平阳县鳌江流域综合治理工程建设办公室”。

二、鳌江干流水头城市防洪工程

该工程是省重点工程，项目业主为水头镇人民政府。工程全长9.24千米，从蒲潭尾起，沿上店南侧按规划轴线至小南桥与鳌江主河道交汇，长4.25千米；小南桥至显桥河段，局部截弯取直，长4.99千米，全线拓宽至120米。在左岸修建20年一遇的Ⅳ级堤坝工程，复式堤型，前坡采用直立式挡土墙和浆砌块石斜坡护面型式，其下用石渣和无纺土工布作反滤层，墙后填土防渗。右岸修建斜坡式河道护岸，前坡底脚用M10浆砌块石方脚，斜坡护面用浆砌块石，顶部用C20砼压顶，堤顶条石路面。并对穿过水头镇城区河道和凤卧溪进行清障及拓宽疏浚，两端建节制闸。

水头镇将项目分期分批实施，一期工程位于蒲潭尾至金塔村，全长2.25千米，于2005年3月开工。左岸建防洪堤538米，堤顶高程8.9～9.8米，C20砼路面宽5米；右岸龙涵村河道护岸141米，开挖和拓宽、疏浚的河宽80米，附属配套桥梁2座，至2006年5月完工，投资0.12亿元。二期工程位于金塔村至小南桥段，全长2千米，于2007年12月开工。左岸修建防洪堤1.75千米，堤顶高程8.2～8.9米，C20砼路面宽5米；右岸修建护岸，开挖和拓宽、疏浚的河宽80米，配套桥梁3座，2011年11月完工，完成投资0.86亿元。2012年1月，一、二期工程通过完工验收，累计投资0.98亿元，其中民间捐资0.1亿元。三期工程从小南桥至显桥段，全长4.99千米，包括河道拓宽、疏浚和截弯取直，两岸建堤，配套附属桥梁工程8座，控制闸2座。

在城市防洪工程建设中，因资金缺乏、土地指标紧缺及政策处理难度大等问题，县委、县政府请示省发改委同意后，将水头城市防洪工程三标段及其他未完成的各项工程措施的建设内容，纳入鳌江流域综合治理工程，列入国家独流入海河流治理计划，一并启动建设。

三、鳌江干流水头防洪工程

该项目业主为平阳县鳌江流域综合治理工程建设办公室。2011年，温州市水利局委托温州市水利电力勘测设计院编制完成《浙江省鳌江流域防洪规划修编报告（2010～2030年）》。2012年，省发改委同意调整水头镇城市防洪工程建设内容，并统一纳入到鳌江流域综合治理项目中。工程总体布局为“南分北挡”。分洪线路为：凤卧溪→分洪河道→蒲山控制闸→分洪隧洞→新开排洪主河道，其中小南桥至57省道新建大桥段河道长约600米工程在建。

2013年4月，省发改委批复《关于鳌江治理平阳县水头段项目的复函》，一期工程包括：鳌江干流主河道拓宽长8.44千米、凤卧溪分洪工程2.46千米、凤卧溪节制闸工程、水头镇区段节制闸工程、小南排涝泵站工程和凤卧溪城区段疏浚工程2.4千米，概算投资13.17亿元。二期南湖分洪工程投资8亿元，占地1000亩，一、二期工程建成后，使水头镇的防洪标准达到20年一遇。

四、鳌江干流麻步一期防洪工程

该工程列入国家中小河流治理项目，业主为萧江镇麻步社区（原麻步镇）。工程位于鳌江左岸萧江镇麻步社区，从上周村寿桃山至麻步大桥，全长2.03千米，按防洪标准20年一遇Ⅳ级堤坝工程建设。堤坝设两种堤型：一是防洪墙式，长0.38千米，堤顶高程8.7～9米，宽3.5米（包括防浪墙），迎水侧设C25钢筋砼扶臂式挡墙，基础采用水泥搅拌桩处理，防洪墙后填土，上设C20砼路面，背水侧采用1:2的草皮护坡；二是斜坡式，长1.65千米，堤顶高程8.7～9.1米，宽3.5米（包括防浪墙），迎水侧采用C15砼灌砌毛石护坡，上坡坡比1:1.5，下坡坡比1:2～1:2.5，中间设2米宽的平台，上设C20砼路面，背水侧采用1:2的干砌块石护坡。4座穿堤水闸采用涵洞式，均为单孔，1号闸宽

3米，2号闸宽1.5米，3号闸宽2.5米，4号闸宽1.5米。

工程于2010年5月开工，2012年9月完工。共拆迁62户计房屋79间，厂房一栋，地基7间，征用土地260亩，完成投资4675万元。

五、鳌江干流麻萧防洪工程

该项目业主为县鳌江流域综合治理工程建设办公室。2009年，县水利局委托温州市水利电力勘测设计院编制项目建议书，2012年9月由浙江省发展和改革委员会批复。工程起点为萧江镇麻步社区显桥村，终点为萧江标准堤，治理河道长17.5千米，新建堤坝全长20.35千米，同时配套建设沿堤的10座水闸，水闸总净宽60米。麻步三桥以上河道由现状的60～90米拓宽到150米，麻步三桥以下由现状的100米拓宽到160米。

堤坝设计防洪标准为10～20年一遇，工程级别为Ⅲ～Ⅴ级，其中麻步右岸段20年一遇(远期50年一遇)，级别为Ⅲ级；渔塘段、麻步左岸段、桃源段防洪标准为20年一遇，级别为Ⅳ级；陶贡段防洪标准为10年一遇，级别为Ⅴ级。堤坝采用土石斜坡式、砼扶壁式、框架式、双挡墙式4种堤型，农村段以土石斜坡式为主，麻步段及房屋密集区采用扶壁式和框架式结构。

2012年9月27日，鳌江流域综合治理工程建设办公室委托浙江天源实业发展有限公司，在浙江省公共资源交易中心进行公开招标。监理单位由浙江广川工程咨询有限公司中标，工程Ⅰ标、Ⅱ标、Ⅲ标、Ⅳ标，分别由宁波华宁围海有限公司、中国水利水电第十二工程局有限公司、山东黄河工程集团有限公司和安徽水利开发股份有限公司中标。2013年1月16日，鳌江干流治理麻萧防洪工程举行开工典礼，12月底，Ⅰ～Ⅳ标段均进场施工。

工程永久占地2190亩，拆迁房屋8.7万平方米，搬迁3116人。工程概算投资9.37亿元，其中工程部分投资4.07亿元，静态投资5.3亿元，分为7个标段实施，工期47个月。

鳌江干流麻萧防洪工程建设情况

表 3-1-1

标段号	项目	起迄位置	堤线长（千米）	重现期（年）	堤顶高程（米）	防浪墙顶高程（米）	招标金额（万元）
I	桃源东段	岩山砖厂～包岙	2.69	20	6.84～7.26	7.28～7.75	4175.0
II	麻步右岸	麻步三桥～萧江段	2.63	20	8.08～8.66	8.47～9.05	5566.3
III	桃源西段	塔下～岩山砖厂	2.48	20	7.26～7.87	7.35～8.31	3885.0
IV	渔塘段	渔塘村路～岭头尾闸	2.87	20	8.38～8.96	9.08～9.66	6712.9
V	陶贡段	显桥～麻步上周	5.58	10（不计波浪爬高）	8.18～8.76	8.18～8.76	5501.1
VI	麻步右岸	麻步镇区段	2.00	20	8.38～8.78	8.82～9.22	5431.0
VII	麻步左岸	麻步大桥～塔下	2.10	20	7.87～8.38	8.31～8.82	5651.3
合计			20.35				36922.6

说明：不包括麻步一期防洪工程 2.03 千米

第二节　小流域治理

县境内开展治理的小流域有青街溪、怀溪、闹村溪、凤卧溪、带溪、梅溪和墨城溪等7条溪流，流域总面积418平方千米。1995年开始，对墨城小流域实施自力更生治水工程和小流域治理项目。2000年后，编制了7条小流域治理规划，以“上蓄、中疏、下排”为原则，在其上游山区兴建水库，拦蓄和削弱洪峰；对于平原河道进行疏浚、拓宽、筑堤，引导洪水归槽下排。保护乡镇的防洪标准为20年一遇，保护村庄的防洪标准为10年一遇，并开发水力资源。

一、墨城溪小流域治理

墨城溪小流域位于平阳县东南部，发源于鳌江镇西湾半天山（海拔657.5米）。流域面积20.8平方千米，其中山区18.4平方千米占88.5%，地势陡，汇流时间短；平原2.4平方千米占11.5%。流域主流长度9.17千米，自然总落差551米，河道平均比降1.8%。墨城溪由龙潭溪、白水溪、大坑溪、状元溪、观音溪、长岗溪等支流汇合而成，并独流入海。干流经南园游泳池（南园山脚）、西山水闸后，流经鳌江墨城临港工业基地，再经墨城水闸注入东海。

墨城小流域治理采取“先易后难，以点带面”的策略。1995年始，已先后实施了自力更生治水工程和小流域治理两个项目，又于2000年实施二期治理工程。1995～2012年完成投资2285.2万元，共疏浚河道3.8千米，拆建墨城水闸，修建防洪堤2.64千米，修建、加固堰坝2座，配套渠道5.7千米，并封山育林2.1平方千米。通过综合治理，已取得阶段性成果：一是下游平原河道行洪顺畅，排涝标准已达10年一遇，为鳌江墨城临港工业基地提供了安全保障；二是农田灌溉条件有所改善，抗旱能力达到30天以上；三是山区植被条件好转，植被覆盖率提高5%。

2011年，编制了墨城小流域治理规划，治理思路为“上游建库、沿岸筑堤、高水高排”。一是修建枫树潭水库和墨城水库。枫树潭水库最大坝高41米，总库容87万立方米；墨城水库最大坝高35.65米，总库容99.65万立方米。二是整治墨城溪河道，全长8.95千米。三是拆除西山水闸，建西山堰坝，加固堰坝四条，修建引水渠道三条，灌溉面积275亩。四是修建东头水闸，建设西山低地蓄洪区，实施水土保持工程等。

二、梅溪小流域治理

梅溪小流域位于平阳县中部地区，流域面积77.7平方千米。梅溪发源于瑞安市的后坑山（海拔662.1米），由岭根溪、赤溪和清坑溪等三条主要支流汇合而成。主流长度20.14千米，河道平均比降0.57%。梅溪干流流经鳌江镇梅源、梅溪两地后，经钱仓的梅浦水闸汇入鳌江。梅溪干流两岸有狭长的冲积小平原，面积9.71平方千米，平原面积约占整个流域面积12.5%。

梅溪小流域内有岩庵水库和夹坑水库。岩庵水库集雨面积1.03平方千米，坝高16.2米，总库容61.1万立方米；夹坑水库集雨面积2.23平方千米，坝高13.1米，总库容23万立方米，两个水库均已进行除险加固。另有18座山塘（集雨面积21.9平方千米，总库容51.3万立方米）；一座中型水闸——梅浦水闸（六孔，总净宽17.5米，过闸流量120立方米/秒）。2006～2012年，修建防洪堤2.89千米，凤车尾等堰坝8座，机埠4座，渠道27.26千米，灌溉农田1610亩，建设安全饮用水17个村（占总村数的74%）。

2011年，编制了梅溪小流域治理规划，主要治理工程：拟建岭根水库（库容391万立方米）、赤溪水库（库容393万立方米）、清坑水库（463万立方米）等三座水库；修建防洪堤9.85千米；兴建梅溪堰坝，加固堰坝三座；修建引水渠道5条，总长448米；修建白水水电站（装机500千瓦）；水土保持治理

16.55平方千米。

三、带溪小流域治理

带溪小流域位于平阳县西北部，东与鳌江镇连接，西邻水头镇，南接萧江镇，北靠瑞安市。带溪发源于龙井山（海拔1098.5米）南麓，源头在石洞坑。流域分布在腾蛟、水头和萧江镇境内，流域面积99.8平方千米，其中山区79.7平方千米占79.9%，平原20.1平方千米占20.1%。流域主流长度23.34千米，自然总落差1052米，河道平均比降1.12‰。干流自西北向东南方向穿行，经显桥水闸注入鳌江。

带溪小流域内龙潭背水库，集雨面积5.05平方千米,总库容16.5万立方米；山塘8座（集雨面积21.85平方千米，总库容26.16万立方米）；水闸5座（显桥水闸4孔，总净宽24米，过闸流量270立方米/秒；小型水闸4座6孔，总净宽20.3米，总过闸流量63立方米/秒）。

1994年，建成半爿街溪堤。2006～2012年修建堰坝60座，渠道57条(合计46千米)，灌溉面积500亩以上的堰坝5座，总灌溉面积1.06万亩；建成13.13千米防洪堤（带溪7.16千米，凤巢溪3.2千米，鹤溪2.77千米）。2004、2012年分别对驷马、腾蛟水电站进行增容扩建。

带溪小流域治理规划，主要是：拟建大里水库，集雨面积4.71平方千米，库容99.26万立方米；凤桥水库除险加固；重建显桥水闸，新建节制闸8座，加固小型水闸2座；新建防洪堤25.81千米；新建新村和山边堰坝2座，加固堰坝10座；拓宽或重建桥梁7座；水土保持工程治理29.24平方千米。建设溪堤：带溪8.43千米，凤巢2.82千米，梅东坑0.67千米，鹤溪1千米，解决1.38万人饮水困难。

四、怀溪小流域治理

怀溪小流域位于平阳县西部地区，东靠水头镇，南连南雁镇，西南毗邻顺溪镇，西北与文成县相接壤。主流发源于平阳、文成两县交界处黄罗山（海拔899.6米）南麓文湾地方，流经山门、南雁镇，于南雁东门大桥下游400米注入鳌江。主流长度17.61千米，河道落差875米，平均比降1.13%。流域面积95.6平方千米，其中山区面积84.13平方千米占88%，平原面积11.47平方千米，占12%。

怀溪小流域内，高城水库集雨面积2.84平方千米，坝高31米，库容20.5万立方米；山塘4座（集雨面积12.44平方千米，总库容21.12万立方米）。

1998年投资57万元修建晓坑溪堤。2001～2012年修建堰坝43座，引水渠道37条（总长11千米），灌溉农田8800亩。其中山门引水堰坝长130.4米，灌溉面积6750亩；修建防洪堤19.89千米（其中2012年建成三段防洪堤长6.05千米）；2012年完成怀溪晓坑山区小流域（怀溪干流）农业生态工程：堰坝11座，防洪堤2.5千米。

怀溪小流域治理规划，主要工程是：拟建曹门水库，集雨面积9平方千米，坝高29米，库容190万立方米；兴建防洪堤19.03千米，加固5千米；兴建怀溪等8座堰坝，加固堰坝14座；兴建曹门水电站（装机800千瓦）、大龙山水电站（装机630千瓦）；水土保持工程治理31.65平方千米，解决1.53万人饮用水困难。

五、凤卧溪小流域治理

凤卧溪位于平阳县西北部，主流长17.14千米，流域面积52.23平方千米，其中平原面积15.88平方千米，占流域面积30.4%。

有山塘1座，集雨面积4平方千米，库容5.5万立方米。已建内塘水电站，装机1200千瓦。2003年建成后山溪堤；2004～2012年建7.45千米防洪堤，修建引水堰坝26座，灌溉面积2875亩，10个村完成安全饮用水工程，解决1.16万人饮水困难。

凤卧溪小流域治理规划是：拟建内塘水库，集雨面积13.5平方千米，坝高20米，库容335万立方米；兴建五龙岱、蒲潭尾水闸；修建堰坝10座，加固堰坝6座；开发胡平电站（装机200千瓦），内塘三级电站（总装机250千瓦+400千瓦）。

六、闹村溪小流域治理

闹村溪位于平阳县西南部，发源于玉苍山北麓，河长13.72千米，流域面积39.29平方千米，其中平原面积5.19平方千米，占流域面积13.21%。

已建黄坑水库（1990年），集雨面积7.4平方千米，坝高39米，库容360.5万立方米；苍南水库（1968年），集雨面积2.11平方千米，坝高13.4米，库容17.2万立方米；水电站4座（装机2120千瓦）。2006年，闹村溪治理列入平阳县农业综合项目，至2012年，修建溪堤14条（段），总长10.7千米，保护人口3200人，农田1500亩；修建堰坝32座，渠道12.2千米，灌溉农田3340亩；5个村已建成安全饮用水工程。

闹村溪小流域治理规划，主要是：拟拓宽或重建桥梁8座，开发杨美电站（装机250千瓦），渠道配套维修5.8千米，灌溉面积3800亩，解决2.16万人饮水困难。

七、青街溪小流域治理

青街溪位于平阳县西南部，发源于白云山东麓，河长10.03千米，流域面积30.39平方千米。

现有山塘2座（集雨面积1.66平方千米，库容10.7万立方米），水电站1座（装机300千瓦）。至2012年主流及岭脚潭支流共建有2.34千米防洪堤，保护人口900人，农田473亩。垟心至睦源小流域进行综合治理，新建堰坝8座，渠道35条（合计2.8千米），灌溉农田1515亩。

青街溪小流域治理规划，主要是：拟建十五亩水库，集雨面积12平方千米，库容250万立方米，解决6342人饮用水困难；加固堰坝5座，灌溉面积275亩；拓宽或重建桥梁3座。

第三节　平原河网治理

1989年后，全县城镇开发建设活动加剧，蚕食河流，与水争地矛盾比较突出，山区植被破坏，水土流失严重，加上居民随意向河道倾倒建筑及生活垃圾，以致造成平原河面变窄，河道淤积，河床抬高，严重影响了河道正常排涝、蓄水、灌溉和航运的功能。

从1998年开始，平原地区开展以河道疏浚、清除水荷花为主要内容的河道整治。至2000年，疏浚河道150千米，疏浚淤泥82.5万立方米，清除水荷花2万余亩（至2012年累计打捞水荷花13.72万亩）。

从2001年起，昆阳、万全、鳌江、萧江等镇区内河道整治的重点是砌石护岸、河道疏浚、河岸绿化。至2012年，境内有147个村砌石护岸149处；59个村疏浚、清淤河道计67处，总长229.42千米，完成投资1.17亿元。

2001～2012年河网治理情况

表3-3-1

序号	河网名称	乡镇	护岸		疏浚		合计		长度（千米）	投资（万元）
			村数	处	村数	处	村数	处		
1	万全	万全	57	64	48	56	105	120	153.26	7111.9
		昆阳	31	28	8	8	39	36	29.16	2708.0
		小计	88	92	56	64	144	156	182.42	9819.9
2	小南	鳌江	29	29	3	3	32	32	16.3	776.28
3	萧江	萧江	30	28			30	28	30.7	1075.0
合计			147	149	59	67	206	216	229.42	11671.18

一、万全河网治理

万全河网属飞云江水系，县境内昆阳和万全镇辖区面积157.3平方千米。1955年后，平阳、瑞安两县市共建塘头、宋家埭和南码道等三座水闸，并在水闸上游拆建和新建桥梁36座，计116孔，总净宽633米。万全平原之水一条通过南码道水闸注入飞云江；一条通过宋家埭水闸排入飞云江河口；再一条通过塘头水闸排入东海；还有宋埠—西湾滩涂围垦工程建有三座排水闸。

1998～2012年，88个村完成河道护岸砌石92处，总长83.45千米，投入资金8648.9万元；56个村疏浚河道64处，总长98.97千米，投入资金1171万元；打捞水荷花累计投资668万元；共计投资1.05亿元。

万全镇章桥一河、二河等7条河道，岸线总长5.98千米，该河道治理是浙江省河道生态建设示范工程之一，河道护岸采用块石挡墙、异型砌块和松木桩护岸断面型式。万全镇区段河道防洪标准提高至20年一遇，村庄段河道防洪标

准提高至10年一遇，工程总投资2520万元。2012年1月15日开工，2013年7月8日完工验收，

昆阳镇水亭社区水亭河、前溪及垟底河综合整治工程：新建护岸总长6.31千米，清淤河段总长6.33千米，堤后配套绿化长1.49千米，新建堰坝11座。河道护岸采用重力式干砌块石挡墙和生态斜坡断面。工程清淤和护岸基础开挖的土方约11.73万立方米，总投资1704万元，2012年7月13日开工，2014年8月验收。

1989～2012 年万全河网护岸和疏浚工程情况

表 3–3–2

建设年份	镇	护岸		疏浚		合计		长度(千米)	投资(万元)
		所在村	处	所在村	处	村数	处		
1998～2000	昆阳	水亭、前底	1			2	1	1.60	80.0
	万全	岭下、官宕陡北	3	仙口 2、杨北 2、下陈 2、官宕、林宅、陡北、加丰、北厂、东横塘	12	12	15	29.33	202.7
2001～2005	昆阳	水塔、城东、后岙、庆丰、三杆桥	5			5	5	5.85	731.0
	万全	章底、下陈、杨北、官宕、陡北	5	郑三、新渎、陡北、仙口、官宕 2、新界、杨北、北厂	9	13	14	17.83	286.8
2006～2010	昆阳	后垟、垟港、鸣山、郭庄、建丰、步廊、联大、上林垟、下薛、后陈、林步桥、新欣	12			12	12	6.21	562.0

续表3-3-2

建设年份	镇	护岸		疏浚		合计		长度(千米)	投资(万元)
		所在村	处	所在村	处	村数	处		
2006~2010	万全	赖岙、金宕、下桥、宋桥、冯宅、章桥、郑三、陈交大、叶垟、古农2、古渔、岗下、郑二、周垟、倪垟、岗山、上呈、榆南、南门、新渎、榆龙、麻车、榆茶、岙斗、横河、谷垟、象湾、榆北、北厂、陡南、仙口、东横塘、上陈、长桥	35	赖岙、岭下、冯宅、栏杆桥、下桥、陈交大、郑二、叶垟、古农2、古渔、下桥、上呈、荷花、麻车、榆茶、下周、陡南、杨北2、东横塘、官宕	22	54	57	67.95	3209.4
2011~2012	昆阳	城东、后垟、南丰、皇岙、庙头、夹尾、水亭、后岙、前爿、庆丰、三杆桥、上林垟	10	城东、垟港、九街、后垟、鸣山、前爿、水亭、后岙	8	20	18	15.5	1335.0
	万全	瑶山、江畔2、章桥2、鲍垟2、章周2、章底、尤里2、栏杆桥、郑一、张阁、下周、荷花、台头、中镇、林宅、东横塘	21	江畔、章周、岙斗2、榆南、泱口、下陈、林宅、杨北、上陈、加丰、仙口2	13	26	34	38.15	3413.0
合计		村数：88个	92	村数：56个	64	144	156	182.42	9819.9

二、小南河网治理

1998～2000年，鳌江平原疏浚河道24千米。2001年起，以砌石护岸为重点，结合河道疏浚、清淤，2006～2012年，32个村河道砌石护岸、清淤已达32处，计长16.3千米，投入资金776.28万元（不包括村自筹资金）。

鳌江镇东垟河治理工程，位于钱仓社区东垟村，全长1345米。工程采用干砌块石护岸，设计防洪标准10年一遇，分五段实施，2008年12月1日开工，2010年12月完工，投入资金205.88万元。

小南河网护岸、疏竣工程情况

表 3–3–3

序号	建设年份	护岸疏浚		长度（千米）	投资（万元）
		所在村	处		
1	2006～2010	五板桥、厚垟、龙山、藕莲、横河、西桥、雁门、东垟	8	5.7	245.68
2	2011～2012	下厂、后半厂、河滨、天源、新城、大坪、海城、城北、联城、务垟、福山、丰山、厚垟、旺厂、垂杨、塘中、联南、东河、山平、田溪、钱仓、温垟、友谊、荆溪	24	10.6	530.60
合计		村数：32 个	32	16.3	776.28

三、萧江河网治理

萧江塘河全长10.9千米，平阳县境内长约5千米。沪山内河全长21.7千米，平阳境内长3.6千米。

苍南县桥墩水库的建成和萧江塘河、沪山内河的治理，使萧江平原的抗旱、排涝能力大大提高。1998～2000年，疏浚河道（境内萧江河网）11.5千米，2001年开工建设了沪山内河生态护岸工程，至2012年，30个村已完成河道砌石护岸计28处，总长30.7千米，投入资金1075万元。

萧江镇直浃河治理工程，位于萧江镇区，全长530米，新建护岸长631米，清淤河段长530米，河岸采用干砌块石和异型砌块断面形式，2013年9月15日开工，12月14日完工，工程总投资160.6万元。

萧江河网护岸工程情况

表3-3-4

序号	建设年份	所在村	村数	护岸数（处）	长度（千米）	投资（万元）
1	2001～2005	横河、江景	2	2	1.6	55.0
2	2006～2010	夹底、落马、永门、前村、大河桥、门前垟、叶段、垟心、后垟、青龙、毛家处、大同河、横河、凤头、后林、下汇、曾山、岙底、仙垟、华亭	20	19	21.7	730.0
3	2011～2012	河头垟、河峥、上园、高黎、河古、高沙、浦口、垟浦	8	7	7.4	290.0
合计			30	28	30.7	1075.0

第四章　御潮防洪

御潮防洪工程按其功能划分为海塘、江堤、溪堤、水闸工程。

平阳县堤塘总长85.68千米。其中标准海塘从瑞安市阁巷至鳌江镇下埠水闸，共5条，总长18.28千米；标准江堤从鳌江镇下埠水闸至萧江镇潘汇水闸，共5条，总长17.64千米；岱口桥至溪心两岸江堤共7条，总长49.76千米，建成土石混合堤坝10.25千米，投资1.61亿元。新建、修建溪堤98条，总长62.28千米。共有水闸68座，其中出江出海的中小型水闸40座（含瑞安市境内3座），87孔，总净宽312.55米，过闸总流量2527.16立方米/秒；内河节制闸28座36孔，总净宽99.8米，最大过闸流量388.5立方米/秒。

1997年11月，浙江省人民政府统一部署全省修筑堤塘。至2012年，全县已建成标准堤塘总长35.92千米，形成抗御洪潮的三个闭合区：一是宋埠闭合区，南起鳌江镇西湾跳头村，北至瑞安市阁巷交界，堤塘全长6.63千米（其中宋埠二线塘3.4千米）；二是鳌江左岸闭合区，东起西湾杨屿山西侧，经西湾南海塘、鳌江海塘、镇区、垂阳、钱仓、东江江堤至岱口桥，全长26.75千米（其中墨城二线海塘1.4千米）；三是萧江闭合区，位于岱口新桥（鳌江右岸）至潘汇水闸，全长2.54千米。总投资6.52亿元。

保护人口30多万人、农田8万多亩。

第一节 海 塘

至2012年，平阳县建成标准海塘有宋埠海塘、宋埠—西湾海塘、西湾南海塘、墨城海塘、鳌江海塘，长18.28千米，共投资6.05亿元。其中修建宋埠海塘、墨城海塘、鳌江海塘投资0.39亿元，新建宋埠—西湾海塘、西湾南海塘，投资5.66亿元。

一、宋埠海塘

由于海涂不断淤积，涂面向外延伸和人们的围垦利用，由里向外，有老海塘三条——仙口塘、新塘、万全塘。

仙口塘 这是宋埠最早的一条古老海塘，北宋元丰元年（1078年）建成（又名沙园塘），北起瑞安市沙园寨，南至平阳县林家埠（今万全镇横塘村）。约在北宋末期或南宋初期，随着海涂逐渐淤积，在北起林家埠，南至仙口之间，建成了仙口塘。现今该塘成为南接西湾、北通瑞安市阁巷，贯穿于宋埠社区的人行道。

新塘 清康熙九年（1670年），朝廷下令“展界”，当地农民为扩展自有土地，在距仙口塘东面600米左右的海涂上，分段筑堤防潮。遇大潮冲击，堤多倾圮，屡毁屡修。乾隆三年（1738年），修原有土塘634米，又筑宋埠土塘1254米。乾隆三十七年（1772年）在塘的南端脉穴头（麦园头），筑永安湫。由此南自永安湫，北至沙塘陡门，建成一条塘身净高4.3米，底宽26.4米、顶宽1.5米的新塘。

万全塘 又称“盐坦埒”，从民国3年（1914年）开始，由设灶煎盐改为设坦晒盐，故当地群众称之为“盐坦埒”。民国23年（1934年），当地盐民选择在荒板涂以东150米左右、生长有涂茎杂草的海涂上筑塘。历经数年修筑，在南自丰安水闸外浦，北至沙塘陡门大浦间，连成一条高5米，底宽33米、顶宽1.5～2.4米，长约3.5千米的土塘。这是宋埠第三条老塘。1964年，宋埠海塘建成后，此塘退为内塘，现仅存数处残迹。

宋埠海塘，1955年开始建设，历经3次续建，才于1964年建成。该塘北起原沙塘陡门外浦的瑞平交界地段，南至西湾海滨村山脚（旧称派田），全长3.4千米，围垦面积3200亩。堤顶高程5.32～6.32米，宽2米，堤型采用斜坡式，外坡干彻块石护面，护脚加固，内外坡比均为1:2。沿堤建有排水闸3座4孔，总净宽11.5米，过闸流量52立方米/秒。

1994年受17号台风大潮袭击，堤塘防浪墙全线被冲垮，堤坝多处决口，损失惨重。1995～1996年，按20年一遇防潮标准进行重建，堤坝迎潮面改为直立式块石砌筑结构，堤顶高程6.12米，宽4米。经运行，仍存在标准偏低，局部堤身沉陷变形等隐患，亟需加高加固。

根据浙江省水利厅1999年发布的《浙江省海塘技术规定》，宋埠海塘按Ⅲ级海塘50年一遇潮位设计。断面形式为土石混合重力式结构，堤顶高程6.42米，防浪墙顶高程7.62米，防浪墙结构为钢筋砼；堤顶路面宽4米，砼结构；迎水面直立式坡比1:0.4；背水坡结构为干砌块石，坡比1:1.5；堤前镇压层抛石体高程3米，宽4米。工程于2000年8月开工，2001年11月完工，总投资1033.5万元。保护范围为宋埠、县海涂农场、榆垟等地，保护人口3万人、农田2.5万亩，以及几十家企业的安全。宋埠—西湾海塘建成后，宋埠海塘已成为二线塘（内塘）。

二、宋埠—西湾海塘

宋埠—西湾海塘位于宋埠海塘东侧2.3千米，南起西湾跳头村，北与瑞安市交界（是平阳县和瑞安市的界堤和交通道路），为宋埠-西湾海涂围垦主堤工程。海塘工程为Ⅳ级建筑物，防潮标准20年一遇，允许部分越浪。海塘由主堤、北隔堤、三座水闸组成。主堤长3.23千米，基础采用塑料排水板，结合土工布加镇压层。堤顶高程6.8米，宽5米，防浪墙顶高程7.6米。北直堤长2.24

千米，基础是土工布上抛石，堤顶高程4米。三座水闸分别为南闸4孔，净宽14米；中闸3孔，净宽10.5米；北闸2孔，净宽7米，总净宽31.5米。其中南闸和北闸为纳潮闸，中闸为排水闸，水闸均采用钢筋砼结构有胸墙开敞式型式。

2003年7月25日，在西湾跳头村举行“宋埠—西湾抛石促淤”开工仪式，由于工程面临融资和政策处理两大难题，迟迟未开工。

2006年，县政府出台《平阳县滩涂围垦工程政策处理办法的通知》。同年10月，主体工程分两个标段招投标。工程设计单位为温州市水利水电勘测设计院，施工单位为浙江省第一水电建设公司和浙江正邦水电建设有限公司，监理单位为浙江河口海岸工程监理有限公司，质量监督单位为浙江省水利水电工程质量与安全监督管理中心。工程建设遇到融资、政策处理、石料运输等多种困难，进度缓慢。2008年县政府决定自筹资金投资建设。

2009年2月17日，县政府在西湾海滨村召开“决战300天，合龙主堤坝”誓师大会。21日，施工单位正式进场施工。12月25日，主体工程基础部位全线贯通。2010年12月30日，主堤坝堵口合龙（2012年年底，三座水闸、堤顶防浪墙、堤顶路面等节点工程全部完成，累计投资3.61亿元）。本项目增围陆域面积9858亩，围区规划建设滨海工业园区。

三、西湾南海塘

位于鳌江口左岸，东始西湾杨屿山西侧，西至墨城水闸，由西湾海涂围垦南顺堤、南堤工程组成。海塘总长4.23千米，按50年一遇防潮标准Ⅲ级海塘工程建设，允许部分越浪。南顺堤、南堤的基本堤型为土石混合堤，堤顶高程7.44～8.14米，宽5米，防浪墙顶高程8.24～8.94米。用石堤防潮挡浪，土堤防渗闭气，断面型式采用复式断面。上部为直立式挡墙，下设消浪平台和防浪

西湾海涂围垦中隔堤工程，位于西湾三沙咀至杨屿山西侧，堤长0.88千米，1999年12月建成，投资797.71万元。2014年6月，对中隔堤工程进行加固，投资86.56万元。共完成投资884.27万元。

斜坡过渡，防浪斜坡外接块石镇压层，堤顶防浪墙迎潮面采用反弧形式与钢筋混凝土面板平顺连接。

工程于2000年12月13日开工至2012年5月25日竣工，工期达11年零5个月，累计投资2.05亿元（包括杨屿山水闸工程、中隔堤工程）。新增陆域面积5220亩。省围垦局勘测设计所承担本工程的初步设计，平阳县水利水电勘测设计所配合完成。平阳县利得海涂围垦开发有限公司为建设业主。南顺堤、南堤分别由福建省汀江水电工程有限公司、温州永成水利水电有限公司施工。

四、墨城海塘

墨城原有一条海塘，名江口塘，现已退为内塘。江口塘位于鳌江河口左岸，东起东山塘沽外，西至墨城水闸，全长1.4千米。1971年由墨城的长岗、西山、东山、双垟、山根等五个村联合兴建，至1978年基本完成，围垦海涂2000亩。塘顶高程5.04～5.24米，投入劳动力80余万工，完成石方5.5万立方米，土方30余万立方米，国家补助资金22万元。

1980年8月受12号台风海潮冲击，堤塘被冲开长654米的缺口，1982年全线修复。堤塘结构为直立式重力坝，厚0.4米浆砌块石护面，内坡块石与黏土间铺一层编织袋为反滤层。修复后堤顶高程6.14米，宽3米。在堤坝东头建有3孔排水闸一座，总净宽9米，过闸流量30立方米/秒，西头建单孔排水闸一座，宽3米，过闸流量10立方米/秒。

1992年遭受16号台风大潮袭击，政府给予补助资金5万元修复。1994年又遭17号台风大潮袭击，塘身局部受损。为了提高抗风暴潮能力，全线塘脚采用抛石砌石加固，堤顶浇筑砼护面，内坡加砌干砌块石。

1999年列入浙江省标准海塘建设计划，结合西湾海涂围垦，堤线外移，与计划建设的西湾南海塘（南堤）衔接。按Ⅲ级标准海塘50年一遇潮位设计。标准海塘断面型式为直立式重力坝，堤顶高程5.94米，防浪墙顶高程6.74米，堤顶砼路面宽5米，迎水坡比1:0.3，迎水坡结构为砼面板；背水坡比1:2，堤前抛石镇压层厚0.8米，宽15米，堤后护塘地宽20米。2000年12月开工，2002年建成，总投资1400万元。2010年西湾海涂围区已成为鳌江海滨园区的一部分，墨城海塘已作为二线堤塘。

五、鳌江海塘

老海塘称九都海塘，位于鳌江口左岸，建于明万历二十三年（1595年），乡民称为“朱公塘”。清乾隆三年（1738年）重修。光绪初年，章炬奎、周肇岐募修。光绪十六年（1890年），飓风自江口至杨屿门塘坏，次年，周配京等修筑。民国时期，东起墨城水闸，西至鳌江下埠，全长6.02千米，改名为鳌江海塘。

1949年后，对鳌江海塘进行了多次修筑，增加了海塘的稳固性。1959年维修加固一次，1960年又对郑家墩至鳌江造船厂之间的4处险工地段，共长420米，进行修筑加固处理。1961年，自墨城至下埠全线进行维修，将堤塘加高至5.12～5.42米高程，顶宽2米左右。1964年，对杨屿门至塘外一段堤长3千米，予以砌石护坡；在险工地段分别筑丁坝5处，以防坍固塘。1975年，对下厂一段堤长2千米，予以加高加固，并砌石护坡，使海塘脚宽达13米、顶宽4米、堤身净高为3.5米。建涵洞一座，高、宽均为1米。筑防坍丁坝4条，每条长25米，计抛石500立方米。挑水坝偏向下游15度，促使外涂淤长约100米，涂面高程在4米以上。1997年将鳌江海塘列入浙江省标准海塘建设计划。

鳌江海塘分下列两段进行建设：

下厂段海塘

位于墨城水闸至红砖厂，全长3.97千米，原塘为土塘，1995年上半年至1996年下半年按20年一遇防潮标准进行加高加固。2000年春开始按Ⅲ级堤塘50年一遇潮位设计标准建设，工程于2000年3月开工至2001年3月竣工，投入资金806.5万元。保护人口1万人，受益农田6000亩。

堤塘结构：断面型式为直立式重力坝；堤顶高程5.94米；防浪墙顶高程

6.74米，防浪墙为钢筋砼反弧型断面；堤顶砼路面宽5米，迎水坡比1:0.3，背水坡比1:2，背水坡为砌石护面结构；堤前镇压层抛石宽12～16米，厚0.8米，堤后护塘地宽20米。

下埠段海塘

位于红砖厂至下埠水闸，全长2.05千米。按Ⅲ级塘50年一遇潮位设计标准建设。工程于1998年1月开工，1999年12月竣工，总投资680万元。保护人口2万人，受益农田6000亩。

堤塘结构：断面型式为直立式重力堤，堤顶高程5.94米，钢筋砼反弧型防浪墙顶高程6.74米，堤顶砼路面宽5米；迎水坡比1:0.4，0.3米厚砼面板；背水坡1:2，0.1米厚砼面板。基础处理，根据不同地质，主要采取镇压松木桩，在下埠水闸下游段采用灌注桩加钢筋砼空箱。堤前抛石镇压层宽8米，堤后护堤地宽20米。

2012年平阳县海塘基本情况汇总

表4-1-1

<table>
<tr><th>序号</th><th>名称</th><th>位置</th><th>长度(千米)</th><th>防浪墙顶高程(米)</th><th>堤顶高程(米)</th><th>重现期(年)</th><th>修建时间(年)</th><th>备注</th></tr>
<tr><td>1</td><td>宋埠海塘</td><td>海滨至陡北</td><td>3.40</td><td>7.62</td><td>6.42</td><td>50</td><td>1964</td><td>二线海塘</td></tr>
<tr><td>2</td><td>宋埠—西湾海塘</td><td>跳头至瑞安阁巷</td><td>3.23</td><td>7.6</td><td>6.8</td><td>20</td><td>2013</td><td></td></tr>
<tr><td rowspan="2">3</td><td rowspan="2">西湾南海塘</td><td rowspan="2">杨屿山西侧至墨城水闸</td><td rowspan="2">4.23</td><td>8.24</td><td>7.44</td><td>50</td><td rowspan="2">2012</td><td>南堤</td></tr>
<tr><td>8.94</td><td>8.14</td><td>50</td><td>南顺堤</td></tr>
<tr><td>4</td><td>墨城海塘</td><td>东头水闸至墨城水闸</td><td>1.40</td><td>6.74</td><td>5.94</td><td>50</td><td>1978</td><td>二线海塘</td></tr>
<tr><td>5</td><td>鳌江海塘</td><td>墨城水闸至下埠水闸</td><td>6.02</td><td>6.74</td><td>5.94</td><td>50</td><td>1595</td><td></td></tr>
<tr><td colspan="2">小计</td><td></td><td>18.28</td><td></td><td></td><td></td><td></td><td></td></tr>
</table>

第二节 江 堤

一、岱口桥以下江堤

岱口桥以下江堤总长17.64千米，其中左岸自鳌江镇下埠水闸起，经雁门、钱仓至岱口桥，全长15.1千米；右岸萧江镇江堤长2.54千米，投资0.47亿元。

由于鳌江上游山区集雨面积大，江道蜿蜒曲折，潮涨潮落，加至上游洪水，江堤冲刷严重。20世纪60年代，对鳌江北岸江堤进行一次全面检查，发现有多处堤岸堤身狭小，高度、宽度不足；在河口至钱仓一带，就有9处堤坡冲刷严重。于是采取措施，分期分批予以加固。1962年在河口段抛石长约860米，1958～1963年先后三次在钱仓砌筑了凤桥石丁坝12条。1966年，在鳌江下游完成护堤工程5处，在岱口、直浃河、钱仓砌筑丁坝24处。1975年分别在桃源塔下村和萧江青龙村，完成护堤工程6处。1986～1989年，在雁门、垂杨、墨城等乡镇，修筑加固海塘、江堤5处，共长6.5千米。虽经多次修复加固，但防洪标准很低。

1998～2000年，省人民政府提出在三年内于沿海沿江建成高标准堤塘的要求，县人民政府将岱口桥以下的江堤均列入标准江堤的建设计划：

（一）鳌江镇区段江堤

东起下埠水闸，经原南麂码头、胜利码头，西至雁门水闸，长3.76千米。该段江堤紧邻鳌江镇沿江街道，沿线码头及民宅等建筑物较多，由于原堤未能达到防潮标准，每逢台风大潮，洪潮倒灌，严重危害鳌江人民的生命财产安全。根据该地段的地质条件和商铺民宅等因素，按Ⅲ级堤塘50年一遇潮位标准进行建设。工程分三段建设，于1998年12月开工至2001年12月竣工，总投资

2512.5万元。保护人口8万人及沿江商铺、工厂、企事业单位、民宅等。工程由平阳县水利水电勘测设计所设计，东段由泰顺县水利水电建设工程公司施工，中、西段由平阳县水利水电建筑工程公司施工。

1. 东段　下埠水闸至南麂码头段，全长0.91千米（跨越温州冷冻厂浦口）。工程于1999年9月开工，2001年8月竣工，投资750万元。工程断面型式：以框架式结构为主（其中下埠水闸至水产交易所码头0.23千米为重力式），堤顶高程5.94米，砼栏杆式防浪墙顶高程6.74米，堤顶砼路面宽5米，路面铺设花岗岩，大方脚为直立干砌条石。

2. 中段　南麂码头至胜利码头段，全长1.69千米，沿线经过12个码头和民房等建筑。工程于1999年9月开工，2001年12月竣工，投资1470万元。工程断面型式：采用框架式（半框架式）结构，在堤身内侧柱之间采用0.25米厚钢筋混凝土板与砼柱刚性连结，挡土板入土深度1米。堤顶高程5.94米，砼栏杆式防浪墙高0.9米，堤顶砼路面宽5米，内侧设安全带，花岗岩座椅。

3. 西段　胜利码头至雁门水闸段，全长1.16千米，工程于1998年12月开工，2000年12月竣工，投资292.5万元。堤塘型式为重力式结构，钢筋混凝土底板厚0.3米（其中胜利码头段500米设长4米松木桩），迎水坡砼面板厚0.3米，坡比1:0.4，堤顶高程5.94米；钢筋砼防浪墙顶高程6.84米，堤顶砼路面宽5米，堤面铺设砼彩砖，内侧绿化带宽1.4米，大方脚直立式干砌条石。

（二）垂阳段江堤

位于雁门水闸至龙港大桥，全长2.05千米，原堤建于1994年，防洪标准为10年一遇的江堤。按Ⅳ级堤塘20年一遇潮位设计标准进行加高加固。由平阳县水利水电勘测设计所设计，平阳县基础机井工程公司施工。堤塘为直立式断面结构，堤顶高程5.59米，砼防浪墙顶高程6.39米，堤顶砼路面宽4米；迎水坡为直立式，坡比1:0.3；背水坡为直立式干砌条石，堤后保护地宽20米。工程于2000年8月开工，2001年7月竣工，投资260万元。保护人口3万人，保护农田1万亩。

（三）钱仓段江堤

位于龙港大桥至梅浦水闸，全长7.09千米，原堤防洪潮标准低。根据标准堤塘的建设计划，工程按Ⅳ级堤塘20年一遇潮位设计标准建设，2000年8月开工，2001年11月建成，投资950万元。保护人口4万人，农田2万亩。

断面结构：土石混合堤，堤顶高程5.34至6.42米，浆砌块石防浪墙高程5.94至7.02米，堤顶砼路面宽4米；迎水坡干砌块石，坡比1:0.3；背水坡干砌块石，坡比1:1.5；堤后护塘地宽20米。

（四）东江段江堤

位于梅浦水闸至岱口大桥，全长2.2千米，原堤标准低、质量差。江堤按Ⅳ级堤塘20年一遇潮位设计标准建设。工程于1999年2月开工，2000年12月竣工，投资223万元。保护人口2万人，农田1万亩。

断面结构：迎水坡直立式土石混合堤；堤顶高程5.59米，浆砌块石防浪墙高程6.39米，堤顶砼路面宽4米；迎水坡干砌条石坡比1:0.3，背水坡砼结构坡比1:2，堤后护塘地宽20米。

（五）萧江段江堤

位于鳌江右岸岱口新桥至潘汇水闸，全长2.54千米，按Ⅳ级堤塘20年一遇潮位设计标准建设。由平阳县水利水电勘测设计所设计，平阳县基础机井工程公司承建。2000年4月开工，2001年4月竣工，投资727万元。保护人口6.9万人，农田2.4万亩。

断面结构：断面型式为土石混合堤；堤顶高程5.59米，钢筋砼防浪墙高程6.49米，堤顶砼路面宽4米；迎水坡砼结构，坡比1:0.25；背水坡直立式干砌块石，堤后护堤地宽20米。

二、岱口桥以上江堤

岱口桥至溪心两岸堤长49.76千米，原堤塘为土堤。左岸东起岱口桥经包田、桃源、麻步、塘北、水头至溪心，长25.06千米；右岸江堤东起岱口桥经萧江、夏桥、麻步、渔塘、南湖、小南至溪心，长24.7千米。至2012年，对五处重要堤段进行退堤、加高和加固，其中桃源段2千米堤塘为土堤，萧江、麻步、南湖和水头四段为土石混合坝，总长10.25千米，投资1.61亿元。2010年鳌江干流治理水头段防洪工程、麻萧段防洪工程一并列入国家独流入海河流治理计划（到2014年工程已经全面进入实施阶段）。

（一）桃源段江堤

位于岱口桥至塔下，堤长2千米，1993年底进行退堤并疏浚拓宽河槽，工程投资100万元。

（二）萧江段江堤

位于岱口桥至黎明村，全长4.9千米（原有土堤长3千米，于1995、1998年修建），按20年一遇防洪标准，Ⅳ级工程建设。堤顶高程5.45米，防浪墙顶高程6.25米。2002年12月开工，2004年12月完工，投资447万元。

（三）麻步段江堤

位于麻步上周村寿桃山至麻步大桥，全长2.03千米。按防洪标准20年一遇，Ⅳ级堤防工程建设，堤顶高程8.7～9.01米，宽3.5米（包括防浪墙）；4座穿堤水闸采用涵洞式，均为单孔。工程于2010年5月开工，2012年9月完工，完成投资4675万元。

（四）南湖段江堤

位于南湖普美村，全长780米，原为土堤。1990年、1997年、2000年对其中420米堤段进行加高加固，共投入资金31.2万元，完成土石方7820立方米。2008年11月，按20年一遇、Ⅳ级堤防设计标准建设。基础为砼灌注桩结构，堤身为土石，堤顶高程9.4米，防浪墙顶高程10.2米，并建箱式排水涵闸一座（一孔）。总投资1026万元，2009年12月竣工。

（五）水头段江堤

位于溪心至小南桥，全长4.25千米，分二期实施。一期工程于2005年3月开工，二期工程于2007年12月开工，至2011年11月两期工程完工，累计投资9800万元（民间捐资1000万元）。左岸建江堤2.54千米，右岸修建斜坡式河道护岸2.14千米，堤坝的防洪标准为20年一遇，Ⅳ级堤坝工程建设，复式堤型。堤顶高程9.8～8.2米，C20砼路面宽5米。开挖和拓宽疏浚的河宽80米，附属配套桥梁5座。

2012年平阳县江堤基本情况汇总

表4-2-1

堤塘位置	堤塘名称	位置	堤长（千米）	已建（千米）	堤顶高程（米）	防浪墙顶高程（米）	重现期（年）	修建时间
岱口桥以下江堤	镇区	下埠水闸至雁门水闸	3.76	3.76	5.94	6.74	50	2001.12
	垂阳	雁门水闸至龙港大桥	2.05	2.05	5.59	6.39	20	2001.7
	钱仓	龙港大桥至梅浦水闸	7.09	7.09	5.34～6.42	5.94～7.02	20	2001.11
	东江	梅浦水闸至岱口大桥	2.20	2.20	5.59	6.39	20	2000.12
	萧江	岱口大桥至萧江水闸	2.54	2.54	5.59	6.49	20	2001.4
	小计		17.64	17.64				

续表4-2-1

堤塘位置		堤塘名称	位　置	堤长(千米)	已建(千米)	堤顶高程(米)	防浪墙顶高程(米)	重现期(年)	修建时间
岱口桥以上江堤	鳌江左岸	桃源段	岱口桥至塔下	7.0					
		麻步段	塔下至显桥	8.57					
			上周村至麻步大桥	2.03	2.03	8.70~9.01		20	2012.9
		水头段	显桥至小南桥	4.92					
			小南桥至溪心	2.54	2.54	8.20~8.9~9.8		20	2011.11
		小计		25.06	4.57				
	鳌江右岸	萧江段	岱口桥至黎明村	4.9	4.90	5.45	6.25	20	2004.12
		麻步段	黎明村至渔塘	9.2					
		南湖段	渔塘至清江浦	3.1	0.78	9.40	10.20		2009.12
		水头段	清江浦至溪心	7.5					
		小计		24.7	5.68				
合计				49.76	10.25				

第三节　溪　堤

溪堤又称防洪堤，县境内主要溪堤有114条（段），分布在鳌江一级支流怀溪、青街溪、闹村溪、凤卧溪、带溪、梅溪、墨城溪及水头镇以上的鳌江干流段。1949～2000年全县计有103条（段）溪堤经过了维修或加固。但防洪标准达不到5年一遇，抗拒不了大暴雨洪水的袭击。

2001年以后，对全县主要溪堤进行全面的规划设计。对溪堤的冲刷地段，小城镇或居民集中居住地段，机关、企事业单位、学校、工厂较多地段，保护农田范围较大地段等，按防洪标准20年一遇设计；一般地段按防洪标准10年一遇设计。

2001～2012年全县新建、修建溪堤98条（段），总长62.28千米，投资1.29亿元，保护人口7.08万人，农田1.63万亩。

2001～2012年平阳县溪堤修建情况

表4-3-1

所在乡镇	河流名称	溪堤名称	溪堤(条)	溪堤长度(千米)	投入资金(万元)	保护居民(人)	保护农田(亩)
顺溪	鳌江干流	溪北	1	0.37	43.3	532	15
南雁	鳌江干流	溪南、蒲岭（2条）、矾岩、五十丈	5	4.06	923.9	4111	1020
山门	怀溪	东山下（2条）、法洪（2条）、杭坑（2条）、镇区（2条）、高墩、晓坑（2条）、水口、上堡、南山（2条）、金山、垟底、边垟、上店、黄施岙（2条）、晓坑山脚、南堡、晓坑中学、晓坑、悦来、永安、东门	28	19.89	4851	16486	3983

续表4-3-1

所在乡镇	河流名称	溪堤名称	溪堤（条）	溪堤长度（千米）	投入资金（万元）	保护居民（人）	保护农田（亩）
青街	青街溪	垟心桥、朱山（2条）	3	1.17	247.5	1079	518
水头	闹村溪	仓头、垟心、田中、西垟、中兴、桥头、中村、卢家湾、东北村、李岙、南垟、上南、	12	10.72	780.0	3350	1500
	凤卧溪	内塘、凤林（3条）、平凤、吴桥、后堡、凤卧、后山、三官堂、蒲山、西塔（2条）	13	7.45	1061.0	2630	360
	带溪	鹤溪	2	1.69	305.0	1720	0
腾蛟	带溪	镇区（4条）、霞山、岱山（2条）、林泗文（3条）、南陀（4条）半爿街、山边（2条）、大桥下（2条）、中元（2条）、永乐（2条）	23	11.44	3818.0	31278	5780
鳌江	梅溪	岭根（4条）、溪头一期（2条）、溪头二期（2条）三元溪	9	2.89	790.5	4100	1400
	墨城溪	墨城（2条）	2	2.60	170.0	5500	1700
合计			98	62.28	12946.9	70786	16276

说明：表中保护人口、农田等数为不完全统计数字

一、单项投资200万元以上的溪堤21项（55条）

南雁镇溪南溪堤　位于南雁镇溪南村，鳌江干流中游右岸，溪堤长1.53千米。按20年一遇防洪标准设计。2012年12月开工（2013年10月竣工），投资475万元，保护居民1200多人，农田480亩。

南雁镇蒲岭溪支流溪堤　位于南雁镇蒲岭村，鳌江干流笠湖大桥下游左岸600米处的支流上。溪堤长1.47千米，其中左岸731米，右岸740米。防洪标准10年一遇，重力式结构。2012年完成，投资263.9万元。保护居民1100人，

农田310亩。

青街乡章山堰坝—垟心桥段溪堤工程　位于青街溪中游，溪堤长0.72千米。结构为复式断面：下部采用重力式挡墙亲水平台砼压顶厚0.15米，上部采用斜坡式浆砌块石，顶部为宽1.5米的砼透水砖，并植树与草皮。2012年完工，投资200万元。保护居民900人，农田473亩。

山门镇东山下村溪堤　位于山门镇晓坑东山下村，属怀溪小流域法洪溪支流。溪堤长845米，其中左岸675米，右岸170米，按20年一遇防洪标准设计。2012年10月开工（2013年6月完工），投资208万元。保护居民1163人，农田110亩。

山门镇法洪溪堤　位于晓坑社区法洪村、怀溪支流法洪溪中游，溪堤长1.75千米，左岸833米，右岸914米。2011年开工，2013年完工，投资540万元。保护居民1500人，农田150亩。

山门镇杭坑溪堤　位于晓坑社区杭坑村怀溪干流，溪堤长1.71千米，其中左岸770米，右岸935米。2009年开工，2012年完工，投资400万元。保护居民1240人，农田206亩。

山门镇区溪堤　位于怀溪干流山门镇区段，全长1.45千米，其中左岸710米，右岸742米。右岸2002年开工，2003年完工；左岸2005年开工，2006年完工，投资325万元。保护居民1024人，农田250亩。

山门镇二桥—高墩溪堤　位于山门镇二桥下游，全长1.38千米。堤身结构：带平台复式堤型，上部重力式挡墙，迎水坡坡比为1:0.2，采用厚0.35米干砌块石砌筑（M10砂浆勾凸缝），堤顶设青石栏杆。背水坡直立式挡墙；投资450万元，2012年10月建成。保护居民969人，农田218亩。

山门镇晓坑山区小流域农业生态工程　位于怀溪小流域干流。工程项目包括堰坝11座（从上游往下：曹门1号堰坝长45米，高1.2米；曹门2号堰坝长32米，高1米；南山堰坝长80米，高1.5米；怀溪大桥堰坝长75米，高2米；垟边堰坝长100米，高2米；法洪支流法洪堰坝长35米，高1.2米；边垟堰坝长100

米，高2米；晓坑堰坝长115米，高1.5米；晓坑大桥堰坝长100米，高1.2米；晓坑2号堰坝长100米，高1.2米；杭坑堰坝长100米，高2米）；溪堤2条，总长2.55千米。2012年完工，投资1450万元。保护居民900人，农田2000亩。

水头镇闹村溪堤　是平阳县农业综合项目。防洪标准五年一遇，重力式堤型。新建、修建、加固溪堤12段，总长10.72千米。其中闹村溪左岸溪堤五段：西垟溪堤1520米、中兴溪堤935米、中村溪堤820米、李岙溪堤1080米、南垟溪堤960米，共长5.32千米；闹村溪右岸溪堤7段：仓头溪堤570米、垟心溪堤325米、田中溪堤470米、桥头溪堤1180米、卢家村溪堤560米、东北村溪堤1620米、上南溪堤660米，共长5.4千米，重建上浪溪桥头堰坝及中村堰坝，2006年完工。总投资780万元。溪堤保护居民3200人，农田1500亩。

水头镇鹤溪溪堤　位于带溪支流鹤溪，从中元村到新鹤村，全长1690米，左岸长850米，右岸长840米，堤型为砌石坝，防洪标准20年一遇，属Ⅳ级堤坝工程，2010年10月完工，投资305万元，保护居民1720人。

水头镇西塔溪堤　位于红军桥至三官桥，凤卧溪右岸，全长1.39千米。上游段500米，2007年建成；下游段890米，2012年完成。防洪标准十年一遇，Ⅴ级堤防，重力式堤型。总投资230万元，保护居民150人。

腾蛟镇区段溪堤

1.**一期工程**：位于带溪右岸腾带桥至腾溪堰坝，全长500米，是腾蛟镇防洪规划的一部分。防洪堤堤型为重力式挡土墙断面型式，防洪标准20年一遇，属Ⅳ级堤防工程。由平阳县基础机井工程公司承建，2002年完成，投资275万元（其中景观带建设160万元）。保护镇机关、腾蛟一中及民房，保护居民1250人。

2.**二期工程**：位于带溪右岸腾溪堰坝至57省道壹号桥，全长280米。为重力式挡土墙断面型式，防洪标准20年一遇，属Ⅳ级堤防工程。由温州永成水利水电有限公司承建。2006年完工，投资85万元。保护民房及腾蛟一中，保护居民718人。

3. 三期工程（腾溪防洪堤）：位于带溪左岸腾溪堰坝至57省道壹号桥，全长265米。为重力式挡土墙断面型式，防洪标准10年一遇，属Ⅴ级堤防工程，由温州永成水利水电有限公司承建。2006年冬完成，投资75万元。保护腾蛟印刷园区，保护居民6300人，农田60亩。

4. 四期工程（腾带防洪堤）：位于带溪左岸腾带桥至腾溪堰坝，全长500米。堤型为护坡式，防洪标准20年一遇，属Ⅳ级堤防工程。由台州市水利水电建筑有限公司承建。2010年完工，投资122万元。保护腾带、腾溪两村部分民房及腾蛟印刷园区，保护居民6370人，农田60亩。

腾蛟镇霞山溪堤　位于带溪右岸腾蛟镇57省道壹号桥至贰号桥，全长890米。堤型为护坡式，防洪标准20年一遇，属Ⅳ级堤防工程。由台州市水利水电建筑有限公司承建。2012年建成，投资430万元（其中景观带建设263万元）。保护居民230人，农田320亩。

腾蛟镇岱山溪堤　位于带溪岱山堰坝至腾带桥，全长1.26千米，其中左岸660米，右岸600米。两岸原有干砌石老堤，防洪标准低，2010年列入省强塘固防工程。堤型为重力式挡土墙，防洪标准20年一遇，属Ⅳ级堤防工程。由浙江富江水利水电工程有限公司承建，2012年完工。投资467万元，其中新村堰坝46万元，景观带建设50万元。保护岱山村及整个腾蛟新村民房，保护居民3200人，农田250亩。

腾蛟镇林泗文溪堤　位于腾蛟镇57省道贰号桥至南陀堰坝，全长3.11千米，分三段建设：

1. 林泗文溪堤　带溪左岸腾蛟镇57省道贰号桥至南陀堰坝，长1.29千米；溪堤堤型为护坡式；

2. 圣雄集团厂区溪堤　位于带溪右岸57省道贰号桥至南陀堰坝长1.2千米，圣雄集团厂区溪堤850米堤型为重力式，下游350米是护坡式；

3. 腾溪溪堤　位于带溪左岸57省道壹号桥至贰号桥长0.62千米，腾溪溪堤上游270米是重力式，下游350米为护坡式。

防洪标准20年一遇，属Ⅳ级堤防，由温岭市水利水电建设工程处承建。2012年完工，投资817万元（其中景观带建设109万元）。林泗文溪堤保护民房及农田，厂区溪堤保护圣雄集团厂房，腾溪溪堤保护印刷园区。合计保护居民1350人，农田470亩。

腾蛟镇岱山至南陀段溪堤　长1.36千米，分四段建设：

1. **驰马路溪堤**　位于腾蛟镇横街堰坝至岱山桥右岸，长355米；
2. **吴山脚溪堤**　位于横街堰坝下游左岸，长265米；
3. **溪心溪堤**　位于南陀石板桥至溪心公路桥左岸，长405米；
4. **南陀溪堤**　位于南陀石板桥至溪心公路桥右岸，长330米。

南陀、溪心溪堤为护坡式，驰马路溪堤、吴山脚溪堤为重力式挡土墙，防洪标准20年一遇，属Ⅳ级堤防。由平阳县基础机井工程公司承建。2013年7月完工，投资427万元。驰马路溪堤保护腾蛟镇区民房及居民，吴山脚溪堤保护民房及农田，溪心、南陀溪堤保护南陀制革园区及农田。合计保护居民3780人，农田370亩。

腾蛟镇山边村溪堤　位于带溪支流凤巢溪，从山边村至凤巢村，全长1.08千米，左岸长565米，右岸长510米，堤型为土石混合坝，防洪标准20年一遇，属Ⅳ级堤坝工程，2011年3月开工（2013年3月完工），投资473万元，保护居民1210人。

腾蛟镇山边大桥下溪堤　位于带溪支流凤巢溪，全长2.12千米，左岸长1105米，从溪头街村至凤巢村；右岸长1013米，从溪头街村至山边村，堤型为土石混合坝，防洪标准20年一遇，属Ⅳ级堤坝工程，2009年11月完工，投资400万元，保护居民2540人。

鳌江镇岭根村溪堤　长0.99千米，堰坝二座，防洪标准为10年一遇，分二期建设，投资229.6万元，保护居民2000人，农田600亩。

（1）一期溪堤长417米，其中左岸225米，右岸192米，堰坝一座长20米。于2010年3月开工，2012年10月完工，投资92万元。

（2）二期溪堤长571米，其中左岸310米，右岸261米，堰坝一座长20米。于2012年1月开工（2013年11月完工），投资137.6万元。

鳌江镇梅溪溪头溪堤（一期）　长1.17千米，其中左岸213米，右岸955米，防洪标准为10年一遇，Ⅴ级堤坝。于2010年12月开工（2013年10月完工），投资348.2万元。保护居民2100人，农田800亩。

二、单项投资200万元以下工程35项（43条）

2001～2012 年投资 200 万元以下溪堤建设情况

表 4–3–2

序号	所在乡镇	溪流名称	溪堤名称	堤长（米）	投资（万元）	建成年月	保护居民（人）	保护农田（亩）
1	顺溪镇	鳌江	溪北溪堤	366	43.3	2012	532	15
2	南雁镇	鳌江	矾岩溪堤	500	45.0		575	218
3			五十丈溪堤	560	140.0	2009	1236	12
4	山门镇	怀溪	水口村溪堤	200	18.0	2008	482	21
5			上堡溪堤	313	43.0	2007	476	22
6			南山村溪堤	1180 左 620 右 560	175.0	2001	1026	41
7			金山溪堤	535	85.0	2001	635	26
8			垟底溪堤	793	135.0	2006	526	35
9			边垟溪堤	1397	187.0	2009	738	67
10			上店溪堤	430	65.0	2006	240	16
11			黄施岙溪堤	1080 左 691 右 389	151.0	2012	695	299
12			晓坑山脚溪堤	800	120.0	2008	324	0
13			南堡溪堤	555	70.0	2003	173	17
14			晓坑中学溪堤	1050	100.0	2002	477	0
15			晓坑溪堤	570	57.0	1998	215	0
16			悦来溪堤	258	38.0	2008	866	35
17			永安溪堤	471	113.0	2011	1235	48
18			东门溪堤	575	121.0	2008	1582	422

续表4-3-2

序号	所在乡镇	溪流名称	溪堤名称	堤长(米)	投资(万元)	建成年月	保护居民(人)	保护农田(亩)
19	青街乡	青街溪	朱山溪堤	445 左 225 右 220	47.5	2012	179	45
20	水头镇	凤卧溪	内塘村溪堤	590	35.0	2007	500	30
21			凤林村溪堤	230 左 120 右 110	28.0	2008	150	0
22			凤林溪堤	500	45.0	2006	30	10
23			平凤溪堤	450	153.0	2009	750	50
24			吴桥溪堤	870	105.0	2005	300	70
25			后堡溪堤	550	50.0	2004	350	50
26			凤卧溪堤	850	180.0	2012	150	40
27			后山溪堤	810	70.0	2003	300	50
28			三官堂溪堤	810	130.0	2012	30	20
29			蒲山溪堤	400	35.0	2004	70	40
30		鹤溪	中元溪堤	720 左 347 右 373	146.0	2013	1220	1250
31			永乐溪堤	358 左 178 右 180	90.0	2013	730	3000
32	腾蛟镇	带溪	半爿街溪堤	350	11.0	1994	2380	0
33	鳌江镇	梅溪	溪头溪堤(二期)	330 左 175 右 155	89.1	2006	2100	800
34			三元溪堤	395	123.6	2012	1400	400
35		墨城	墨城溪堤	2600 左 1500 右 1100	170.0	1996	2000	500

说明：左、右表示左岸、右岸的溪堤

第四节 水 闸

按水闸排水功能，分为出江出海排涝闸、内河节制闸，至2012年，全县共有水闸68座。

出江出海排涝的中小型水闸40座（含瑞安市境内3座），87孔，总净宽312.55米，过闸总流量2527.16立方米/秒。其中：中型排涝水闸7座，计27孔，总净宽134.5米，最大过闸总流量1407.6立方米/秒；小型排涝水闸33座，计60孔，总净宽178.05米，最大过闸流量1119.56立方米/秒。

内河节制闸28座，36孔，总净宽99.8米，最大过闸流量388.5立方米/秒。

一、中型排涝水闸

全县有萧江水闸、墨城水闸、南湖水闸、梅浦水闸、南码道水闸、夏桥水闸、显桥水闸等7座中型排涝水闸。

（一）萧江水闸

位于萧江镇区，创建于南宋嘉定五年（1212年），为“嘉定六陡”之一。清乾隆二十七年（1762年）重建，两孔，其中一孔净宽3.3米，另一孔净宽3.13米，且两孔的闸底高程不一，相差0.5米，排水量有限，不适应上游来水排泄所需。1956年改建为4孔，总净宽12米。混凝土直升闸门高3米，宽3米，闸门启闭采用机动和电动，启闭力20吨，水闸排水量为140立方米/秒。国家投资13万元，于1956年5月建成。水闸的主要作用是排涝、灌溉，担负萧江塘河两岸农田排灌任务，受益农田11.2万亩。另外，它还兼顾横阳支江十年一遇洪水，分洪流量120立方米/秒。由于萧江水闸是南港平原主要的中型水闸，1983年6月经温州市政府批准，委托苍南县水电局管理。

20世纪90年代初，水闸门槽已变形，底板出现开裂等险情，大大影响了排涝能力。1996年10月，成立温州市平阳萧江水闸拆扩建工程领导小组，并委托温州市水利电力勘测设计院进行水闸的修复扩建设计。1997年8月，建立平阳萧江水闸拆扩建工程指挥部。新闸位于老闸下游80米处，计3孔，总净宽18米，设计最大过水流量267立方米/秒。同年10月12日开工，1999年1月竣工，2000年12月8日验收。投资880.2万元，其中平阳县分摊489万元，苍南县分摊391.2万元，工程由平阳县基础机井工程公司承建，浙江水利水电科学研究院监理部监理，温州市水利水电工程质量监督站监督。

（二）墨城水闸

位于鳌江镇墨城海城村，东首与墨城海塘和西湾南海塘相连，西首与鳌江海塘连接。

墨城小流域西头仅有一孔宽3米的排水闸，排不了区域内的洪水，一遇山洪暴发，区域内就会产生严重的洪涝灾害。鉴于西湾南片围垦工程和墨城开发建设的需要，改扩建墨城水闸，并相应拓宽海涂横河，使流域内的洪水全部经横河由墨城水闸排出。

墨城水闸主要功能为墨城小流域挡潮、排涝和蓄淡抗旱。2003年9月，温州市水利局批复了该工程设计报告。墨城水闸设计内部排涝标准为20年一遇，挡潮标准为50年一遇，水闸3孔，每孔4米，总净宽12米，最大过闸流量185.6立方米/秒，工程等级Ⅲ级。2004年11月，成立平阳墨城水闸改扩建工程指挥部。

墨城水闸改扩建工程于2005年7月11日开工，2007年7月15日主体工程完成，2010年10月通过竣工验收。投资1265.24万元，其中省水利厅补助290万元，其余投资由县人民政府、鳌江镇人民政府、平阳县利得海涂围垦开发有限公司三方，按3.5:2.5:4比例分摊。工程由温州市水利电力勘测设计院设计，浙江江河建设有限公司施工，宜昌葛洲坝工程监理公司监理，温州市水利水电质量监督站为质量和安全监督机构。

（三）梅浦水闸

位于鳌江镇钱仓梅浦村，水闸共六孔，总净宽17.5米，过闸流量120立方米/秒。主要功能为挡潮、排涝、蓄水、灌溉，受益农田6000亩。

水闸分东西二闸室，各三孔，分两期建成。东闸室建于1957年，计3孔，总净宽8.5米，排水流量60立方米/秒。西闸室建于1962年，1963年竣工，闸址与东闸并肩，3孔，总净宽9米，排水流量60立方米/秒。

水闸各孔间有一宽1米的闸墩，东西两水闸中部有一宽约10米的砌石隔离墩。水闸闸基采用条石砼基础，厚度1.3米，下垫0.2米碎石砼，水闸闸室为浆砌条石结构，闸室总宽34米，顺水流方向长8米，水闸上游工作桥面宽2.5米，下游检修桥面宽1.2米，安装6台手摇式启闭机。1977年冬，改手摇式为机动式（螺杆式），并建启闭机操作房一座。1991年在下游抛石防坍，1997和1998年维修。

2008年12月，梅浦水闸维修加固，更换闸板及上游清淤，2009年5月完工。投资24万元，其中省补助资金23万元，地方资金1万元。

2011年5月，委托温州市水利水电勘测设计院编制梅浦水闸安全鉴定报告，初步评定为“三类闸”，需拆建。

（四）南湖水闸

位于水头镇南湖陡门头地方，旧称崇德陡门，始建于清乾隆三十五年（1770年），计2孔，总净宽7.5米，排水流量29.5立方米/秒。民国36年（1947年）4月重建，同年冬竣工，建闸2孔、总净宽6米，由于官商勾结，偷工减料，工程质量很差。建后不久，两侧闸墙倾圮，闸门无法启闭，漏水严重。

1952年政府拨款2亿元（旧币），修筑2孔老闸。1962年11月，扩建南湖水闸（钢筋混凝土结构），1963年5月告竣，建成2孔，净宽6米。新闸与2孔老闸总净宽13.5米，最大过闸流量100立方米/秒。

据《平阳县南湖水闸安全鉴定报告》（温州市水利局2008年6月25日），南湖水闸暂定为“四类闸”，需重建。2010年5月，平阳县南湖水闸除险加固工程列入“平阳县南湖乡中低产田改造项目”，采用开敞式结构，水闸3孔，总净宽15米，最大排泄流量100立方米/秒。工程由温州宏源水电建设有限公司承建，2010年8月20日开工，2012年1月19日竣工。造价1230万元，受益农田8000亩。

（五）显桥水闸

位于带溪下游水头镇鹭鸶湾村，计4孔，总净宽24米，过闸流量270立方米/秒，是一座排涝、蓄淡、引水灌溉兼顾的水利工程。闸身为钢筋混凝土结构，上下建有防冲槽，进口宽35.6米，护底长10米；两岸翼墙均长10米，翼墙顶宽0.6米，底宽2.7米，高5.2米，上游长10米，下游长16米。水闸流水方向全长79米，下游引河长420米，上游引河利用老河截弯取直、拓宽加深而成。闸门为钢筋网水泥平板闸门，安装启闭机4台。1972年冬开工，1975年建成。在闸后建有北港引水工程渡槽，引水灌溉江屿、鹤溪、塘北、树贤农田5500亩。1991年对护坦、闸板进行维修；1998年对翼墙、机房进行维修。

显桥水闸于1975年建成，至2012年已运行37年，其结构出现老化。2009年，县水利局委托温州市水利电力勘测设计院承担显桥水闸安全综合评价，经安全鉴定属四类闸，应报废重建，目前正在进行重建新闸的前期工作。

（六）南码道水闸

位于瑞安市飞云镇码道村，水闸由温州市瑞平水系管理处管理，因受益地区主要为万全地区，且在建闸时主要由平阳县投工，故编入本志（塘头、宋家埭水闸也同样原因而编入本志）。该水闸由温州专署水利局设计，温州专署主持兴建，工程于1961年2月开工，1963年6月建成。水闸3孔，每孔6米，总净宽18米，设计流量180立方米/秒。闸基为软粘土，采用无桩基础，黄土垫层处理，钢筋混凝土结构，钢板弧形闸门，配2×7.5吨电动卷扬机3台。工程投入运行后，经多次修理加固：1973年6月，增建检修闸门和检修工作桥；1974年水闸发生不均匀沉陷，导致上部结构开裂，闸门牛腿支墩拉裂，中孔交通桥大梁被拉开9厘米，闸门漏水等，后进行加固；1976年，改造3个支承钢闸门的钢筋混凝土牛腿；1977年，对钢闸门进行喷锌防腐保护；1981年受8号和16号台风影响，海漫防冲槽被冲毁，1983年省水利厅拨款17.5万元修复，按国家清障规定，拆除水闸管理范围内的违章建筑，并开挖引河。上游自瑞平塘河（前金村）至水闸，开挖引河长647.5米，面宽45米，底宽22米；下游自水闸至飞云江，开挖引河长212.5米，面宽40米，底宽18米。它是瑞平平原排涝骨干工程，受益农田16万亩。

2007年6月，瑞平水系管理处委托温州市水利水电勘测设计院对南码道水闸进行安全鉴定，综合评价为三类闸，存在病险和安全隐患，应进行除险加固。2010年10月，委托温州市水利电力勘测设计院对南码道水闸进行除险加固工程初步设计。2011年1月，温州市发展和改革委员会对初步设计批复。

工程主要加固内容：启闭机房、水闸防汛仓库拆除重建，更换水闸闸门，裂缝修补，启闭机拆除、更换及安装，机电设备改造等建安工程及相应的临时工程。工程由乐清市兴达水利建设有限公司承建，浙江省水利水电建筑监理公司监理，温州市水利水电工程质量监督站监督。2011年11月11日动工，2012年10月16日竣工，投资403.8万元，由温州市本级水利专项资金和台风水毁工程修复资金支出。

（七）夏桥水闸

原老闸位于萧江镇夏桥浦口村，1965年10月动工，1970年6月竣工，国家拨款17.8万元。水闸4孔，总净宽24米，最大过闸流量275立方米/秒。水闸为钢筋砼和浆砌、干砌块石混合结构，钢筋砼直升闸门，高3米，宽6米，螺杆启闭机，电动启闭，启闭力25吨。夏桥水闸主要作用为排涝、灌溉、挡潮，担负着沪山内河两岸农田的排涝、灌溉（主要受益地区在苍南县）。1983年6月，经温州市政府批准，委托苍南县水电局管理。

至2010年，夏桥水闸已运行40年，工程结构老化，成为危闸，经平苍两县领导及有关部门研究后决定重建新闸，拆除老闸。经省水利厅批准，工程于2010年1月开工，2013年1月竣工。新闸位于浦口村老夏桥水闸东南侧138米处，为Ⅲ级工程。工程的主要建设内容为：建设水闸上下游河道、老闸下游河道堵口；新闸上游建桥梁一座；建水闸管理房538平方米；上游河道驳坎1682米。该水闸为中型水闸，设计排涝标准10年一遇，防洪标准20年一遇，挡潮50年一遇。水闸为5孔，总净宽30米，排水流量285立方米/秒。工程总投资9365.25万元，其中中央补助2079万元，省补助1437万元，市补助200万元，其余5648.25万元由苍南、平阳两县以3:1出资，即苍南县4236.94万元，平阳县1412.31万元。项目实施后，灌区灌溉保证率由75%提高到80%，可改善农田灌溉面积18万亩。

二、小型排涝水闸

全县出江出海小型排涝水闸共33座，60孔，总净宽178.05米，最大过闸流量1119.56立方米/秒。

2012年平阳县小型排涝水闸情况

表4-4-1

序号	水闸名称	所在乡镇	孔数(孔)	闸孔总净宽(米)	最大过闸流量(立方米/秒)	修建情况
1	塘头	瑞安市飞云镇	3	9.0	68	1956年4月建成，1976年、1979年、1985年进行维修加固，2007年1月对闸室基础进行加固
2	宋家埭	瑞安市飞云镇	5	12.5	90	1960年4月竣工，1970年、1987年进行修理及改装。2006年2月对上游护坡进行修理，下游海漫抛石，更换闸门，投入资金82.9万元
3	宋埠塘1#	万全镇	1	3.0	15	建于1982年4月，由于海塘外移，本闸作为节制闸使用
4	宋埠塘2#	万全镇	1	3.5	17	1999年4月建成，由于海堤外移，本闸作为节制闸使用
5	宋埠—西湾塘南闸	万全镇	4	14.0	140	2012年建成
6	宋埠—西湾塘中闸	万全镇	3	10.5	105	2012年建成
7	宋埠—西湾塘北闸	万全镇	2	7.0	70	2012年建成

续表4-4-1

序号	水闸名称	所在乡镇	孔数(孔)	闸孔总净宽(米)	最大过闸流量(立方米/秒)	修建情况
8	下埠	鳌江镇	3	8.1	40	又名鳌江水闸，1994年重建，2011年除险加固
9	城村	鳌江镇	2	5.25	33	1962年重建，1998年改装启闭机，2012年管理房重建及水闸改装修理
10	雁门	鳌江镇	2	7.5	40	1953年11月重建，1998年、2010年进行维修加固
11	下厂	鳌江镇	2	6.0	40	1963年竣工，1996年重建启闭机房，2010年重建管理房
12	海滨	鳌江镇	2	5.0	20	建于1963年5月，由于围垦，海堤外移。作为节制闸使用
13	郑家墩1#	鳌江镇	1	2.8	10	1975年10月建成
14	墨城东头	鳌江镇	3	9.0	30	1982年建成，由于海堤外移，作为节制闸使用
15	五板桥	鳌江镇	1	2.0	10	1996年4月建成，2011年进行维修加固
16	杨屿山	鳌江镇	2	10.0	77.56	2011年11月建成
17	杨屿门	鳌江镇	1	2.5	20	1997年6月建成
18	东江2#	鳌江镇	1	1.2	20	2000年4月建成
19	山垟	鳌江镇	2	5.0	10	2000年4月建成
20	皇浦	萧江镇	2	6.3	58	1965年12月再次重建，1993年加固，2001年启闭机房修建及更换启闭机，2009年维修
21	岭头尾	萧江镇	2	5.0	20	1955年10月建成，1982年、1983年、1988年进行改装闸门及启闭机，2010年更换启闭机、配电设施等
22	岙底	萧江镇	3	7.8	48	1996年4月重建，2011年更换启闭机
23	斜港	萧江镇	1	3.0	10	1966年春建成，1993年修理闸门板，1998年更换启闭机
24	岩山	萧江镇	1	2.8	10	1971年10月建成，2000年维修及更换启闭机
25	曾山	萧江镇	1	2.2	10	1971年10月建成，2000年维修更换启闭机
26	包岙	萧江镇	1	3.0	10	1971年10月建成，1997年、2005年维修及更换启闭机

续表4-4-1

序号	水闸名称	所在乡镇	孔数(孔)	闸孔总净宽(米)	最大过闸流量(立方米/秒)	修建情况
27	后江	萧江镇	1	3.0	10	1972年10月建成，1993年、2007年维修及更换启闭机
28	裕丰	萧江镇	1	3.0	10	1989年2月建成，2009年修建启闭机房
29	潘汇	萧江镇	1	3.0	10	1989年2月建成，2003年维修水闸、更换启闭机，2012年再次维修水闸
30	落马	萧江镇	2	6.0	20	1990年6月扩建，1993年加固，2009年维修启闭机房，更换启闭机
31	毛家处	萧江镇	1	3.0	10	1994年4月建成，2003年更换启闭机，2011年维修水闸
32	西炉	萧江镇	1	3.5	27	2008年8月建成
33	斗门头	萧江镇	1	2.6	11	2006年1月建成
合计		33座	60	178.05	1119.56	

三、内河节制闸

全县共有内河节制闸28座，36孔，总净宽99.8米，最大过闸流量388.5立方米/秒。

2012年平阳县内河节制闸情况

表4-4-2

序号	水闸名称	所在乡镇	孔数（孔）	闸孔总净宽（米）	最大过闸流量（立方米/秒）	建成时间
1	北门河	昆阳镇	1	5.0	10	1992年3月
2	庙头	昆阳镇	3	7.5	10	1995年9月
3	山前	昆阳镇	1	2.0	10	1976年2月
4	东江1#	鳌江镇	1	1.2	10	2000年6月
5	凤桥	鳌江镇	1	1.4	10	2003年3月
6	海防	鳌江镇	1	1.5	10	1999年3月
7	红砖厂	鳌江镇	1	1.1	10	2000年4月
8	西山	鳌江镇	3	9.0	80	1995年3月
9	郑家墩2#	鳌江镇	1	1.2	10	2000年7月
10	三大厂	鳌江镇	1	3.0	10	2002年6月
11	大丰	鳌江镇	1	3.0	10	1978年4月
12	横河	鳌江镇	2	6.0	10	2011年4月
13	黄底	鳌江镇	1	3.0	10	1978年2月
14	塘中溪	鳌江镇	1	3.0	10	1978年10月
15	中和殿	鳌江镇	1	2.5	10	1968年10月

续表4-4-2

序号	水闸名称	所在乡镇	孔数（孔）	闸孔总净宽（米）	最大过闸流量（立方米/秒）	建成时间
16	潘南	萧江镇	1	3.2	30	2007年10月
17	下泛1#	萧江镇	1	2.5	10	1998年10月
18	下泛2#	萧江镇	1	3.5	10	2000年10月
19	下泛3#	萧江镇	1	3.0	10	2001年
20	西岙	萧江镇	2	7.0	20	2000年
21	夏宅	萧江镇	1	3.0	10	2000年
22	渡头	萧江镇	1	1.2	3.5	1996年
23	前垟	萧江镇	1	3.0	10	2001年5月
24	下堡	萧江镇	1	3.0	10	2000年10月
25	三中	水头镇	2	6.0	20	1979年8月
26	四中	水头镇	2	6.0	20	1979年4月
27	二中	水头镇	1	6.0	10	1979年8月
28	内湖	水头镇	1	2.0	5	2009年10月
合计			36	99.8	388.5	

第五章　蓄水引水

蓄水引水，按功能划分为水库山塘、引供水工程、农村安全饮用水工程、灌溉工程、农田水利工程等五类。

历史上，平阳县水利建设着重解决农业抗旱排涝能力。2012年，全县农田灌溉形成提、蓄、引相配套，有效灌溉面积13.16万亩，其中水库灌溉面积4.08万亩（不含顺溪水库改善灌溉面积4.7万亩），山塘灌溉面积1.31万亩，堰坝引水灌溉面积7.77万亩；改善灌溉面积达10.67万亩，其中渠道引水灌溉面积9.89万亩，喷微灌灌溉面积0.78万亩。1997年启动平阳引供水工程，2004～2009年启动农村安全饮用水工程，2005年、2009年分别启动珊溪水利枢纽平阳城区引供水工程；珊溪水利枢纽平阳、苍南县引水一期工程，着重解决城乡居民安全饮用水问题。

第一节　水库、山塘

一、水　库

2012年，平阳县有小型水库23座，总库容1491.55万立方米，正常库容1133.13万立方米，灌溉农田4.08万亩。其中库容在100万立方米以上1000万立方米以下的小（一）型水库4座，总库容920.2万立方米，正常库容711.85万立方米，灌溉农田1.25万亩。库容在10万立方米以上100万立方米以下的小

(二)型水库19座，总库容571.35万立方米，正常库容421.28万立方米，灌溉农田2.83万亩。2014年建成顺溪水库（中型水库），总库容4265万立方米，正常库容2341万立方米，灌溉农田4.7万亩。

在23座小（一）型、小（二）型水库中，经千库保安（除险加固）处理的16座，勘测设计均由平阳县水利水电勘测设计所完成，经主管单位审批纳入千库保安项目，采取招投标择优选用施工队伍，并全部纳入温州市小型水库规范化（达标）管理创建项目。

2000年以来建成的砼拱坝及砼灌砌块石拱坝有8座。

小型水库规范化（达标）管理创建项目内容：落实安全责任制、落实专管人员、落实管理经费、管护设施、确权划界、检查观测及维修养护、技术认定、编制应急预案等。

（一）小（一）型水库

2012年，全县小(一)型水库4座，总库容920.2万立方米，正常库容711.85万立方米，灌溉面积1.25万亩。

1. 黄坑水库

位于水头镇黄坑村，水库坝址以上集雨面积7.4平方千米，水库总库容360.5万立方米，正常库容298.85万立方米；大坝为黏土斜心墙堆石坝，最大坝高39米，防浪墙高1.2米，坝顶长106米，宽5米。溢洪道为侧槽开敞式，设在大坝右侧，进口宽30米，最大下泄流量250立方米/秒；发电隧洞位于放空洞右侧山体内，断面尺寸2.5米×2.5米，全长2.56千米，进口处配置一扇斜拉杆插板式闸门和一台10吨启闭力的电动启闭机。

工程于1978年12月动工，1979年12月大坝升高至8米，由于资金困难，1981年6月停建。1987年10月经省水利厅批准，恢复施工，1990年年底建成蓄水，1992年3月水电站投入运行。2007年6月，温州市水利局组织专家组对水库进行安全鉴定，结论为“三类坝”，需进行除险加固。2009年10月，浙江省水利厅批复同意黄坑水库保安工程初步设计。主要建设内容：

大坝加固工程 对距坝顶1.5米以内的土层更换黏土，在坝顶浇筑砼路面；迎水坡原为毛块石砌筑，改为方块石砌筑；拆除浆砌块石防浪墙，改为钢筋砼防浪墙；坝体与防浪墙之间的裂缝进行灌浆防渗加固。

溢洪道加固工程 对溢流堰进行固结灌浆加固，溢洪道边坡凿除风化石进行加固。

放水设施改建工程 对泄洪洞、发电隧洞和两个启闭机房进行修缮。

金属结构工程 对闸门及启闭设备进行除锈处理。

2010年4月7日开工，2011年12月30日完成主体工程，2012年4月16日完成全部工程。工程总投资465.81万元。瑞安市中源水利工程有限公司承建，陕西省安康市志通工程监理咨询有限公司监理。水库功能为防洪、灌溉和发电，灌溉农田5000亩，电站装机2×630千瓦。

黄坑水库为2012年温州市小型水库规范化（达标）管理创建项目，2012年11月通过温州市小型水库规范化（达标）管理创建验收小组验收。

2.鲤鱼田水库

位于山门镇晓阳村境内。坝址以上集雨面积29.66平方千米（其中跨流域引水面积3.36平方千米），水库总库容270.7万立方米，正常库容193.4万立方米，大坝为C15砼灌砌块石双曲拱坝，最大坝高38.5米，坝顶中心弧线长125米。水库泄洪采用坝顶溢流堰自由泄洪，最大下泄流量596.3立方米/秒，溢流孔净宽27米。发电隧洞布置在大坝上游100米处的右岸山体内，工作闸门为一扇1.6米×1.6米的方形插板门，配置一台CDS30T螺杆式启闭机。隧洞长3.23千米，采用DN1600的压力钢管与主隧洞相连，压力钢管长60米，直径1.1米。

2002年2月，温州市水利局批复了《平阳县鲤鱼田水电站初步设计报告》。同年6月2日开工，2003年12月17日大坝主体工程完成；2004年6月工程全部完成，同年12月31日通过水库蓄水阶段验收。由温州宏源水电建设有限公司承建，江苏九天工程顾问有限公司监理，工程投资428.8万元。

水库主要功能为发电，电站装机2×1600千瓦。

3. 白水漈水库（又称山坑水库）

位于顺溪镇吴垟与苍南县莒溪镇交界处。坝址以上集雨面积19.5平方千米，水库总库容164万立方米，正常库容136.6万立方米，大坝为C15细骨料砼灌砌石双曲拱坝，最大坝高39.5米，坝顶弧长84.96米。泄水建筑物为坝顶自由泄洪，溢流长37米。引水隧洞长1.2千米，位于大坝右岸，进水口为斜坡式，洞径1.5米。电站装机容量（2×500+1×320）千瓦。

白水漈水库为顺溪上游水电开发的龙头工程，是集防洪、灌溉、发电为一体的综合利用工程。1996年10月，县人民政府成立“平阳县吴垟山坑（白水漈）水库工程建设指挥部”，11月开工。1997年8月，县人民政府印发《平阳县吴垟山坑水库建设工程政策处理实施办法》。1998年6月，大坝筑高至25米时，白水漈电站开始装机发电，戈场桥和亩水田两座电站直接受益。是年9月，大坝筑高至27米时，一场暴雨使大坝过水，冲走右岸坝脚一块岩体，造成水库坝肩渗漏。对此，温州市水利电力勘测设计院进行加固设计，主要加固措施为：将大坝迎水面C20砼加厚；左岸坝端砼重力墩加厚加高；大坝左右岸基础防渗灌浆等。2000年9月完成加固工程，经蓄水试运行，水库工程符合设计要求，2001年4月通过加固工程竣工验收。水库由平阳县水利水电勘测设计所设计，福建省浦城水利水电建筑工程公司承建。工程总造价820万元（包括出险加固费用172万元）。根据平水电字〔95〕第81号“共同建设白水漈水库协调会议纪要”，三座水电站共同投资建设白水漈水库的出资比例为：白水漈水电站占51.7%、戈场桥水电站占35.1%、亩水田水电站占13.2%。

4. 后岙水库

位于昆阳镇后岙村。坝址以上集雨面积3.39平方千米，总库容125万立方米，正常库容83万立方米，灌溉农田7500亩。大坝为均质土坝，最大坝高11米，坝顶长320米，宽4米。溢洪道为正槽宽浅式，设在大坝右端山体，进口宽25米；输水涵洞为方形钢筋砼结构，洞口布置在大坝右岸，洞长70米，断面尺寸0.8米×0.8米，进水口为塔式，安装螺杆式启闭机。

水库于1958年1月开工，至1960年4月，共投工26.25万工，移民67户，淹地390亩，国家投资3万元。1960年春，在未开溢洪道情况下进行堵口，大坝被洪水冲开一个决口（长25米），冲失土方1.1万立方米。续建工程于1964年1月动工，历时22个月，再投工13.42万工，拆屋31间，用地37亩，国家投资12.5万元。1965年5月23日开始试蓄水，10月工程建成。1975和1980年除险加固。1985年11月至1986年1月，采用套井回填法，在大坝坝轴上再筑一道长100米、深14米的黏土截水墙，处理大坝渗漏。

2003年，列入浙江省千库保安工程实施建设项目。主要加固内容为：上下游坝坡、坝顶修整，封堵老涵洞，新建输水隧洞和管理房。由温州永成水利水电有限公司中标承建，中国水利水电第三工程局监理公司监理。工程于2004年1月5日开工，2005年4月完工，2008年4月2日完工验收。投资122.47万元，水库功能以防洪、灌溉为主，兼旅游。

后岙水库为2011年温州市小型水库规范化（达标）管理创建项目，同年11月通过温州市小型水库规范化（达标）管理创建验收小组验收。

2012年平阳县小（一）型水库情况

表5-1-1

水库名称	所在乡镇	集雨面积(平方千米)	坝型	坝高(米)	总库容(万立方米)	正常库容(万立方米)	灌溉面积(亩)	建成年月	千库保安年月
黄坑	水头镇	7.4	黏土斜心墙堆石坝	39.0	360.5	298.85	5000	1990年12月	2012年4月
鲤鱼田	山门镇	29.66	C15砼灌砌块石双曲拱坝	38.5	270.7	193.4	发电为主	2004年12月	新建
白水漈	顺溪镇	19.5	C15 细骨料砼灌砌块石双曲拱坝	39.5	164.0	136.6	发电为主	1998年6月	2000年9月
后岙	昆阳镇	3.39	均质土坝	11.0	125.0	83.0	7500	1965年10月	2005年4月
合计	4座				920.2	711.85	12500		

（二）小（二）型水库

至2012年，全县已建小（二）型水库19座，其中1989年后建4座，2007年后千库保安修建加固14座。总库容571.35万立方米，正常库容421.28万立方米，灌溉面积2.83万亩。

1. 石门水库

位于顺溪镇石柱村，坝址位于顺溪支流石门溪上游。坝址以上集雨面积11.57平方千米，水库总库容92万立方米，正常库容75万立方米。大坝为C15砼灌砌块石双曲拱坝，最大坝高37.2米，坝顶弧长116.94米，宽2.3米，坝底弧长46.7米。坝顶自由泄洪，溢流堰长42米。输水隧洞位于右岸山体内，长2.3千米。工程于2001年11月19日开工，2003年9月20日完工，2004年4月20日通过竣工验收，投资542万元。由平阳县水利水电勘测设计所设计，温州宏源水电建设有限公司承建。

水库主要功能为发电，装机容量（3×800+1×320）千瓦。

2. 泰丰水库

位于苍南县莒溪镇坳下村，是泰丰电站（原名平阳县白云水力发电站）的调节水库。坝址以上集雨面积13.98平方千米，水库总库容71.3万立方米，正常库容45.2万立方米。大坝为C15细骨料砼灌砌块石双曲拱坝，最大坝高28.6米，坝顶弧长94.5米，宽2米。采用坝顶开敞式溢流堰泄洪，溢流孔净宽36米。发电隧洞沿库区左岸布置至马鞍村，引水隧洞长2.8千米，断面形式为方形，尺寸2米×2米，设置一台螺杆式启闭机。

1999年3月8日开工，同年12月30日完工。2001年1月5日通过竣工验收。由苍南水利水电工程处施工，浙江水专工程建设监理公司监理，工程造价380万元。

水库主要功能为发电，装机容量2×800千瓦。

3. 岩庵水库

位于鳌江镇白水村，坝址以上集雨面积1.03平方千米，水库总库容61.1万立方米，正常库容47.5万立方米。大坝为均质土坝，最大坝高16.2米，坝顶长170米，宽3米。溢洪道为正槽开敞式，位于大坝左岸，进口宽11米。输水隧洞布置在大坝右岸山体内，为圆拱直墙式结构，断面尺寸1.8米×1.5米，洞长82.5米，配置一台螺杆式启闭机。

1957年12月动工，1958年7月竣工。20世纪80年代，岩庵水库曾整修溢洪道，加固迎水坡、背水坡，封堵涵洞进口段漏水，维修启闭机。1990年10月至1991年4月，拆除启闭机房，更新启闭机。1994年12月至1995年4月，溢洪道全面维修。1997年1至3月，涵洞进口处漏水，做了开挖处理。1998年8至9月，右坝体渗漏，做了开挖、回填处理。2003年，对坝内涵洞进行封堵，在坝体右侧的山体开凿隧洞，重建启闭机房。

2011年，列入浙江省千库保安工程建设实施项目。工程主要建设内容：坝顶及上下游坝坡修整，封堵原坝内涵洞，溢洪道导水墙、坝基防渗加固，设置水位及坝体观测设施，新建管理房。同年10月12日开工，2012年4月完工。由平阳县基础机井工程公司承建，浙江河口海岸工程监理有限公司监理，2013年1月通过完工验收。工程造价141.2万元，灌溉农田3000亩。

水库主要功能：提供生活和灌溉用水。

4. 仙岩水库

位于鳌江镇荆仙村荆溪山北麓，水库总库容50.29万立方米，正常库容42.5万立方米，坝址以上集雨面积1.3平方千米。大坝为均质土坝，最大坝高28米，坝顶长105米，宽4.5米，坝底宽75米。溢洪道为岸坡正槽开敞式，位于大坝左岸，进口宽12米。输水隧洞为城门洞型，采用塔式进水口，洞口布置在大坝左岸，洞长415米，开挖尺寸为1.8米×1.8米，采用一台DS15型手电两用螺杆式启闭机。

1957年6月动工，1961年5月建成蓄水。后经几次扫尾翻修、加固处理至1978年完成。水库列入2005年度浙江省千库保安工程建设实施项目，主要建设内容：坝顶、上下游坝坡加固与修整，封堵老涵洞，新建输水隧洞、管理房与上坝公路、坝基、坝体防渗加固。由温州宏源水电建设有限公司中标承建，中国水利水电第三工程局工程监理公司监理。工程于2006年2月开工，2007年2月通过完工验收，2008年1月竣工验收，造价200.7万元。水库功能以生活与工业用水为主，灌溉农田3000亩。

仙岩水库为2011年温州市小型水库规范化（达标）管理创建项目。

5. 渔池水库

位于萧江镇渔池村碓溪上游，坝址以上集雨面积0.47平方千米，水库总库容37.4万立方米，正常库容31.45万立方米。大坝为均质土坝，最大坝高22.3米，坝顶长87米，宽5米。溢洪道为正槽开敞式，位于大坝右岸，进口宽10米。输水隧洞布置在大坝右岸，型式为城门洞型，断面尺寸2米×1.8米，全长67米，配置一台斜拉杆式螺杆启闭机。

1957年11月动工，1958年6月竣工。1959年加固加高大坝，次年冬完工。1980年加固加宽溢洪道，1985年解决坝头漏水问题。

水库列入2007年度浙江省千库保安工程建设实施项目。工程主要建设内容：坝顶及上下游坝坡修整，坝基防渗处理，溢洪道加固，封堵原放水涵洞并改造输水隧洞，设置水位及坝体观测设施，新建上坝公路及管理房。由温州永成水利水电建设有限公司承建，浙江东洲建设监理咨询有限公司监理。2007年12月20日开工，2008年12月25日完工，2012年12月20日通过竣工验收。工程造价186.3万元，灌溉农田3600亩。

渔池水库为2012年温州市小型水库规范化（达标）管理创建项目。

6. 罗垟水库

位于鳌江镇罗垟村，坝址以上集雨面积0.56平方千米，水库总库容30.4万立方米，正常库容17.4万立方米。大坝为均质土坝，最大坝高12.5米，主坝坝顶长82米，宽7.5～10.3米，副坝坝顶长39米，宽20～21米。溢洪道为正槽开敞式，位于大坝右岸，进口宽4米。水库虹吸管型号为大禹牌DYH500，管道总长81.2米，内径0.5米，最大放空流量1.01立方米/秒。

1957年11月动工，1962年正式交付使用。水库列入2010年度浙江省千库保安工程建设实施项目，工程主要建设内容：主坝和副坝的坝顶、上下游坝坡加固与修整，封堵原放水涵洞，设置虹吸管，溢洪道导水墙（坝基、坝体）防渗加固，增加坝体及水位观测设施，新建管理房。由温州永成水利水电建设有限公司承建，陕西华源水利水电工程咨询公司监理。工程于2008年12月17日开工（先建设而后列入浙江省千库保安项目），2009年11月完工，2011年11月通过完工验收。投资164.7万元，灌溉农田800亩。

罗垟水库为2012年温州市小型水库规范化（达标）管理创建项目。

7. 老铜钿水库

位于昆阳镇民丰村，坝址以上集雨面积1.09平方千米，水库总库容28.94万立方米，正常库容20.08万立方米。大坝为均质土坝，最大坝高24.6米，坝顶长98米，宽5.5米。溢洪道为岸坡正槽开敞式，位于大坝右岸，进口宽8.5米。水库虹吸管为大禹牌DYH500真空虹吸管，管长152.7米，管径0.5米。

1957年10月动工，1959冬基本建成。水库列入2010年度浙江省千库保安工程建设实施项目。主要建设内容：上下游坝坡整修，溢洪道加固，封堵老放水涵洞并设置倒虹吸管，帷幕灌浆加固坝体。由平阳县基础机井工程公司承建，陕西安康市志通工程监理咨询有限公司监理。2008年11月10日开工（先建设而后列入浙江省千库保安项目），2010年4月15日竣工，2011年1月通过完工验收，投资244.7万元，灌溉农田400亩。

老铜钿水库为2012年温州市小型水库规范化（达标）管理创建项目。

8. 龙潭水库

位于萧江镇水港村，坝址以上集雨面积0.75平方千米，水库总库容24.61万立方米，正常库容22.25万立方米。大坝为均质土坝，最大坝高17.2米，坝顶长50米，宽3.8米。溢洪道为岸坡正槽式，位于大坝右坝头，进口宽11.92米。虹吸管为大禹牌DYH450，管径0.45米，最大流量0.79立方米/秒。

1974年1月动工，同年12月建成。水库列入2008年度浙江省千库保安工程建设实施项目。主要建设内容：坝顶及上下游坝坡修整，封堵老放水涵洞，新建输水隧洞、上坝公路及管理房；设置水位及坝体观测设施。由山东黄河工程局中标承建，浙江东洲建设监理咨询有限公司监理，2007年5月22日开工，2008年9月完工，投资122.45万元，灌溉农田4500亩。

水库功能：提供生活与工业用水，结合灌溉。

9. 凉头水库

位于顺溪镇凉头村，集雨面积7.5平方千米，坝高12米，调节库容7万立方米。大坝为浆砌块石重力坝，1993年兴建，1994年6月完工，工程总投资245万元。电站装机2×400千瓦，1995年10月投产发电。

1998年，由于坝面有渗水，对大坝加高（2米）、加固，库容23.65万立方米，正常库容14万立方米。2012年进行除险加固。主要内容：①对大坝上游右岸50米范围内坝肩道路进行加高，以达到防洪标准；②为了达到抗滑稳定的要求，对大坝进行加固；③更换现有闸门、拉杆和启闭机，并在放空洞进洞口增设闸门、拉杆和启闭机；④增设沉降、位移、水位观测设施；⑤对大坝渗漏进行处理并增建管理房。2013年完工，投资101.43万元。

水库功能：以发电为主。

10. 夹坑水库

位于鳌江镇溪头村，坝址以上集雨面积2.23平方千米，水库总库容23万立方米，正常库容15.6万立方米。大坝为均质土坝，最大坝高13.1米，坝顶长95米，宽5米。溢洪道为正槽开敞式，设在大坝左岸，进口宽为5.8米。输水隧洞布置在大坝左岸，马蹄形隧洞，断面尺寸1.8米×1.8米，洞长72米，配置一台斜拉式启闭机。

1957年11月动工，1958年1月竣工。1958年春出现一次洪水漫顶事故，坝身被冲开一个大缺口。同年冬重修大坝，开挖溢洪道（原溢洪道是临时的），至1959年9月竣工蓄水。水库列入2010年度浙江省千库保安工程建设实施项目，主要建设内容：坝顶及上下游坝坡修整，拆除原防浪墙并重新砌筑，坝体及坝基防渗处理，封堵老放水涵洞，溢洪道修整，设置水位及坝体观测设施，新建输水隧洞、上坝公路及管理房。2010年8月开工，2011年10月加固完成，2012年6月通过完工验收，投资218万元。由温州永成水利水电有限公司承建，浙江东洲建设监理咨询有限公司监理。水库功能：以灌溉为主，灌溉农田560亩。

夹坑水库为2012年温州市小型水库规范化（达标）管理创建项目。

11. 高城水库

位于山门镇石城村境内，大坝坝址位于怀溪流域石城溪上游。坝址以上集雨面积2.84平方千米，水库总库容20.5万立方米，正常库容18.7万立方米。大坝为C15细骨料砼灌砌块石双曲拱坝，最大坝高31米，坝顶弧线长105.5米。水库泄洪采用坝顶开敞式溢流堰，溢流孔净宽21米。

工程于1999年3月开工，因电站业主和当地少数村民矛盾激化，被迫停工。随后，县政府专门成立工作组进行协调，2000年下半年变更了电站业主和法人代表，工程重新开工。2003年8月，除大坝外其他工程基本完工；装机2×800千瓦。同月，县水利局同县供电部门对机电部分进行验收。之后，电站边发电边建设大坝，2005年10月工程完成。

2008年2月7日19时左右，高城水电站引水压力钢管与隧洞接口堵头里侧约2～3米处出现山体裂缝，致使隧洞内高压水流大量涌出。后由温州市水利水电勘测设计院对隧洞进行加固设计，2008年冬，加固工程竣工，工程投资192.53万元。

水库是一座以发电为主的高水头引水式小型电站。

12. 苍南水库

位于水头镇苍南村，坝址以上集雨面积2.11平方千米，水库总库容17.2万立方米，正常库容10.1万立方米。大坝为黏土心墙坝，最大坝高13.4米，坝顶长66米，宽6米。溢洪道为岸坡正槽开敞式，位于大坝右岸，进口宽7.5米。输水隧洞位于大坝左岸，进水口底板高程36.5米，洞长231米，断面尺寸1.8米×1.8米，斜坡式进水口，采用一台DS5型螺杆式启闭机。

1957年12月动工兴建，因工程质量差及溢洪道过窄，1959年遇大雨，垮坝失事，1966年开工复建，1968年3月竣工并交付使用。水库列入2004年度浙江省千库保安工程建设实施项目，主要建设内容：坝顶修整并增设防浪墙，浇筑砼路面，上下游坝坡护坡砌石翻拆重砌，封堵老涵洞并新建输水隧洞，拓宽溢洪道进水口。由苍南县新城水利水电工程有限公司承建，浙江东洲建设监理咨询有限公司监理。2005年9月25日开工，2011年12月通过完工验收，投资71.88万元。是一座以灌溉为主，灌溉农田4500亩。兼顾防洪、发电的水库。

苍南水库为2012年温州市小型水库规范化（达标）管理创建项目。

13. 龙潭背水库

大坝位于腾蛟镇龙潭背村，水库电站厂房位于腾蛟镇银坑村。坝址以上集雨面积5.05平方千米，水库总库容16.5万立方米，正常库容11.6万立方米。大坝为砼埋石单曲拱坝，最大坝高18.7米，坝顶中心弧线长42.4米。水库泄洪采用坝顶开敞式溢流堰，溢流孔净宽26.8米。引水隧洞全长460米，断面型式为城门洞型，设一手动控制闸门。压力钢管总长1505.8米，直径0.63～0.8米。1983年11月动工，1986年6月建成。

水库主要功能为发电。

14. 渔塘水库

位于萧江镇渔塘村合坑溪山脚，坝址以上集雨面积2.7平方千米，水库总库容15万立方米，正常库容10.5万立方米。大坝为均质土坝，最大坝高12.9米，坝顶长121米，宽4米。溢洪道为正槽开敞式，位于大坝左岸，进口宽为11米。虹吸管为大禹牌DYH400，管径0.4米（内径），管长136米，最大流量0.56立方米/秒。

1959年11月动工，1961年11月竣工。水库列入2007年度浙江省千库保安工程建设实施项目，主要建设内容为：坝顶及上下游坝坡修整，溢洪道加固，封堵原放水涵洞，设置真空虹吸管，坝体坝基防渗加固，新建上坝公路及管理房。由温州永成水利水电建设有限公司承建，浙江东洲建设监理咨询有限公司监理，2007年11月30日开工，2008年12月15日完工，2012年12月20日通过竣工验收。投资290.16万元。水库功能以灌溉为主，灌溉农田1500亩。

渔塘水库为2011年温州市小型水库规范化（达标）管理创建项目。

15. 草池水库

位于鳌江镇荆仙村，坝址以上集雨面积0.25平方千米，水库总库容14.05万立方米，正常库容9.36万立方米。大坝为均质土坝，最大坝高11.5米，坝顶长70米，宽3.5米。溢洪道为岸坡正槽开敞式，位于大坝左岸，进口宽5米。水库虹吸管为大禹牌DYH400真空虹吸管，管长66.6米，管径0.4米。

1956年10月开始兴建，1957年5月竣工。水库列入2008年度浙江省千库保安工程建设实施项目，主要建设内容：坝顶及上下游坝坡修整，封堵老涵洞并设置虹吸管，加高溢洪道导水墙，大坝坝体及坝基防渗加固。由开封黄河水利水电有限公司承建，重庆林欧监理咨询有限公司监理。2007年12月开工，2010年4月通过完工验收，投资92.75万元。

水库功能以灌溉为主，灌溉农田3000亩。

16. 吴岙水库

位于万全镇吴岙村，坝址以上集雨面积1.93平方千米，水库总库容13万立方米，正常库容5万立方米。大坝为均质土坝，最大坝高8米，坝顶长115米，宽6～7米，坝底宽76米。溢洪道为岸坡正槽式，位于大坝右坝头，进口宽16.5米。输水涵洞为城门洞型，洞口设在水库左岸，洞长139米，开挖尺寸为1.8米×1.8米，采用一台DS5螺杆式启闭机。

始建于1958年6月，竣工于1961年7月。水库列入2004年度浙江省千库保安工程建设实施项目，主要建设内容：坝顶整修，上、下游护坡翻修，封堵老涵洞，新建输水隧洞和管理房，溢洪道重新设计建造。由温州永成水利水电公司中标承建，中国水利水电第三工程局工程监理公司监理。2005年10月开工，2006年12月完工，2008年9月竣工验收。投资105.49万元。水库功能以灌溉为主，灌溉农田900亩，兼顾防洪。

吴岙水库为2011年温州市小型水库规范化（达标）管理创建项目，同年11月通过温州市小型水库规范化（达标）管理创建验收小组验收。

17. 杨文广坦水库

位于鳌江镇西塘村，坝址以上集雨面积0.25平方千米，水库总库容11.5万立方米，正常库容7.9万立方米。大坝为均质土坝，最大坝高15.5米，坝顶长51米，宽3.5米。溢洪道为正槽开敞式，位于大坝右岸，进口宽5米。输水隧洞布置在大坝左岸山体内，断面型式为城门洞型，洞径1.8米，洞长162米，配置一台DS15螺杆式启闭机。

1957年动工，1958年大坝工程过半时暂停，1959年续建完工。水库列入2012年度浙江省千库保安工程建设实施项目，主要建设内容：坝顶及上下游坝坡修整，封堵原坝内涵洞，溢洪道导水墙加固，设置水位及坝体观测设施，新建输水隧洞、上坝公路及管理房。由温州市丰源水利水电工程有限公司中标承建，宁波凌丰工程监理有限公司监理。2011年10月25日开工，2012年12月完工，投资261.23万元。

水库的功能以灌溉为主，灌溉农田1500亩，兼顾防洪。

18. 外龙水库

位于鳌江镇南麂外龙，是南麂供水工程的主要组成部分。坝址以上集雨面积0.5平方千米，总库容10.61万立方米，正常库容9.69万立方米。大坝为浆砌块石单曲拱坝，最大坝高16米，坝顶弧中心线长156.2米。水库泄洪采用坝顶开敞式溢流堰溢流，溢流孔净宽25米，大坝放水口孔径0.6米。由平阳县水利水电勘测设计所设计，杭州康宏市政工程有限公司施工。2001年开工，2003年建成并投入运行，投资527万元。

水库主要功能为提供生活用水。

19. 大硐垟水库

位于萧江镇硐垟村，坝址以上集雨面积0.25平方千米，水库总库容10.3万立方米，正常库容7.45万立方米。大坝为黏土心墙坝，最大坝高16.32米，坝顶长48米，宽3.5米。溢洪道为岸坡正槽开敞式，位于大坝右岸山体内，进口宽3.4米。虹吸管为大禹牌DYH450，管径0.45米，最大流量0.79立方米/秒，沿大坝坝面布置。1957年2月动工，1959年竣工。

水库列入2008年度浙江省千库保安工程实施建设项目，主要建设内容：上、下游坝坡加固，坝顶修整，坝体、坝基防渗处理，封堵老放水涵洞，设置真空虹吸管，新建管理房。2007年5月18日开工，2008年9月25日完工。投资110.54万元。

水库功能以灌溉为主，灌溉农田1000亩。

2012年平阳县小（二）型水库情况

表5-1-2

水库名称	所在乡镇	集雨面积(平方千米)	坝型	坝高(米)	总库容(万立方米)	正常库容(万立方米)	灌溉面积(亩)	建成年月	千库保安年月
石门	顺溪	11.57	C15砼灌砌块石双曲拱坝	37.2	92.0	75	发电为主	2003年9月	新建
泰丰	苍南莒溪	13.98	C15细骨料砼灌砌块石双曲拱坝	28.6	71.3	45.2	发电为主	2001年1月	新建
岩庵	鳌江	1.03	均质土坝	16.2	61.1	47.5	3000	1958年7月	2012年4月
仙岩	鳌江	1.3	均质土坝	28.0	50.29	42.5	3000	1961年5月	2007年2月
鱼池	萧江	0.47	均质土坝	22.3	37.4	31.45	3600	1958年6月	2008年12月
罗垟	鳌江	0.56	均质土坝	12.5	30.4	17.4	800	1962年	2009年11月
老铜钿	昆阳	1.09	均质土坝	24.6	28.94	20.08	400	1959年	2011年1月
龙潭	萧江	0.75	均质土坝	17.2	24.61	22.25	4500	1974年12月	2008年9月

续表5-1-2

水库名称	所在乡镇	集雨面积(平方千米)	坝型	坝高(米)	总库容(万立方米)	正常库容(万立方米)	灌溉面积(亩)	建成年月	千库保安年月
凉头	顺溪	7.5	浆砌块石	12.0	23.65	14.0	发电为主	1994年6月	2013年
夹坑	鳌江	2.23	均质土坝	13.1	23.0	15.6	560	1958年1月	2011年10月
高城	山门	2.84	C15砼灌砌块石双曲拱坝	31.0	20.5	18.7	发电为主	2005年10月	新建
苍南	水头	2.11	粘土心墙坝	13.4	17.2	10.1	4500	1968年3月	2011年12月
龙潭背	腾蛟	5.05	砼埋石单曲拱坝	18.7	16.5	11.6	发电为主	1986年6月	新建
渔塘	萧江	2.7	均质土坝	12.9	15.0	10.5	1500	1961年11月	2008年12月
草池	鳌江	0.25	均质土坝	11.5	14.05	9.36	3000	1957年5月	2010年4月
吴岙	万全	1.93	均质土坝	8.0	13.0	5.0	900	1961年7月	2006年12月
杨文广坦	鳌江	0.25	均质土坝	15.5	11.5	7.9	1500	1959年	2012年12月
外龙	鳌江	0.5	浆砌块石单曲拱坝	16.0	10.61	9.69	供水	2003年	新建
大硐垟	萧江	0.25	黏土心墙坝	16.3	10.3	7.45	1000	1959年	2008年9月
合计					571.35	421.28	28260		

（三）顺溪水利枢纽工程

位于鳌江干流上游河段，由顺溪水库工程和顺溪水电站两部分组成。顺溪水库坝址在顺溪镇百僧堂上游500米处，距平阳县城54.5千米；顺溪水电站在坝址下游约1千米的河道右岸。工程的功能以防洪、供水、灌溉为主，结合发电。顺溪水库坝址以上集雨面积92.3平方千米，混凝土拱坝高101米，水库正常水位175米，总库容4265万立方米，正常库容2341万立方米，防洪库容2500万立方米，调节库容1917万立方米，灌溉、供水库容885万立方米。水电站装机容量2×5000千瓦，设计多年平均发电量1866万千瓦时。

顺溪水利枢纽工程列入县"九五"社会发展计划。2009年12月31日，工程初步设计得到省发改委批复（浙发改设计〔2009〕195号）。同时涉及的11项专题报告（地质灾害评估、矿产压覆、地震安全评价、使用林地审核、选址规划许可、土地预审、水资源论证、水保、移民安置规划大纲、移民安置规划、环评等）已全部完成审批备案。2010年3月28日，顺溪水利枢纽主体工程举行开工典礼（2014年5月28日顺溪水利枢纽工程下闸蓄水）。工程建成后，可减轻鳌江中下游的洪涝灾害，保护人口14.5万人、农田8万亩，灌溉农田4.7万亩；并提高顺溪、南雁、水头、萧江、鳌江等地的供水保证率。参见"专记·平阳县顺溪水利枢纽工程"。

附：停建水库纪略。

1. 南雁水库

位于水头镇蒲潭垟村。集雨面积400平方千米，初步设计坝高44米，库容3.3亿立方米，库内面积21.5平方千米。淹没耕地1.31万亩，移民4437户，拆屋7201间，工程量土方257.79万立方米、石方33.21万立方米。水库如完建，可根治北港地区的洪涝灾害和灌溉下游农田7万亩，发电装机容量1.05万千瓦。

1958年10月，平阳县人委向温州专署上报了技术设计书。同年冬调集数千名民工上工地。历时一冬春，清理坝基，修筑运输道路和开挖隧洞等，共投工36.5万工。该库因省委未批，于1960年冬停建。

2. 梅源水库

位于鳌江镇曹堡村。集雨面积26.5平方千米，初步设计坝高23.5米，库容2000万立方米，工程量土石方52.7万立方米。1959年10月上报设计书，11月开始动工。到1960年汛期前，共投工75万工，大坝填高至15米，挖成125米的隧洞在砌石，完成4孔泄洪闸的基础开挖任务。5月，进行堵口，遇大雨，洪水冲毁堵口段土方1万余立方米。6月，县委指示暂停。后数次要求续建，上级未批。

3. 湖窦水库

位于腾蛟镇湖窦村。集雨面积14平方千米。1958年9月设计，坝高32.5米，库容688万立方米，灌溉下游农田1.8万亩，拆迁房屋243间。水库于1958年冬动工，到1960年春，共投工17万工，完成大坝的清基工作，并筑坝长80米，高3～4米，开挖放水涵洞100多米。1960年8月，桥墩水库出险，工程暂停。是年冬，根据中央指示精神，对平调劳力作退赔、兑现处理，遂不再续建。

4. 山门水库（又名维新水库）

于1976年成立“平阳县山门水电工程指挥部”。水库坝址位于维新乡，集雨面积35.3平方千米。坝型为斜心墙土石混合坝，坝高54.5米，库容1500万立方米，装机容量2×2500千瓦，设计年发电量1620万千瓦时，投资概算1152万元（1978年）。工程设计于1978年1月上报，同年春，发电隧洞进行开挖；至冬，因工程不具备条件而停工。

二、山塘

蓄水量在1～10万立方米的山塘有63座。蓄水量198.98万立方米，灌溉农田1.31万亩，养鱼280亩。

蓄水量在1万立方米以下山塘25座，分布在昆阳镇4座，鳌江镇7座，萧江镇1座，水头镇3座，腾蛟镇5座，顺溪镇1座，山门镇3座，青街乡1座。

2012年平阳县蓄水量1万～10万立方米山塘情况

表5-1-3

序号	流域	名称	集雨面积(平方千米)	坝高(米)	蓄水量(万立方米)	灌溉面积(亩)	可养鱼面积(亩)
1	万全河网	蒙垟	0.45	8.5	7.8	200	25.6
2		外庵	0.06	8.9	1.3	100	4.9
3		黄山头1	0.12	10.0	1.0	80	2.6
4		黄山头2	0.08	8.05	1.5	50	5
5		走马灯	0.76	9.4	2.3	20	0
6	梅溪	梅里	0.32	11.0	6.4	560	21.5
7		万安	3.95	11.5	2.3	300	7.1
8		山碧	0.14	13.0	2.1	150	6.2
9		大坪	0.54	11.0	1.6	50	4.3
10		和平	0.16	11.0	1.5	120	4.2
11		斗联	0.95	9.0	3.5	100	4.5
12		解元	1.0	12.0	4.0	300	0
13		金山	0.8	12.0	2.5	100	0
14		赤溪口	1.8	6.0	3.0	150	0
15		三元	0.36	12.6	3.1	300	13.1
16		呑底	5.4	11.0	2.7	350	5.07
17		岭根	7.3	13.0	5.0	200	0
18		大坑	1.2	16.0	5.0	300	0
19		坑底	0.67	14.0	2.1	150	5.5
20		七星	0.31	11.0	1.9	265	9
21		重阳	0.25	8.5	1.9	300	11
22		顺利	0.94	7.3	1.6	120	7.6
23		四脚亭	0.67	10.0	1.5	300	4.3
24	小南河网	少垟	0.39	11.5	1.0	30	3.1
25		池井	0.2	9.0	5.5	1000	15
26		水门	0.18	6.0	1.0	1200	3.7
27		岗山	1.4	19.0	4.0	450	13.8
28	萧麻河网	桃源	1.46	15.0	7.4	1000	13.1
29		白岩	2.7	16.5	3.2	2500	6.3
30		丰泉	0.5	10.0	2.7	/	8.9
31		丰林	0.14	18.0	2.6	/	5.5

续表5-1-3

序号	流域	名 称	集雨面积（平方千米）	坝 高（米）	蓄水量（万立方米）	灌溉面积（亩）	可养鱼面积（亩）
32	萧麻河网	塔 下	1.2	8.5	2.4	400	11.5
33		十二坑	1.2	15.0	3.1	/	3.6
34		枫 林	0.05	8.0	1.5	200	5
35		鳌 寒	0.02	2.7	2.0	300	0
36		东 阳	0.08	2.7	1.0	150	0
37	南湖	新 东	0.67	9.5	1.5	300	4.2
38		赤 岭	2.4	7.2	2.5	30	0
39	凤卧溪	内 塘	4.0	20.8	5.5	0	0
40	带溪	蔡 垟	4.0	7.0	5.0	/	0
41		状元内	1.47	10.0	2.4	300	11
42		瑞 源	2.4	12.5	2.2	/	0
43		桐 桥	2.3	8.0	3.0	/	0
44		大 岭	3.5	13.0	2.2	0	0
45		垟 尾	2.4	7.5	1.5	/	0
46		横 溪	3.33	12.5	5.5	/	0
47		五 兴	2.45	18.4	4.36	0	0
48	顺溪	南 漈1	4.5	12.0	4.3	0	10
49		戈场桥	33.0	9.0	1.0	0	0
50		亩水田	39.0	11.0	8.0	0	0
51		南 漈2	6.5	13.0	3.5	0	0
52		富 溪	1.1	10.0	1.0	0	0
53	怀溪	大 坑	2.67	15.0	2.28	0	0
54		大龙山	3.27	15.8	5.74	0	0
55		石牛坑	4.0	14.9	7.1	0	0
56		八 亩	2.5	12.0	6.0	500	8
57	岳溪	山 门	41.0	6.0	1.0	0	0
58		徐 垟1	3.28	5.0	3.0	0	0
59		徐 垟2	5.2	6.0	1.8	0	0
60		徐 岳	7.0	8.0	2.9	0	0
61		岳 粟	45.0	7.0	2.0	0	0
62	青街溪	九 岱	1.29	12.0	8.0	100	10.5
63		贡 后	0.37	10.0	2.7	100	5
合 计					198.98	13125	279.67

第二节　引供水工程

一、平阳引供水工程

1965年，鳌江镇建成自来水厂，1985年、1986年，水头、萧江镇先后建成自来水厂。1997年12月，平阳引供水第一期工程开工，2002年竣工（共投资1.52亿元），2003年首先供水到鳌江水厂，之后，分别为水头、腾蛟、萧江、麻步、桃源、钱仓、夏桥等自来水厂供水。2012年日供水7.4万吨，供水服务人口40多万人。

（一）工程概况

平阳引供水工程是县委、县政府为解决鳌江沿岸30多万群众饮用水困难的一项重要工程。工程初步设计由浙江省计划与经济委员会于1998年12月25日批准。

工程设计规模为日供水14.8万吨，分两期实施。一期为日供水7.4万吨，投资1.52亿元。由水源工程和输水工程两大部分组成。水源工程拦水堰坝位于南雁镇的五十丈，由集水廊道、取水口、防渗墙、水泵井、闸阀井、计量井及堰顶的自动翻板闸门组成。输水工程由隧洞工程和管道工程组成，从矾岩五十丈水源工程至终点鳌江水厂，途径南雁、水头、南湖、麻步、桃源、萧江、钱仓、鳌江等地，总长32.39千米。其中隧洞11条，长19.16千米；管道12段，长13.23千米。

隧洞形式为马蹄形，高2.5米，宽分别为3米和2.5米。石质较差地段及进出口用钢筋砼衬砌，厚0.3至0.4米。管道直径1.2米，压力钢管壁厚12毫米，细筋砼压力管直径1米。管道沿途有南湖、树贤、桃源3条管桥，南湖、钱仓2条倒虹吸管，以及排气阀、检修井等建筑物。

工程由中国市政工程东北设计研究院设计，长江水利委员会计划局监理公司监理。水源工程由温州龙湾市政总公司施工，管道工程由吉林省管道安装总公司施工，隧洞工程由温州二井公司等八家企业施工。1997年12月16日开工，2002年4月竣工，12月试通水成功；2003年9月正式供水到鳌江水厂，10月通过竣工验收。

（二）供水情况

现有供水大户为鳌江、水头、萧江、麻步自来水厂及桃源、钱仓、夏桥等农村小型自来水厂。年供水量2008年2240万吨，2012年2740万吨（包括三座小型水厂）。日均供水量6.5万～7万吨，夏季日用水高峰期达到7.9万吨。

2012年鳌江水厂年供水量1202万吨，日均供水量3.2万～3.5万吨。水头水厂年供水量767万吨（包括部分供水到腾蛟），日均供水量2万～2.2万吨。萧江水厂年供水量515万吨，日均供水量1.5万吨左右。麻步水厂年供水量103万吨，日均供水量0.24万吨。

（三）管理机构的沿革

工程原由平阳新纪元有限公司董事长尤建华为投资业主，进行工程勘测、设计、报批等前期工作。1997年12月成立“平阳县引（供）水工程建设指挥部”，负责工程的实施，指挥部与新纪元公司为两块牌子一套人马。

1999年年初，由平阳县国有资产投资有限公司与新纪元有限公司共同出资组建“平阳县国华引（供）水有限公司”，共同负责工程建设与管理。2004年底，县国有资产投资有限公司控股，新纪元公司退股。2005年1月，公司更名为“平阳县国安引水有限公司”，由国有投资有限公司全资经营、管理。

二、珊溪水利枢纽平阳城区引供水工程

水源地为珊溪水库，由赵山渡引供水工程南干渠北山取水口供水。

2005年年初，平阳城区片珊溪引供水工程（平阳第三水厂）开工，工程起

点于平阳县昆阳镇溪坑店村北山取水口。在完成泵房、变配电间和输水管线等工程后，于2006年1月25日正式通水，整个工程于2010年6月正式投产使用。2012年，DN100以上管道长167千米，管线东至宋埠，南至务垟，西至水亭，北至郑楼，供水规模为5万吨/日，供水范围包括昆阳镇、万全镇、滨海新区，供水服务人口约30万人。

三、珊溪水利枢纽平阳、苍南县引水一期工程

水源地为珊溪水库，由赵山渡引供水工程南干渠北山取水口供水。

工程起点于平阳县昆阳镇溪坑店村北山取水口，通过北山箱涵引水至提水泵站，提水泵站将水提升至公公尖隧洞进口，在交剪岩隧洞出口敷设供水管接线段向平阳县鳌江镇供水；在南山下隧洞出洞后，通过鳌江过江顶管向苍南县龙港镇及江南垟片供水。中远期满足苍南县江南垟片与平阳县鳌江镇40万人的生产、生活用水需要。

工程等别为Ⅲ等，相应提水泵站、引水隧洞和管道等级为3级建筑物，其中引水隧洞和管道防洪标准为20年一遇设计，50年一遇校核，泵站为30年一遇设计，100年一遇校核。引水线路中隧洞长13.5千米，钢管长6.4千米。一期工程设计引水流量2.2立方米/秒，引水入鳌江水厂5万立方米/日，龙港水厂10万立方米/日。2009年1月9日举行开工典礼，3月全面开工建设，2012年11月实现全线通水，并向龙港水厂试供水。由于供水价格原因，龙港水厂和鳌江水厂未能按原签订的协议受水，工程至今未正式运行。根据温州市政府常务会议纪要（〔2013〕2号），工程将整体出让移交给苍南和平阳两县。

工程概算投资3.41亿元，建设资金由项目法人温州市水利投资开发有限公司投入。

第三节　农村安全饮用水工程

1981～1990年，全县实施农村改水。一是改造非管道供水5019处(其中大口井720处，小口井2231处，老井沿用299口，水泵提水1756处，山坑引水13处)；二是埋设供水管道331处（其中水塔式管道供水54处，铺设管道引流274处，泵站3处）。1991～2000年，全县农村改水投入8000万元，新建自来水厂（站）460座，农村自来水受益率达85.01%。2004至2009年12月，建设了189个村27万人的安全饮用水工程，投资0.76亿元。2010至2012年12月底，投资2.03亿元，其中自筹资金1.15亿元，国家补助0.88亿元，完成400个村的饮用水安全工程建设，解决了46.5万人的饮用水安全问题。

一、水头镇鹤溪农村饮用水工程

2009年，鹤溪社区（平原片7个村，山区片3个村）列入“扩大内需中央投资项目——农民饮用水工程”项目。工程总体分两部分进行，一是主管网工程，主管道从水头水厂腾蛟南陀接水点经凤巢到鹤溪，全长8.9千米，工程造价600万元；二是村内管网及供水工程，包括平原7个村的村内支管网及3个山区村的自建水源和管网工程，工程造价210万元。

工程于2011年12月完工，总投资810万元，解决1.16万人饮用水困难。

二、山门镇怀溪农村饮用水工程

怀溪安全饮用水工程涉及金溪、垟底、南山垟、畴垟、畲龙、垟边等6个行政村，2201户8961人。工程分三个水源地供水：一为大龙山水源地，供应金溪、垟底。二为上方山水源地，供应畲龙、畴垟、垟边。三为天长坑水源地，供应南山垟村。净水设施采用重力式无阀滤池，根据用水量，金溪、垟底村建设1个200吨蓄水池；垟边、畴垟、畲龙村建设1个200吨蓄水池；南山垟村建设2个150吨蓄水池。工程于2011年12月竣工验收，投资263万元。

三、萧江镇塘北农村饮用水工程

为省重点民生工程项目，涉及萧江镇塘北片12个村安全饮用水。工程有主管道安装、备用水源建设、老水厂翻修、村网土建（包括无负压泵房）等。2011年11月14日，经县水利局、麻步水厂、县改水办等部门验收合格。工程水源地为南雁五十丈水源，经输水管到麻步水厂，水厂处理后供应给村民使用，解决12150人饮用水困难，投资569.6万元。

四、梅源、桃源农村饮用水工程

2009年，梅源、桃源农村饮用水工程列入《平阳县千万农民饮用水工程实施计划》，工程总投资430万元（中央资金96万元，省补助资金76万元，县配套资金77.4万元，乡村农户自筹资金180.6万元）。

鳌江镇梅源部分涉及梅源、山平田、解元、七星等4个村，工程于2011年12月完工。各村均从各自山中水源地取水，自建供水站。投资239.6万元，解决7469人饮用水困难。

萧江镇桃源部分涉及桃岭、硐垵、兴源等三个村，2009年开始实施，2011年12月竣工验收并通水使用。各村均从各自山中水源地取水，自建供水站，投资190.4万元。解决3700人饮用水困难。

五、腾蛟镇凤巢农村饮用水工程

2008年经县发改局批复，报省水利厅立项。工程涉及山边、溪头街、凤巢、洞桥头、伍岱、大岭、联合等7个村。2008年12月开工，2012年年底完工。各村均从各自山中水源地取水，自建供水站。其中山边村、溪头街村由于缺少水源地，改从腾蛟水厂接水。投资415万元（其中省补助资金166万元，县配套资金70万元），解决1.05万人的安全饮水问题。

六、鳌江镇梅溪农村饮用水工程

梅溪农村饮用水工程，于2010年由县发改局立项，是省千万农民饮用水工程项目之一，涉及梅溪社区联丰、书阁、风尾山、山碧、梅里、包岙内、万安、清桥、溪头等9个行政村，2010年开工（2013年年底完工），投资540万元（其中省补助资金216万元）。各村均从各自山中水源地取水，自建供水站。解决了1.62万人的饮水安全问题。

七、山门镇悦来、西山村农村饮用水工程

2008年经县发改局批复后报省水利厅立项。工程于2008年12月开工，2012年年底完工。投资137万元（其中省补助资金27万元，县配套资金10万元）。各村均从各自山中水源地取水，自建供水站。解决1723人的饮水安全问题。

八、山门镇晓坑农村饮用水工程

2008年经县发改局批准上报省水利厅立项。供水范围包括晓坑、高堡、杭

坑、黄施岙、法洪等村。工程投资443万元（其中省补助资金125万元，县配套资金26万元）。于2008年12月开工，2012年年底完工。各村均从各自山中水源地取水，自建供水站。解决了9638人的饮水安全问题。

第四节　灌溉工程

灌溉工程有北港引水工程、山门引水工程、平阳隧洞引水工程、引水堰坝工程及万全河网补水工程。

一、北港引水工程

北港引水工程，是目前县内最大的引水工程。1962年开始规划设计，1964年12月动工，1966年完成主体工程，然后进行南、北灌区引水渠道等配套工程，至1983年才全部竣工，建设历时20年。

枢纽工程主要建筑物：

堰　坝　位于水头镇蒲潭垟村，全长293米。坝体为黏土截水墙，在截水墙前设置引水廊道，长310米。30多年来，蒲潭垟引水堰坝经过多次过水，流量、流速均较大，对下游溪床造成很大冲刷。部分洪水则直接从无消能设施的左岸挡水坝过水，堰坝下游坝址被冲刷掏空严重。针对堰坝的病险状况，平阳县水利水电勘测设计所进行维修加固设计。维修加固的主要措施：①在200米长的左岸挡水坝下游增设消力池、海漫、防冲槽等防冲设施；②左岸溪堤采用浆砌块石挡墙保护；③对左岸原干砌块石堰顶，采用C20混凝土灌缝；④左岸下游坝坡浇筑混凝土护面；⑤截水墙与排筏道的倒塌部位，用M7.5浆砌块石修补；⑥对右岸溢流坝中间掏空造成的损坏部分加以清除，再用C20混凝土重新浇筑；⑦对右岸溢流坝末端护坦部位，采用浇筑混凝土齿墙处理。维修工程于2001年2月1日开工，11月30日完工，投资222.1万元。完成砂砾石开挖和回填2.31万立方米、砌石0.18万立方米、使用砼0.48万立方米、钢筋66.7吨。

蒲潭垟堰坝下游护坦维修工程于2011年2月16日开工，4月8日完工，施工单位为温州宏源水电建设有限公司，造价87.1万元。

引水渠道　由南北两条干渠组成灌溉系统，干渠总长20.4千米。分南、北两大灌区。北灌区干渠长17千米，引水流量2.5立方米/秒。自水头镇溪心蒲潭垟（渠首）引水开始，至树贤止，灌溉农田2.5万亩。南灌区干渠长3.4千米，引水流量2立方米/秒，水流自渠首向南行，灌溉小南、南湖农田1.5万亩。汤家岭水电站，装机容量1×75千瓦。工程共投工126万工，完成土石方90万立方米，投资170万元。工程建成以后，南北灌区干、支渠所经之处，大部分农田实现了自流灌溉，抗旱能力从原来的10天提高到50天。

北干渠列入2005年国家农业综合开发平阳县北港2.5万亩低产田改造项目。由平阳县基础机井工程公司中标承建，2006年6月20日动工。施工项目有新建输水支渠400米；改建维修总干渠14千米，输水管道2.3千米；安装管道阀门80个；改建节制闸18座，分水闸30座。新建提水泵站2座，机埠1处；加固拦水堰坝65米；改建廊道进水口一处，改建输水渠北渠首进水闸一座；清淤渠道15千米。工程于2007年7月20日竣工验收，总造价765.89万元。

南干渠一直无大修。

二、山门引水工程

山门引水工程建于1965年，堰坝长130.4米。引水渠道自山门大桥至东屿，长4.24千米；支渠四条，长1.5千米。引水灌溉山门镇最大平原——东屿垟农田，灌区范围包括西山、建屿、屿边、丁水溪、邓家、坑东、亭后、水门头、高墩等村。受益耕地6752亩，其中水田4729亩，农田的抗旱能力从15天提高到45天。

受2005年第5号台风“海棠”和第13号台风“泰利”的影响，山门灌区一桥堰坝（引水工程的取水口）大部分被冲毁，左岸防洪堤被冲毁16米，严重威胁着山门一桥的安全。2005年10月，平阳县水利水电勘测设计所完成维修加固初步设计。维修加固工程项目：堰坝上游护坦长9.45米，采用C15砼灌砌块石，厚度为0.4米。溢流面护坡采用C15灌砌块石，厚度为0.45米，长8.5米，内设C25钢筋砼框格加固。下游护坦采用C25砼灌砌，厚度为0.35米，长16.4米，内设C25钢筋砼框格加固。防渗墙采用C25钢筋砼结构，厚0.25米，高3米，长130.4米。为了增加山门灌区供水量，将透水廊道延长85米，净宽1米，高1.7米。加固防洪堤长16米，墙身采用M7.5浆砌块石砌筑，且设置三排直径5厘米的排水管，C20砼压顶，厚0.15米，迎水坡表面采用M7.5砂浆勾凸缝。为减少水流对堤脚的冲刷，堤脚地梁采用C25钢筋砼结构，断面0.35米×0.6米。工程于2005年12月开工，2006年4月完工，完成投资91.45万元。

为进一步对灌区进行全面节水配套改造，平阳县水利水电勘测设计所于2006年1月完成初步设计，后施工改造渠道2.98千米，其中东屿主干渠2.78千米，亭后分干渠203米，新建水闸3座、倒虹吸1处等。工程于2008年完成，投资93.5万元。扩大灌溉面积0.1万亩，改善灌溉面积0.45万亩，干渠渠系水利用系数由原来的0.6提高到0.75，灌溉保证率由不足75%提高到90%。

三、平阳隧洞引水工程

隧洞开挖工程于1978年12月动工，1979年6月完工。进口在城西水塔村，出口在九凰山南坡与流水坑之间。洞长1.6千米，断面3米×2.5米，为马蹄形。开挖土石方2.72万立方米，其中进出口明挖1.4万立方米，洞挖1.32万立方米。投工9.15万工，其中技工3.9万工，普工5.25万工。

配套工程于1979年9月开工。一是开挖上下游引河长730米，上游河面宽12米，下游河面宽16米。二是在上下游引河上建拖拉机桥一座，长16米；公路交通桥2座；人行桥一座，长16米。三是在隧洞出口处建控制闸一座。

隧洞引水工程，投资95.72万元，投入民工7万工，征地50亩，开石方1.7万立方米，砌石0.35万立方米，挖土3万余立方米。全部工程于1985年5月竣工。

工程是为解决鳌江北片平原5.8万亩农田缺水现状，提高抗旱能力和沟通万全、鳌江水系而建造的。

四、引水堰坝工程

1989～2012年，共新建、修建堰坝198座，引水灌溉农田7.77万亩，保护桥梁24座，保护堤防34条，供城镇消防用水2处。

1989～2012年平阳县新建修建堰坝汇总

表5-4-1

所在乡镇	所在溪流	堰坝数（座）	灌溉面积（亩）	备　注
顺溪镇	顺　溪	4	0	保护桥梁1座、保护堤防3处
青街乡	青街溪	8	840	保护桥梁3座、保护堤防1处、消防用水1处
南雁镇	鳌　江	7	2195	
山门镇	怀　溪	43	11300	保护桥梁3座，保护堤防20处
水头镇 小计84座， 灌溉52885亩	闹村溪	32	3340	保护桥梁2座，保护堤防2处
	凤卧溪	26	2875	保护桥梁9座，保护堤防3处
	鹤　溪	20	5620	保护桥梁4座，保护堤防1处
	南　湖	5	1050	
	鳌　江 (蒲潭垟)	1	40000	北港引水工程渠首堰坝
腾蛟镇	带　溪	40	7540	保护桥梁2座，保护堤防4处，消防用水1处
萧江镇	东坑溪 岙底坑溪	2	1000	
鳌江镇 小计10座， 灌溉1980亩	梅　溪	8	1610	
	墨城溪	2	370	
合计		198	77740	

1989～2012 年平阳县新建和修建堰坝统计

表 5-4-2

所属乡镇（村）		堰坝名称	所属河流	堰坝断面		受益农田（亩）	建成时间	修(重)建时间（年）
				长（米）	高（米）			
顺溪镇	余思坑	余思坑	顺溪	32	2.2	保护堤防		2001
	上顺溪	顺溪	顺溪	120	1.6	保护桥梁、民房	70 年代	2006
	溪北	溪北	顺溪	110	1.2	保护堤防、民房		2007
	溪南	溪南	顺溪	67	2.1	保护堤防		2012
	小计		4 座					
青街乡	十五亩	十五亩	青街溪	33	2.25	保护堤防		2006
	青街	青街	青街溪	38	1.5	城镇消防	解放前	2009
	太申	太申	青街溪支流	30	2.0	保护桥梁	60 年代	2005
	太申	月笔桥	青街溪	35	2.1	保护桥梁、民房		2003
	睦源	青街老堰坝	青街溪	22	1.8	保护桥梁、民房		2009
	睦源	睦源	青街溪	35	1.3	120		2007
	垟心	垟心	青街溪	40	2.3	500	50 年代	2003
	章山	章山	青街溪	50	1.5	220	解放前	1989
	小计		8 座			840		
南雁镇	堂基	苔湖电站	顺溪	165	1.8	电站进水口		2004
	双旺	矾岩电站	顺溪	200	1.7	电站进水口		1998
	溪南	溪南	顺溪	150	1.25	570	60 年代	2006
	笠湖	笠湖	顺溪	175	1.5	950	70 年代	2008
	周岙	周岙	青街溪	40	1.8	380	60 年代	2010
	周岙	周岙 1	青街溪	40	1.3	70		2006
	周岙	周岙 2	青街溪	43	1.4	225	60 年代	1990
	小计		7 座			2195		
山门镇	西垟亭	章坑	怀溪	22	1.0	保护堤防	60 年代	2009
	东山下	章坑 2	怀溪	25	2.5	450	60 年代	2005
	东山下	东山下	怀溪	25	2.0	400	70 年代	2010
	东山下	中东桥	怀溪	25	1.5	300	60 年代	2006
	东山下	东山下 2	怀溪	24	1.8	保护堤防	60 年代	2012

续表5-4-2

所属乡镇（村）		堰坝名称	所属河流	堰坝断面		受益农田（亩）	建成时间	修(重)建时间（年）
				长（米）	高（米）			
山门镇	法洪	法洪	怀溪	45	1.5	保护堤防、农田		2000
	法洪	法洪2	怀溪	35	1.3	220	60年代	2008
	法洪	法洪3	怀溪	35	1.0	保护堤防、农田		2012
	法洪	法洪4	怀溪	35	1.2	220	70年代	2012
	水口	联山	怀溪	15	0.8	100	70年代	2005
	水口	水口1	怀溪	15	1.0	保护堤防		2012
	水口	水口2	怀溪	15	1.0	保护堤防、农田		2012
	水口	水口	怀溪	25	1.0	70	60年代	2008
	曹门	曹门	怀溪	30	1.2	120	70年代	2012
	曹门	曹门1	怀溪	40	1.3	保护堤防		2011
	曹门	曹门2	怀溪	28	0.7	180	50年代	2012
	曹门	曹门3	怀溪	30	0.5	80	解放前	2012
	曹门	曹门4	怀溪	40	0.7	保护堤防		2011
	南山	上堡	怀溪	40	1.8	200	80年代	2008
	南山	上堡1	怀溪	45	1.2	120	70年代	2012
	南山	南山	怀溪	80	1.3	保护堤防、民房		2012
	金溪	大龙	怀溪	12	1.0	200		2009
	金溪	金溪	怀溪	15	2.0	100	60年代	2010
	金溪	金溪1	怀溪	15	1.5	170	80年代	2009
	金溪	怀溪桥	怀溪	75	1.3	保护堤防、桥梁	80年代	2012
	金山	金山	怀溪	120	1.5	保护堤防		2012
	晓坑	垟边	怀溪	120	1.5	保护堤防、桥梁		2012
	晓坑	晓坑老桥	怀溪	120	1.0	保护堤防、民房		2012
	晓坑	晓坑二桥	怀溪	100	1.0	保护堤防、桥梁		2012
	晓坑	晓坑二桥1	怀溪	95	1.0	保护堤防、民房		2012
	杭坑	杭坑	怀溪	80	1.5	保护堤防	2000年	2012
	杭坑	杭坑1	怀溪	100	1.6	保护堤防		2006
	杭坑	杭坑2	怀溪	100	1.5	保护堤防		2012
	大桥居民区	山门灌区	怀溪	130.4	3.0	6750	1965年	2005
	大岭脚	山门桥	怀溪	120	1.5	保护堤防		2006
	大岭脚	二桥上	怀溪	120	1.2	保护堤防		2012

续表5-4-2

所属乡镇（村）		堰坝名称	所属河流	堰坝断面 长（米）	堰坝断面 高（米）	受益农田（亩）	建成时间	修(重)建时间（年）
山门镇	大岭脚	二桥	怀溪	120	3.5	150	2003年	2009
	郭岙村	郭岙	怀溪	27	0.8	115	1990年	2003
	郭岙	郭岙堰坝1	怀溪	35	1.2	130	1986年	2006
	郭岙	郭岙2	怀溪	45	0.8	220	70年代	2006
	下东山	东山	怀溪	33	1.2	600	60年代	2008
	永安	永安	怀溪	34	1.1	235	70年代	2005
	下东山	水厂	怀溪	47	0.6	水源保护		2000
	小计		43座			11300		
水头镇	内塘	十八家	凤卧溪	30	1.5	30		2003
	内塘	祠堂边	凤卧溪	30	1.05	保护堤防	2009年	
	内塘	内塘	凤卧溪	50	1.2	40	50年代	2005
	凤林	满垟	凤卧溪	45	1.3	60	60年代	2005
	凤林	房山	凤卧溪	50	0.5	保护桥梁	70年代	2005
	凤林	凤林	凤卧溪	78	4.3	1500	70年代	2006
	凤东	贡尾	凤卧溪	9	1.5	100		2006
	凤东	金岙潭	凤卧溪	30	2.5	120		2006
	凤东	东山桥	凤卧溪	29	0.6	保护桥梁		2006
	凤东	凤东桥	凤卧溪	39	1.25	保护桥梁		2006
	平凤	后堡	凤卧溪	30	0.9	40		2003
	平凤	宫前	凤卧溪	30	1.65	25		2006
	平凤村	大园	凤卧溪	33	0.6	保护桥梁		1999
	凤卧湾	桥头	凤卧溪	32	2.25	350	60年代	2005
	凤卧湾	凤安桥	凤卧溪	29	1.2	保护堤防		2008
	平凤	刘英桥	凤卧溪	52	1.2	保护桥梁	2012年	
	平凤	吴凤桥	凤卧溪	78	1.15	保护桥梁	2009年	
	平凤	红军桥	凤卧溪	77	1.2	保护桥梁	2012年	
	后堡	溪南	凤卧溪	65	2.25	保护堤防	2012年	
	西塔	西塔	凤卧溪	65	1.2	保护桥梁	2012年	
	凤卧湾	三官桥	凤卧溪	65	1.1	保护桥梁	2012年	
	蒲山	蒲山	凤卧溪	80	1.2	60	2012年	
	蒲潭垟	蒲潭垟	鳌江中流	293	1.5-3.8	40000	1966年	2001、2011年维修

续表 5-4-2

所属乡镇（村）		堰坝名称	所属河流	堰坝断面		受益农田（亩）	建成时间	修(重)建时间（年）
				长（米）	高（米）			
水头镇	仕静	仕静	凤卧溪	65	1.4	170	70 年代	1999
	金山垟	金山	凤卧溪	50	1.5	保护堤防	70 年代	2001
	内岙	内岙	凤卧溪	15	2.5	130	60 年代	2001
	外岙	外岙	凤卧溪	20	1.8	250	60 年代	2003
	苍南	显内	闹村溪	22	1.8	50	2008 年	
	苍南	宫后	闹村溪	27	1.15	150	80 年代	2008
	苍南	吴脚	闹村溪	30	0.8	100	60 年代	
	苍南	上西垟	闹村溪	30	1.7	150	60 年代	2009
	西垟	西垟	闹村溪	30	1.5	200	2009 年	
	西垟	西垟桥	闹村溪	47	2.2	保护桥梁	2008 年	
	南贡	下溪	闹村溪	18	2.25	100		
	上浪	龙潭	闹村溪	20	1.5	60	70 年代	
	上浪	竹子	闹村溪	20	1.6	50	70 年代	
	上浪	水碓	闹村溪	18	1.5	50	70 年代	
	上南	水碓 2	闹村溪	28	2.0	保护桥梁		2005
	上南	三亩柒	闹村溪	20	1.85	100	70 年代	
	上南	上南大溪	闹村溪	21	2.2	100	70 年代	
	上浪	石头	闹村溪	20	1.8	80	70 年代	
	上浪	仙东	闹村溪	21	1.75	150		2009
	南垟	田中	闹村溪	14	1.5	150		2010
	中村	中村	闹村溪	55	2.0	240	60 年代	2009
	龙凤	龙坑上	闹村溪	37	1.2	45	50 年代	
	龙凤	龙凤	闹村溪	64	1.3	过水路面	1994 年	
	龙凤	龙坑下	闹村溪	37	0.8	40		2009
	垟尾	垟尾	闹村溪	15	0.8	50	70 年代	
	大施	亩半	闹村溪	20	1.8	60		
	大施	龙坑内	闹村溪	17	1.8	40		
	大施	九溪	闹村溪	17	2.2	180		1994
	大施	大施	闹村溪	20	1.45	40		2009
	大施	下贡	闹村溪	22	1.5	35		2007
	东堡	大施宫	闹村溪	32	2.0	30		1994
	东堡	东堡	闹村溪	23	1.95	90		2005

续表 5-4-2

所属乡镇（村）		堰坝名称	所属河流	堰坝断面		受益农田（亩）	建成时间	修(重)建时间（年）
				长（米）	高（米）			
水头镇	西垟	中学	闹村溪	50	1.6	保护堤防	2006 年	
	上南	大沟	闹村溪	30	1.5	700	50 年代	2006
	上南	南贡	闹村溪	30	1.5	保护堤防	2007 年	
	桥头	桥头	闹村溪	46	2.0	300	70 年代	2006
	霞溪	霞溪	凤巢溪	75	1.6	800	80 年代	2012
	石牌	石牌	凤巢溪	103	1.15	2000	2010 年	
	缸窖	大坝头	凤巢溪	42	3.4	750	50 年代	2001
	岭根	岭根	鹤溪	18	2.0	55	1994 年	
	岭根	岭根桥	鹤溪	19	1.0	保护桥梁	2003 年	
	新鹤	一中	鹤溪	21	0.85	保护桥梁	60 年代	2010
	新鹤	二中	鹤溪	21	2.9	350	60 年代	2010
	三中	中街	鹤溪	26	0.65	保护桥梁	2003 年	
	三中	中街桥下	鹤溪	19	0.8	125	70 年代	2003
	三中	三中	鹤溪	19	0.5	130	70 年代	2008
	永乐	四中	鹤溪	18	1.5	330	60 年代	2008
	永乐	杨梅下	鹤溪	12	1.6	130		2001
	永乐	上垟头	鹤溪	13	3.5	90		2003
	永乐	永乐桥	鹤溪	17	0.65	270		2010
	永乐	塘堌内	鹤溪	17	1.0	保护堤防	2012 年	
	永乐	永乐老桥	鹤溪	9	0.6	保护桥梁	2005 年	
	永乐	清潭内	鹤溪	14	1.4	40		2001
	南二	祠堂边	鹤溪	9	2.0	70		1995
	南二	兴中桥	鹤溪	13	2.5	80		2003
	南一	水尾宫	鹤溪	13	1.3	400	70 年代	2010
	龙湖村	娘娘宫	南湖溪	8	1.2	120	2008 年	
	龙湖	溪贡	南湖溪	8	1.3	150	2010 年	
	龙湖	桥头	南湖溪	12.5	1.5	160	70 年代	2004
	湖滨	水碓	南湖溪	16	3.2	220	70 年代	
	鹏山	鹏山	南湖溪	16	1.6	400	70 年代	
	小计		84 座			52885		

续表 5-4-2

所属乡镇（村）		堰坝名称	所属河流	堰坝断面		受益农田（亩）	建成时间	修(重)建时间（年）
				长（米）	高（米）			
腾蛟镇	湖窦	银坑	带溪	16	1.2	35	50 年代	2002
	湖窦	企石	带溪	26	1.85	55	2003 年	
	湖窦	湖窦老堰坝	带溪	30	1.0	保护堤防	50 年代	
	湖窦	亭子	带溪	35	1.8	90	60 年代	2008
	湖窦	湖窦口	带溪	35	1.3	150	60 年代	2005
	金田	大文院	带溪	35	2.3	350	60 年代	2006
	碧源	碧源	带溪	20	4.6	125	50 年代	2008
	腾蛟	腾蛟	带溪	55	2.6	30	70 年代	1994
	文理	大理	带溪	25	1.1	35		2001
	驷马	后甲	带溪	21	1.3	150	70 年代	2006
	驷马	驷马山	带溪	29	1.4	250	70 年代	2009
	驷马	吴山脚	带溪	29	1.35	125	60 年代	2008
	腾蛟	横街	带溪	61	2.0	城镇消防	60 年代	1994
	岱山	岱山	带溪	75	2.4	120	60 年代	1994
	腾溪	腾蛟拦水坝	带溪	82	1.05	1500	1978 年	2005
	腾溪村	亭子	带溪	110	1.75	65	50 年代	2006
	腾溪	腾溪	带溪	80	2.65	80	解放前	2006
	塘溪	溪湾	带溪	8	1.2	50	70 年代	2008
	塘溪	塘溪	带溪	11	1.5	80	80 年代	2009
	霞山	霞山	带溪	81	1.8	450	2009 年	
	岱山	新村	带溪	75	1.5	保护堤防	2011 年	
	联源	联源	带溪	80	1.5	保护桥梁		
	联源	林泗文	带溪	80	1.15	1500	60 年代	2011
	南陀	南陀	带溪	110	1.25	500	60 年代	2003
	南陀	溪心	带溪	50	0.8	250	1991 年	
	大岭	梅东坑	带溪	20	0.5	70	70 年代	2003
	伍岱	柴头	带溪	26	3.2	135	60 年代	2010
	伍岱	伍岱	带溪	25	2.2	40	70 年代	1998
	大岭村	七亩	带溪	19	1.2	45	70 年代	2001
	硐桥头	过坑 1	带溪	18	1.6	30	50 年代	2008
	硐桥头	过坑 2	带溪	18	0.7	35	50 年代	1997

续表5-4-2

所属乡镇(村)		堰坝名称	所属河流	堰坝断面		受益农田(亩)	建成时间	修(重)建时间(年)
				长(米)	高(米)			
腾蛟镇	硐桥头	谢厝1	带溪	17	1.0	55	70年代	
	硐桥头	谢厝2	带溪	22	0.7	50	70年代	
	硐桥头	五亩	带溪	45	1.5	320	1998年	
	硐桥头	硐桥头	带溪	58	1.7	270		2010
	凤巢	杨山下	带溪	65	2.2	150	1991年	2005
	山边	华安桥	带溪	59	1.5	保护桥梁	2005年	
	山边	凤巢大桥	带溪	56	2.85	350	1986年	2008
	溪头	溪头	带溪	58	1.8	保护堤防	2009年	
	山边	山边	带溪	64	1.7	保护堤防	2012年	
	小计		40座			7540		
萧江镇	岙底	岙底	岙底坑溪	13	2.0	500	2012年	
	东坑	东坑	岙底坑溪	13	2.0	500	2012年	
	小计		2座	13	2.0	1000		
鳌江镇	梅溪	风车尾	梅溪	50	1.5	800		
	岭根	岭根一期	梅溪	22	2.5	30		
	岭根	岭根二期	梅溪	27.4	3.0	25		
	岭根	岭根老堰坝	梅溪	27	2.2	150		
	岭根	岭根一期(新)	梅溪	24.1	3.0	15		
	重阳	重阳	梅溪	40	1.5	50		
	溪边	梅源	梅溪	30	3.0	40		
	梅源	山平田	梅溪	40	1.6	500		
	墨城村	大坪	墨城	37	1.4	240		
	墨城	山根	墨城溪	42	1.7	130		
	小计		10座			1980		
总计			198座			77740		

五、万全河网补水工程

潘山翻水站，位于瑞安市马屿镇潘山村（飞云江中游感潮段终点），属中型泵站，干旱季节翻水补充瑞平平原。设计扬程10.5米，设计提水流量10立方米/秒，总装机容量1815千瓦（单机容量为165千瓦）。1963年建成，投资139.55万元，有效灌溉面积17.7万亩，其中平阳县万全平原12.04万亩。1993年对泵站进行维修改造，扬程7.2米，设计提水流量10.5立方米/秒，安装26HBC−50型混流泵10台，配套JS−127−10型115千瓦电动机10台，总装机1150千瓦，投资155万元。

潘山翻水站主要建筑物包括进水闸、进水箱涵、进水池、泵房、出水池、出水箱涵、引水渠道、水闸等。泵站建成运行近50年，机电设备老化，经温州市水利专家组鉴定，属四类泵站，需报废重建。重建有三个不利因素：一是上游珊溪水库、赵山渡拦水坝建成后，上游来水明显减少，水质变差，盐分及淤泥含量增加，无水可翻；二是重建资金大，需1亿多元；三是瑞安市马屿一带河道淤积严重。为此，目前尚未考虑报废重建。

潘山翻水站主要功能为：干旱季节翻水补充瑞平平原河道水量以灌溉农田。据统计，1965～1990年，年均补充瑞平河道水量约1000万立方米。2013年旱情比较严重，因无水可翻，转向赵山渡供水公司买水1000万立方米补充瑞平河道水量，每立方米价6分钱，投入买水资金60万元，资金全部由市财政支付。从现实情况来测算，买水比翻水成本低。

潘山翻水站和南码道水闸、塘头水闸、宋家埭水闸均隶属于温州市温瑞平水系管理局瑞平水系管理处的公益性事业单位，自2005年取消农业水费征收以来，瑞平水系管理处的管理经费、工程维修经费、人员工资等均由温州市财政全额拨款。

第五节　农田水利工程

1994～2012年，平阳县实施自力更生治水工程、吨粮田工程、粮食自给工程、“三面光”渠道工程和喷微灌工程，共投入资金1.05亿元。新建和修建引水渠道总长501.9千米，泵房239座，涵闸15座，分水闸557处，并建设田间渠系配套工程，节约农田灌溉用水，受益农田面积16.8万亩。

1994～2012年平阳县农田水利工程建设统计

表5-5-1

项目名称	所在乡镇	实施时间（年）	工程内容			受益农田（万亩）	投资（万元）	备注
			渠道（千米）	泵站（座）	涵闸（座）			
自力更生治水工程	昆阳、万全、鳌江、萧江	1994～1996	24.8	8	2	1.81	349	治理河道3.2千米，改扩建水闸2座
吨粮田工程	昆阳、万全、萧江	1997～1998	9.1	8		0.46	212	
粮食自给工程	昆阳、万全、鳌江、萧江、水头、腾蛟、县农场	1997～2000	79.1	69		3.85	1349	
渠道工程	昆阳、万全等10个镇乡	2001～2012	388.9	120	13	9.9	7893.4	分水闸557处
喷微灌工程	万全、鳌江、萧江、水头	2009～2012				0.78	743.6	
合计			501.9	239	15	16.8	10547	

一、自力更生治水工程

1994～1996年，平阳县被省人民政府列为全省第二期自力更生治水县。1994年4月成立自力更生治水县指挥部，分别在昆阳镇石塘、万全镇湖岭、萧江镇树贤和鳌江镇墨城等四个片实施自力更生治水工程建设。经过三年的努力，累计投工10.26万工，投入资金349万元，共建设“三面光”引水渠道24.8千米，治理河道3.2千米，改扩建水闸2座（4孔）和提水机埠8座等，增加和改善了农田灌溉面积1.81万亩。

二、吨粮田工程

1997～1998年分别在万全、萧江和昆阳镇实施吨粮田工程建设，共投入资金212万元，建成“三面光”渠道9.1千米、固定泵站8座，受益农田4600亩。

三、粮食自给工程

1997～2000年，平阳县实施粮食自给工程建设，共实施4期，计18个项目区。涉及昆阳、万全、鳌江、萧江、水头、腾蛟等6个乡镇和县农场。总投资1349万元，建成“三面光”引水渠道79.11千米，受益农田面积3.85万亩。

四、“三面光”渠道工程

2001～2012年，全县共新建、修建“三面光”引水渠道624条，总长388.84千米，泵站86座，小型涵闸13座，小分水闸557处，投入资金7893.35万元，受益农田9.9万亩。

2001～2012 年平阳县新建、修建三面光渠道情况

表 5-5-2

乡镇	渠系建设内容						受益农田（亩）	投入资金（万元）
	渠道（条）	渠长（千米）	泵站（座）	泵房（座）	涵闸（座）	分水闸（座）		
昆阳	151	117	41	13	12	279	32430	2804.1
万全	85	66.7	28	12	1	181	19265	2816
鳌江	37	32.96	16	9	/	97	8180	461.55
萧江	31	25	/	/	/	/	7114	623
水头	81	65	/	/	/	/	16690	589
腾蛟	57	46.02	1	/	/	/	8150	302.7
山门	37	11	/	/	/	/	3200	96.5
南雁	45	13.86	/	/	/	/	2057	105.4
顺溪	65	8.5	/	/	/	/	1020	68.5
青街	35	2.8	/	/	/	/	800	26.6
合计	624	388.84	86	34	13	557	98906	7893.35

说明：腾蛟镇项目中建设堰坝 23 座，渡槽 1 条

五、喷微灌工程

截至2012年，平阳县共建成规模以上喷微灌（节水）工程16处，总投资743.57万元，受益农田0.78万亩。正在施工的喷微灌（节水）工程有24处，涉及受益农田4410亩。

平阳县联城油茶示范园喷微灌工程

位于平阳县鳌江镇联城村，新建蓄水池1座，改造蓄水池3座，安装喷灌系

统，灌溉油茶700亩。

该项目列入“2012年度第一批小型农田水利建设省补助项目”，投资82.62万元，其中省补助35万元，自筹47.62万元。工程于2012年12月15日开工（2013年3月30日全部完成）。项目建成后，为油茶树旱季节水灌溉和冬季防寒提供了有力保障；另一方面也节约了基地液态施肥、病虫害防治的人工成本。降低劳动强度，提高生产效率。

平阳县天韵茶场有限公司喷微灌工程

该工程位于水头镇新联村，面积600亩，铺设输水管18.5千米，安装喷头891个，灌溉作物为茶叶。

项目投资88万元，其中省补助30万元，自筹58万元。工程于2012年10月15日开工（2013年6月8日全部完成）。

平阳县喷微灌（节水）工程情况

表 5–5–3

序号	项目名称	所在镇	实施面积(亩)	总投资(万元)
1	平阳县克力芦笋种植专业合作社喷微灌工程	鳌江镇	150	15
2	平阳县高然茶叶种植专业合作社喷微灌工程	鳌江镇	400	47.33
3	平阳县茂龙农产品有限公司联城油茶示范园喷微灌工程	鳌江镇	700	82.62
4	平阳县西湾方高水果专业合作社杨梅及树苗基地喷灌工程	鳌江镇	400	38.26
5	平阳县沃丰农业种植基地滴灌工程	萧江镇	350	34.59
6	平阳县甜梦花木有限公司花木基地喷微灌工程	万全镇	130	13.41
7	平阳县朝阳社区琪山茶场喷微灌工程	水头镇	300	34.84
8	平阳县朝阳社区仰天河茶场喷微灌工程	水头镇	300	49.06
9	平阳县天韵茶场有限公司喷微灌工程	水头镇	600	88
10	腾蛟镇青湾茶场喷微灌工程	腾蛟镇	450	34.4
11	山门镇黄栀子基地喷微灌工程	山门镇	980	43.4
12	凤翔茶场喷微灌工程	水头镇	350	43.7
13	平阳县塘东杨梅基地喷滴灌工程	鳌江镇	670	49.76
14	平阳县墨城万众良种油茶基地喷滴灌工程	鳌江镇	600	59.20
15	鳌江镇塘川橄榄专业经济型喷微灌项目	鳌江镇	500	40
16	鹤溪丰发农场经济型喷微灌项目	水头镇	900	70
	小计		7780	743.57

第六章　海涂围垦

平阳县的海岸线，介于飞云江与鳌江之间，南至鳌江口北岸，北与瑞安市阁巷交界，共长22千米。滩涂总面积，从海岸线至理论基准面（高程−3.38米）为13.01万亩，其中在低潮时出露的滩涂面积有10.79万亩。

1964～2000年，平阳县围垦滩涂面积6520亩。其中，1964年围垦宋埠滩涂3200亩；1971年围垦墨城滩涂2000亩；还先后围垦西湾滩涂280亩、下厂滩涂860亩和雁门滩涂180亩。已综合开发利用3040亩，开垦利用3480亩。

2000年以后，已建成宋埠—西湾滩涂围垦面积9858亩，西湾南片滩涂围垦面积5220亩；开工建设西湾北片滩涂围垦面积6870亩，并启动平阳中期围垦工程（飞鳌中期围垦）前期准备阶段，计划围垦面积5.05万亩。

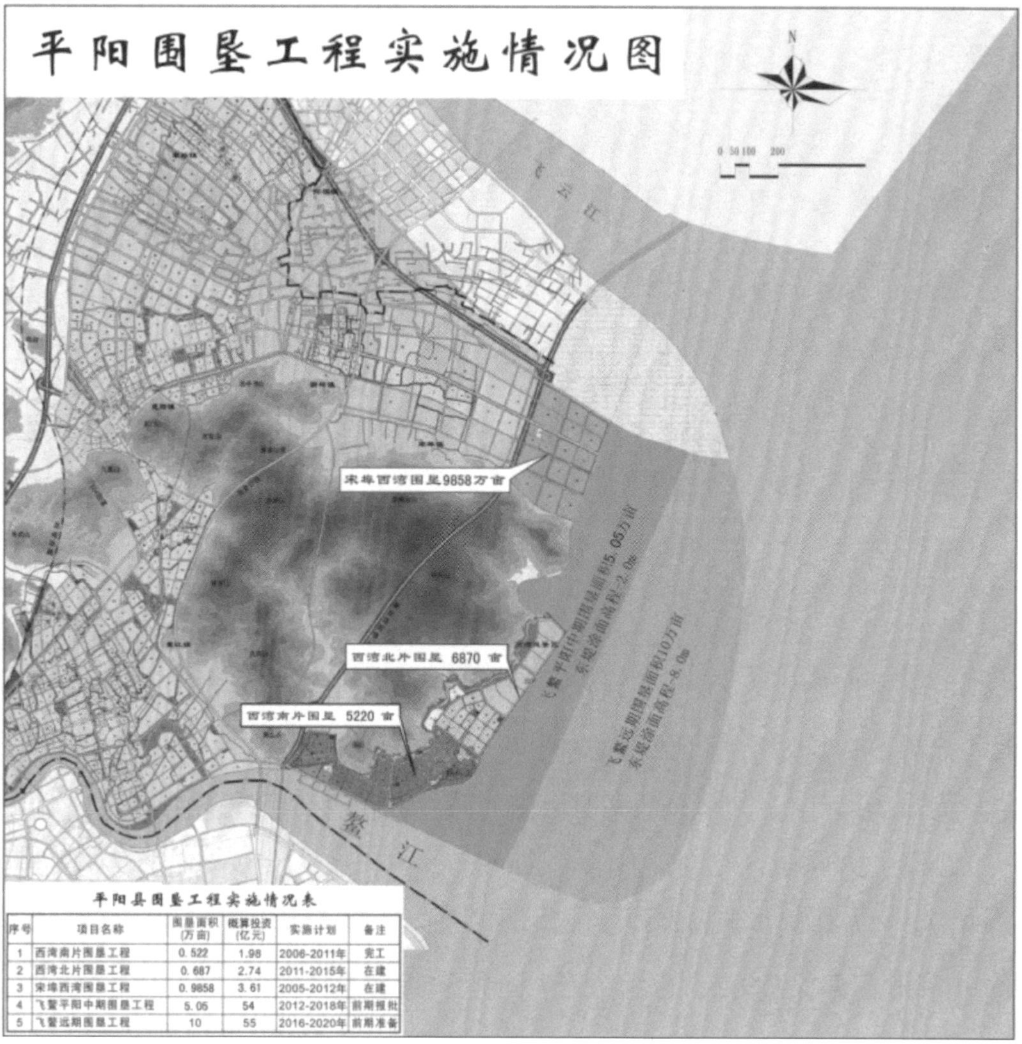

序号	项目名称	围垦面积(万亩)	概算投资(亿元)	实施计划	备注
1	西湾南片围垦工程	0.522	1.98	2006-2011年	完工
2	西湾北片围垦工程	0.687	2.74	2011-2015年	在建
3	宋埠西湾围垦工程	0.9858	3.61	2005-2012年	在建
4	飞鳌平阳中期围垦工程	5.06	54	2012-2018年	前期报批
5	飞鳌远期围垦工程	10	55	2016-2020年	前期准备

图1　平阳围垦工程实施平面图

第一节　宋埠—西湾围垦工程

工程位于平阳县城东北方向12千米的东海岸，东临东海，南起鳌江镇西湾跳头村，西靠宋埠海涂农场，北与瑞安市阁巷交界。工程由主堤、北隔堤、水闸等组成。堤塘工程防潮标准为20年一遇，等别为Ⅳ等，主要建筑物为4级，允许部分越浪；水闸防潮标准为50年一遇，排涝标准为20年一遇。

一、建设过程

1999年6月，受县水利局委托，浙江中水围海技术咨询中心编制《宋埠围涂工程建设方案初步规划报告》，规划堤线自西湾跳头山脚至瑞平交界，围垦面积10650亩。2003年6月，《宋埠—西湾滩涂围垦工程》获得省围垦局批准立项。7月25日，在西湾跳头村举行《宋埠—西湾滩涂围垦工程》抛石促淤开工仪式，温州市委书记李强等参加开工典礼。2004年6月，宋埠—西湾滩涂围垦项目初步设计获省围垦局批准，围垦面积10650亩，因地方财力不支，工程停工。

2006年10月，宋埠—西湾滩涂围垦主体工程分两个标段完成招投标，分别由浙江省第一水电建设集团有限公司和浙江正邦水利水电建设有限公司中标，工程监理单位为浙江河口海岸工程监理有限公司，设计单位为温州市水利水电勘测设计院，质监单位为浙江省水利水电质量监督站。由于融资难度大，工程一直处于半停工状态。至2008年4月，围垦区施工道路恢复施工。2009年2月17日，在工地召开"决战三百天，合龙主堤坝"誓师大会，围垦工程正式进场施工。6月18日，《宋埠—西湾滩涂围垦项目》贷款获省农行批准。12月25日，主体工程基础部分全线贯通。

2010年2月，取得宋埠—西湾海域使用权证和领取围垦许可证。7月，省围垦局批复了平阳宋埠—西湾滩涂围垦工程初步设计补充报告，主要内容为：堤线布置和围涂规模、海堤断面加宽、南水闸位置和概算变更。12月30日堵口合龙，围涂面积9858亩。2013年转入围垦开发，完成了三座水闸、防浪墙、堤坝路面等节点工程施工。2014年工程完工，累计完成投资3.61亿元。

二、施　工

（一）主　堤

堤长3.23千米，断面宽113.15～127.15米，堤顶高程6.8米，宽5米，防浪墙顶高程7.6米，允许部分越浪。

基本堤型为土石混合坝，用石坝御潮挡浪，土坝防渗闭气，断面型式采用复式，上部为直立墙式，下设两级消浪平台和斜坡式过渡，基础部位为块石镇压层以保持大坝稳定。涂面高程为－1～0米，设抛石外坡镇压层，上设抛石堆砌体及干砌块石棱体，外坡1:0.25，内坡1:0.1，外设0.4米厚C25砼面板。顶高程4米的消浪平台宽10米；4～2.5米高程斜坡镇压层宽5.25米；顶高程2.5米的消浪平台宽15米。堤内坡为干砌块石护坡及预制块护坡，并设地梁。内坡闭气土方设两级平台，高程在2.5～4.5米之间为1:6，2.5米以下为1:10。

基础处理采用排水板固结法（插板作业采用专用的插板机械），基础宽54.6～75.6米，涂面铺设承载力3吨/平方米有纺土工布一层，上铺排水碎石垫层厚0.8米，PVC排水板正方形打设，间隔1.4米插入涂面下18～22米，排水板露出碎石层面0.5米，上面覆盖承载力6吨/平方米有纺土工布一层。抛石筑堤实行机械化施工，使用装载机装车、自卸汽车运输、推土机整平等。

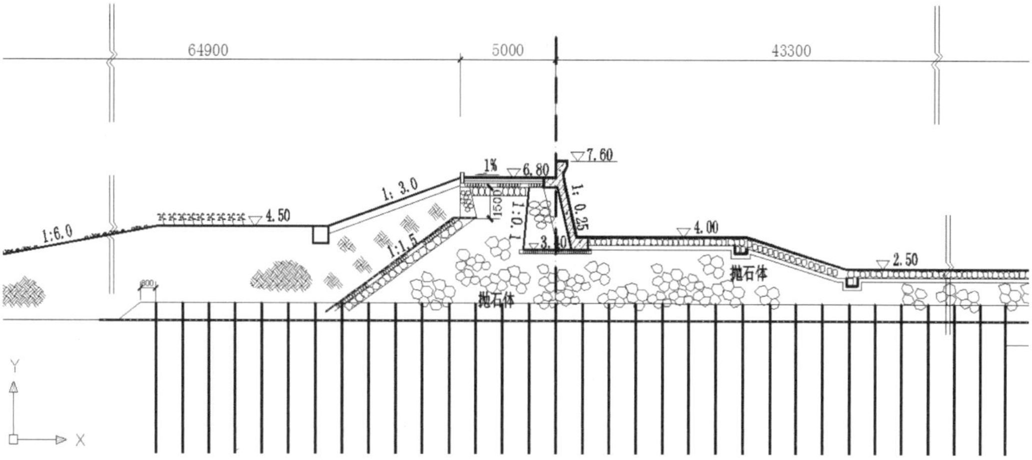

图2　平阳宋埠—西湾围垦工程堤坝结构断面图

（二）北隔堤

堤长2.23千米，堤顶高程4米。基础处理采用铺垫法（镇压层法），在涂面上铺垫土工织物，上铺厚0.3米的石渣垫层，以起隔离、排水、反滤、加筋补强作用，达到减少不均匀沉降，减少侧向变型，增大地基稳定性，加快施工速度的目的。土工织物在低潮位待潮水快退尽时铺设，保证土工织物拼接缝受力后不会张开拉断。然后在土工织物上抛石筑堤身。

（三）水　闸

水闸位于软基上，基础采用∮800钻孔灌注桩。胸墙开敞式型式，排涝设计流量399.33立方米/秒；纳潮设计流量134.24立方米/秒。

南　闸　为纳排潮闸。位于主堤K0+663米处，水闸规模4孔×3.5米，总净宽14米，底板高程−0.5米。

中　闸　为排涝闸。位于主堤K1+470米处，水闸规模3孔×3.5米，总净宽10.5米，底板高程−0.5米。

北　闸　为纳排潮闸。位于K3+070米处，水闸规模2孔×3.5米，总净宽7米，底板高程−0.5米。

（四）堵口

两个龙口分别在主堤桩号K1+066～K1+216、K2+673～K2+823，合计长300米。龙口底槛高程2米，内侧坡比1:1.5至涂面，外海侧坡比1:4至涂面，厚0.4米理砌块石护面断面长55米，口门最大流速3.63米/秒。采用立堵方式堵口，两个龙口于2010年12月10日开始缩小，至30日截流一次成功。

三、开　发

2011年，平阳县发展和改革局批复宋埠—西湾围垦区造地工程（平发改投资〔2011〕60号和平发改投资〔2011〕126号），概算投资15.5亿元，造地面积9858亩。围区主要基础设施：电力、通信、供水、排涝（水）、道路、河道、桥梁、绿化带、堤塘管理和灾害防御设施等。其中海堤、河道占地1209亩，道路1044亩，造地面积7605亩（农业用地1140亩，工业用地6465亩）。

围区造地工程采用吹填造地施工工艺，利用外海涂泥经真空预压处理：首先对区块进行土方围堰，围堰高程为5.2米，用绞吸式挖泥船采用气力吹泥管将堤坝外海侧的滩涂泥浆吹入区块，水平运距可达4000～6000米，泥浆沉淀后标高约4.9米；待滩涂泥浆沉淀排水后，铺设土工布、插设塑料排水板、铺设密封膜、安装真空系统、抽真空、卸载；最终形成土地，地面承载力达到5吨/平方米。

至2012年年底，完成造地5187亩，开挖河道9.3千米，建成道路14.7千米，总投资15.5亿元。2013年5月27日，“宋埠—西湾围垦养殖用海转区域建设用海规划”获国家海洋局批准；12月30日，宋埠—西湾围垦区列入温州市第二个省级产业集聚区范围——温州浙南沿海先进装备产业聚集区。2014年上半年累计完成造地7000亩；9月30日，列入省级平阳经济开发区核心区块。

四、机构与政策处理

（一）机　构

2003年4月，成立“平阳县滩涂围垦工程建设领导小组”，6月20日成立“平阳县滩涂围垦开发建设有限公司”。2005年9月，成立“平阳县宋埠—西湾滩涂围垦工程建设指挥部”，2010年8月11日，“平阳县宋埠—西湾围垦工程建设指挥部”更名为“平阳县滩涂围垦工程建设指挥部”（同时将平阳县利得海涂围垦开发有限公司纳入指挥部管理）。2013年1月，“平阳县滩涂围垦工程建设指挥部”和“平阳县沿海产业带建设办公室”合并，更名为“平阳县滨海新区建设管理委员会”。

自2003年6月20日成立“平阳县滩涂围垦开发建设有限公司”至2013年1月，先后由陈绍熙（2003年6月～2005年10月）、温一榴（2005年10月～2006年4月）、陈宜范（2006年4月～2007年12月）、申建设（2007年12月～2011年12月）、郑树群（2011年12月～2013年1月）、白洪楞（2013年1月至今）六人担任法人代表。

（二）政策处理

宋埠—西湾围垦工程政策处理，涉及1个农场、2个社区（20多个行政村）3万多人口。指挥部在调查摸底、造册登记的基础上。进行充分沟通交流，分期分批进行公示、核实，落实政策处理方案，使工程顺利施工。

第二节　西湾围垦工程

工程地处平阳县城东南方向11千米的东海岸、鳌江口北岸，堤长8.86千米，设计围垦造地面积12090亩。以中隔堤为界，分南北两片开发。一期工程为西湾南片围垦工程，围涂面积5220亩。二期为西湾北片围垦工程，围涂面积6870亩。

平阳县人民政府于20世纪70年代组织力量，在三沙咀与杨屿山之间长885米进行抛石促淤。1993～1994年完成了西湾围涂工程的地形测量、地质勘探、水文观测及环境评价。1994年1月，省长万学远视察平阳时，县委、县府就西湾围垦作了汇报，并要求立项。1995年9月～1996年9月，省围垦局先后批复了平阳县西湾围涂工程的项目立项、可行性研究报告和初步设计，并将项目列入1996年省重点扶持项目。1997年8月完成南片工程的施工图设计。1998年5月动工兴建中隔堤，1999年12月竣工。

1999年7月，浙江中水围海技术咨询中心对西湾海涂围垦工程进行“开发项目的营运模式及经济风险分析”，探索“建设—运营—移交”的BOT模式。2000年1月，平阳县人民政府与平阳县利得海涂围垦开发有限公司签订“围垦开发西湾海涂项目书”，将西湾围涂项目特许给平阳县利得海涂围垦开发有限公司开发运营，蒋昭亭为项目法人代表。5月，平阳县人民政府印发《西湾（墨城）海涂围垦工程政策处理若干规定》。7月，浙江省发展计划委员会印发《关于平阳县西湾南片围涂工程可行性研究报告的批复》。省围垦局勘测设计所承担工程的初步设计，平阳县水利水电勘测设计所配合完成。

2001年3月9日，中国雨田集团董事长章烈成成为西湾围垦项目的法人。同月，浙江省发展计划委员会印发《关于平阳县西湾南片围涂工程初步设计的批复》。同时，浙江省围垦局给平阳县利得海涂围垦开发有限公司颁发了“浙江省滩涂围垦许可证”。涉及的“平阳县西湾围垦工程环境影响评价报告”、“平阳县西湾围涂工程水土保持方案报告”，经省计委、水利厅、环保局、海洋水产局、交通厅航道管理局等单位审批备案。2003年3月，省计划与发展委员会批复同意开展西湾南片围涂工程前期工作。2004年2月18日，平阳县人民政府印发关于加强《西湾（墨城）海涂围垦工程实施范围内海域使用管理的通告》。2006年8月28日，平阳县海洋与渔业局颁发了西湾南片围涂工程海域使用权证书。

2008年12月，平阳县人民政府确定西湾围垦工程（北片）投资主体为平阳县人民政府，委托平阳县利得海涂围垦开发有限公司代理。2011年1月，平阳县利得海涂围垦开发有限公司与新湖中宝股份有限公司重组，新湖中宝股份有限公司占股份51%，平阳县利得海涂围垦开发有限公司占股份49%。2012年10月，县政府与利得公司重新签订了开发建设协议书。

2000～2008年先后在鳌江镇海城村兴办青山、下岙、上岙三座石料场，储量分别为20万吨、120万吨和980万吨。

一、西湾南片围垦工程

西湾南片围涂面积5220亩，围垦后的土地主要用于房地产开发。

西湾南片围垦工程由南顺堤、南堤、中隔堤、杨屿山水闸组成。

堤长5.12千米，按50年一遇防潮标准，工程等别为Ⅲ等，主要建筑物为3级，允许越浪。中隔堤、南堤、南顺堤的基本坝型为土石混合坝，用石坝御潮挡浪，土坝防渗闭气，采用复式断面，上部为直立墙式，下设消浪平台和斜坡过渡，防浪斜坡外接块石镇压层以保持大坝稳定。堤顶防浪墙迎潮面采用反弧型式，与钢筋混凝土面板平顺联结。

水闸排涝标准为20年一遇。杨屿山水闸左侧与杨屿山南端相连，右侧与西湾南片围垦工程南顺堤相连，上游铺盖、闸室、消力池等主要建筑物坐落在基岩上。

西湾海涂围垦工程地处鳌江口，易受台风大潮的影响。2001～2012年的12年中，共遭受14次台风袭击，海堤工程受到严重损失。为确保工程的安全度汛，从2006年开始，建设单位每年编制“西湾围垦工程防台风应急预案”，把损失降到最低。

（一）南堤工程

南堤工程东和南顺堤连接，西与墨城水闸相连，堤长2.71千米，底宽58.36～61.4米，堤顶高程7.42米，宽5米，防浪墙顶高程8.22米。基础处理采用铺垫法（镇压层法），涂面铺设承载力8吨/平方米有纺土工布一层，上设抛石体，抛石体顶高程2.12～2.62米，铺石渣垫层厚0.3米。因公司重组、融资、政策处理等问题，工程曾多次停工或半停工，南堤工程建设持续11年5个月。工程分三个阶段进行建设：

第一阶段：试验堤为基础抛石工程，2000年12月13日至2001年5月31日，完成投资208.8万元，由温州市水利水电工程处第二工程公司施工，浙江广川工程监理咨询有限公司监理。

第二阶段：2002年11月16日至2003年12月17日，完成投资704.8万元，由泰顺县水利电力建筑工程公司施工。

第三阶段：2004年6月12日至2012年5月25日，工程为基础以上的上部工程。工程开工后因政策处理问题受阻，开工两个多月后停工。2006年12月1日，在市、县人民政府支持下复工。至2012年5月25日完成南堤主体工程，8月通过单位工程验收。完成投资7023.02万元。

（二）南顺堤工程

南顺堤自杨屿山向西南方向延伸，与南堤连接。堤长1.53千米，底宽46米，堤顶高程8.12米，宽5米，防浪墙顶高程8.92米。基础采用排水板固结法，涂面上铺设承载力3吨/平方米有纺土工布一层，铺排水碎石垫层厚1米。排水板采用正方形布置，间距1.5米，施插深度为17米，露出碎石层面0.5米，覆盖承载力6吨/平方米有纺土工布一层，上面是抛石体。外镇压层抛石体上理砌大块石。龙口位置在南顺堤桩号K0+200～K0+420，按非汛期五年一遇标准设计，堵口断面坝顶高程4.02米，宽12.55米，内外侧边坡1:1.5。2007年8月4日开工，2010年4月17日堵口合龙，2012年5月23日完成主体工程，8月7日通过单位工程验收，完成投资5124.43万元。

（三）中隔堤工程

中隔堤是西湾海涂围垦工程南北两片的分隔堤和运输道路。

中隔堤位于西湾三沙咀至杨屿山西侧，一期工程于1998年5月开工，堤长0.88千米，堤顶高程5.79米，宽5米，投资797.71万元。1999年12月竣工。2014年6月，中隔堤按挡潮标准20年一遇，等别为Ⅳ级进行加固，堤顶高程4.7米，宽4.86米，防浪墙顶高程5.5米，11月完工，投资86.56万元。中隔堤共完成投资884.27万元。

（四）杨屿山水闸

左侧与杨屿山西南端相连，右侧与南顺堤相连。上游铺盖及闸室、消力池等主要建筑物坐落基岩上。水闸2孔，净宽10米，设计流量77.56立方米/秒。2009年7月3日开工，2011年5月30日完工，11月通过单位工程验收，完成投资610万元。

（五）主要工程量和投资

西湾南片围垦工程共完成石方138.76万立方米、土方25.92万立方米、砼灌砌石3.24万立方米、砼与钢筋砼1.96万立方米、土工布37.55万平方米、钢材399.54吨、PVC排水板64.48万米。累计完成投资2.05亿元，其中国家补助642万元。

工程于2000年12月13日开工，2012年5月25日完工，工期长达11年5个月（2015年1月9日，西湾南片围涂工程通过了竣工验收）。

西湾南片围垦工程参建单位情况

表 6–2–1

<table>
<tr><th>序号</th><th colspan="2">工程名称</th><th>施工单位</th><th>监理单位</th></tr>
<tr><td rowspan="3">1</td><td rowspan="3">南堤</td><td>第一阶段</td><td>温州市水利水电工程处第二工程公司</td><td>浙江广川工程监理咨询有限公司</td></tr>
<tr><td>第二阶段</td><td>泰顺县水利电力建筑工程公司</td><td>浙江广川工程监理咨询有限公司</td></tr>
<tr><td>第三阶段</td><td>温州永成水利水电有限公司</td><td>武汉新明勘测工程技术咨询有限公司</td></tr>
<tr><td>2</td><td colspan="2">南顺堤</td><td>福建省汀江水电工程有限公司</td><td>武汉新明勘测工程技术咨询有限公司</td></tr>
<tr><td>3</td><td colspan="2">水闸</td><td>福建省汀江水电工程有限公司</td><td>武汉新明勘测工程技术咨询有限公司</td></tr>
<tr><td rowspan="2">4</td><td rowspan="2">中隔堤</td><td>一期</td><td>平阳水利水电建筑工程公司</td><td>浙江水专工程建设监理公司</td></tr>
<tr><td>二期</td><td>浙江一建公司</td><td>宁波凌丰监理有限公司</td></tr>
<tr><td colspan="3">设计单位</td><td colspan="2">浙江省围垦局勘测设计所
平阳县水利水电勘测设计所</td></tr>
<tr><td colspan="3">质量监督单位</td><td colspan="2">温州市水利水电工程质量监督站</td></tr>
</table>

（六）围区造地工程

2011年，启动西湾南片围区造地开发工程，至2012年，完成造地5000亩，填筑道路2.5千米，开挖河道1.4千米，完成各项投资累计13亿元。

二、西湾北片围垦工程

西湾北片围垦工程为西湾围涂工程的二期工程，位于平阳县东海岸，距平阳县城18.3千米，东侧临海，南端与杨屿山相连，西侧以摇动岩、四沙岭等群山为天然屏障，北端与小洋山连接至西谷仓山脚。2008年12月，县人民政府委托平阳县利得海涂围垦开发有限公司代建，依法领取了围垦许可证和海域使用权证。

海堤全长5.22千米，其中北直Ⅰ堤333米、北顺Ⅱ堤629米、北顺堤4.26千米及排水闸一座；工程级别为Ⅲ等3级，挡潮设计标准为50年一遇，海堤结构为复式断面土石混合坝。龙口设置在北顺堤桩号1+975米处。工程建设期为四年，围垦面积6870亩。概算总投资2.74亿元，工程中标价为2.27亿元。2010年12月24日，在杨屿山举行西湾北片滩涂围垦工程开工仪式，常务副县长、滩涂围垦工程总指挥陈景宝宣布开工令。2011年8月10日施工单位进场，2012年10月27日工程正式开工。

工程业主为平阳县利得海涂围垦开发有限公司。由浙江广川工程咨询有限公司设计，浙江省第一水电建设集团股份有限公司中标施工，浙江东洲建设监理咨询有限公司监理，温州市水利水电工程质量监督站为质监单位。

三、机构与政策处理

（一）机　构

1996年，成立“平阳县西湾海涂围垦工程建设指挥部”，1999年12月，改为“平阳县西湾海涂围垦工程建设领导小组”，2000年2月，平阳县利得海涂围垦开发有限公司获得围垦建设开发权。2010年8月，平阳县利得海涂围垦开发有限公司纳入“平阳县滩涂围垦工程建设指挥部”管理。

（二）政策处理

2000～2012年，依据县人民政府印发的《西湾（墨城）海涂围垦工程政策处理若干规定》《平阳县滩涂围垦工程政策处理办法》和《关于加强西湾（墨城）海涂围垦工程实施范围内海域使用管理的通告》等文件，确定了墨城和西湾片围区边界，完成了工程建设所涉及的石料开采临时用地租地、坟墓迁移、树木赔偿、码头迁移、围垦区内滩涂养殖工具、构建物等政策处理，截至2012年，已足额兑现补偿金4145.1万元。

四、开发规划

2012年10月11日，平阳县人民政府与平阳县利得海涂围垦开发有限公司，签订西湾海涂围垦开发建设协议书，规定围垦的土地由政府收储，公开挂牌出让用于商住开发。至2014年年底，已挂牌出让土地1409亩。开发建设内容：海涂造地、围区内基础设施、公共配套、公建项目、项目外的市政配套建设和房地产开发，项目总投资750亿元，分南北片同时开发。据西湾滨海新城概念规划，计划将西湾围垦区建成包含全球温州人论坛永久会址、世界温州人金融中心、星级酒店、商业购物与休闲娱乐街在内的新城区，可容纳和集聚人口8万人。该项目的建设，将有力推动西湾滨海新城和昆鳌新城的联动开发，促使滨江片和西湾连成一体，对推进平阳经济社会发展和城乡一体化进程，全力打造温州大都市南部中心具有重要意义。

第三节　中期围垦工程

平阳中期围垦工程（飞鳌中期围垦），位于平阳县县域内飞鳌滩的高滩区域范围，东至东海海涂面-2米等高线，南到鳌江口，西靠古盘山森林公园，北接瑞安市与平阳县行政区划分界线，距平阳县城13.5千米，海岸线长约22千米。工程南北向距离约11千米，东西向距离约4千米，海堤总长约18.2千米，围垦面积5.05万亩。排水闸2座，隔堤3.2千米，调蓄湖2个（水域面积约2250亩），主干河道长约33千米，料场3座（海滨、二沙、下岙）。工程等别为Ⅲ等，按50年一遇防潮标准设计，挡潮海堤及水闸均为3级建筑物，围区河道、隔堤为4级，围堰、施工道路等临时建筑物为5级。工程初定总投资54亿元。截至2012年年底，工程已完成项目建议书批复并进入前期促淤阶段。

平阳中期围垦促淤工程一阶段（试验段）工程，2012年12月经县发改局批准建设（平改发投资〔2012〕319号），为平阳中期围垦的先期启动工程。堤长1500米，堤基宽70米，堤顶高程－0.2米，堤身为石坝，基础采用排水板固结法处理，外坡采用斜坡式结构，堤顶坡面采用大块石理砌护面。工程于2013年9月10日开工，2014年11月30日完工，投资0.73亿元。建设单位平阳县滩涂围垦开发有限公司，施工单位山东黄河工程集团有限公司，监理单位浙江水专建设监理有限公司，质监单位平阳县水利水电质量监督站，设计单位浙江省水利水电勘测设计院。

第七章　水力发电

平阳县水力资源理论蕴藏量5.8万千瓦，其中可开发利用的有5万千瓦。到1990年已开发利用4178千瓦，占可开发利用水力资源的8.36%；至2000年，已开发利用19435千瓦，占可开发利用水力资源的38.87%；至2012年，全县已建成水力发电站54座，已开发利用36030千瓦，占可开发利用水力资源的72%，上网电量10830万千瓦时。

2014年5月28日，顺溪水库下闸蓄水，水电站装机2×5000千瓦，设计年发电量1866万千瓦时，发电后全县开发利用水力资源将达46030千瓦，占可开发利用水力资源的92%，年发电量达到12696万千瓦时。

第一节　水电开发

1956年11月，平阳县第一座水力发电站——腾蛟驷马水力发电站建成，装机容量18千瓦。

20世纪60年代，全县建成小水电站24座（不含苍南县），总装机容量1085千瓦；70年代建成小水电站68座，总装机容量2256千瓦。到1990年，全县已建成装机容量在100千瓦以上电站10座，100千瓦以下电站94座，总装机容量4178千瓦。90年代水电站建设扩建增容，全县12座水电站的装机容量从原有的1425千瓦，增扩到4445千瓦。全县原有装机100千瓦以下水电站94座，到2000年年底报废了85座。

1990～2000年平阳县停办的小水电站

表7-1-1

序号	所在地	站数（座）	站名
1	昆阳	10	垟岙底、城西、前爿、走马灯、瓦砾坑、大馒头、水碓坑、莲花、白岩、胜利
2	鳌江	33	罗垟、西岭、西园、黄山、石佛、西山、高垟、联南、上园、珍珠、大平（西塘）、三良、双垟、龙山、南场、和平、大坑、公平、七星、岭根、前光、垂阳、赤溪、金山、联丰、梅里、大平（梅溪）、书阁、溪头、山碧、三光、白水、西湾
3	水头	13	姚珠、溪边、丰格、垟坑、钱山、东宝、林春、七亩、内塘、马迹、胡平、和联、岳巢
4	萧江	1	龙潭坑
5	万全	1	吴岙（湖岭）
6	腾蛟	6	秀垟、山边、五岱、岳垟、龙潭背、吴小垟
7	山门	8	亭后、西山、水门头、街尾、岳阳、石城、东岙坑、曹门
8	顺溪	5	下村、上村、溪南、溪北、福溪
9	南雁	5	栗园、笠湖、溪南、苔湖、迢岩
10	青街	3	九岱、青春、贡后
合计		85	

至1994年年底，全县新建21座规模较大的水电站，装机容量达13825千瓦；占可开发利用水力资源蕴藏量，由1990年年底的8.36%上升到38.87%。

到2000年年底，全县共有水电站40座（其中3座拆除重建），总装机容量19435千瓦，发电量4158万千瓦时。

2001～2012年，共新建水电站17座、报废3座、扩建增容16座，新增装机容量16595千瓦。2012年年末，全县共有水电站54座，总装机容量36030千瓦，总发电量达10830万千瓦时。

据统计，1992～2012年筹集水电站建设资金2.55亿元，共有362人拥有水电站的股份。

2012年平阳县水电站情况

表7-1-2

序号	电站名称	所在地	集雨面积(平方千米)	设计水头(米)	装机容量台×千瓦	调节库容(万立方米)	2012年发电量(万千瓦时)	投产年份	备注
1	汤家岭	水头	352	5.5	2×75	2	0	1966	2012年暂停发电
2	渔塘	萧江	2.7	140	1×320	10.5	51.12	1972	原装机为1×55千瓦，1980年扩建为2×100千瓦，2004年改建
3	山门	南雁	41.0	54	3×630	194.4	612.00	1974	原装机2×125千瓦，1999年扩建为2×630千瓦，2004年扩建
4	和平记	顺溪	6.0	40	1×160	1.7	69.81	1975	原装机1×75千瓦，2002年扩建
5	南洋	水头	2.11	75	1×200	10.1	38.54	1978	原名苍南水电站，装机(1×75+1×40)千瓦，2005年扩建

续表 7-1-2

序号	电站名称	所在地	集雨面积(平方千米)	设计水头(米)	装机容量台×千瓦	调节库容(万立方米)	2012 年发电量(万千瓦时)	投产年份	备注
6	腾胶(银坑)	腾蛟	5.05	220	2×630	11.6	91.10	1979	原装机 2×250 千瓦，1997 年扩建为(1×250+1×630)千瓦，2012 年扩建
7	凤巢	腾蛟	4.0	117	1×320	4.0	84.95	1979	原装机 1×100 千瓦，2008 年扩建
8	南漈1级	顺溪	4.5	205	1×400	4.3	180.50	1980	原装机 1×320 千瓦，2006 年扩建
9	腾蛟(驷马)	腾蛟	11.0	68	1×160	引水	31.26	1982	原装机 2×40 千瓦，2004 年扩建
10	南雁	南雁	2.5	100	1×250	6.0	32.04	1984	原装机 1×75 千瓦，2001 年扩建
11	南漈2级	顺溪	6.5	82	1×320	3.5	153.00	1985	原装机 1×200 千瓦，2005 年扩建
12	白岩	萧江	2.7	90	1×100	3.2	9.81	1989	原装机 1×75 千瓦，2002 年扩建
13	鲤鱼田	山门	29.66	127	2×1600	193.4	1197.04	1992	原装机(1×320+1×250)千瓦，2002 年扩建
14	黄坑	水头	7.4	140	2×630	298.0	311.25	1992	原装机 2×500 千瓦，2012 年扩建
15	石门	顺溪	11.57	180	3×800+1×320	75.0	881.47	1993	原装机(2×320+1×250)千瓦，2004 年扩建
16	凉头	顺溪	7.5	220	2×400	14.0	358.20	1995	
17	青街	青街	4.2	110	1×100+1×200	0.47	101.46	1995	
18	水鹤	腾蛟	4.0	80	1×200	5.0	38.52	1995	原蔡垟水电站
19	龙井头	顺溪	17.0	11	1×75+1×125	引水	44.53	1995	原装机 1×75 千瓦，2003 年扩建

续表 7-1-2

序号	电站名称	所在地	集雨面积(平方千米)	设计水头(米)	装机容量台×千瓦	调节库容(万立方米)	2012年发电量(万千瓦时)	投产年份	备注
20	玉苍山	水头	1.2	160	1×160	引水	32.91	1995	原铁场水电站
21	徐垟2级	山门	5.2	100	1×320+1×200	1.8	138.32	1996	
22	坑下	顺溪	5.3	64	1×320	1.0	70.80	1996	
23	凤溪	腾蛟		57	1×160	引水	13.83	1996	原双坑水电站
24	亩水田	顺溪	39.0	105	4×500+2×250	158.6	1078.80	1997	堰坝上游集雨面积
25	戈场桥	顺溪	33.0	102	3×630	151.6	731.40	1997	堰坝上游集雨面积
26	洋尾	顺溪	3.2	245	1×400	1.2	162.56	1997	
27	岭门	腾蛟	3.4	105	1×250	3.0	50.54	1997	
28	铜盘际	顺溪	8.0	35	1×160	0.3	64.92	1997	
29	交溪	顺溪	17.0	50	2×400	引水	205.38	1998	原装机(1×400+1×250)千瓦，2003年扩建
30	白水漈	顺溪	19.5	100	2×500+1×320	136.6	474.00	1998	
31	矾岩	南雁	161.0	6.5	2×320	2.0	229.74	1999	
32	岳栗	南雁	45.0	17.5	2×250	2.0	172.10	1999	
33	徐岳	山门	7.0	38	1×250	2.9	68.04	1999	
34	富溪	顺溪	1.1	140	1×160	1.0	35.79	1999	
35	龙坑	顺溪	3.4	33	1×100	0.7	24.40	1999	
36	龙洞	鳌江	1.1	138	1×100	2.9	12.24	1999	原梅溪水电站
37	泰丰	顺溪	13.98	125	2×800	45.2	595.20	2000	原白云水电站
38	内塘	水头	4.0	205	3×400	5.5	231.00	2001	
39	瑞源	水头	2.4	190	1×500	2.2	108.08	2001	

续表 7-1-2

序号	电站名称	所在地	集雨面积(平方千米)	设计水头(米)	装机容量台×千瓦	调节库容(万立方米)	2012年发电量(万千瓦时)	投产年份	备注
40	大理	腾蛟	7.24	39	1×200	引水	33.36	2001	
41	天长坑	山门	0.8	360	1×500	5.0	75.76	2002	
42	徐垟1级	山门	3.28	68	1×200	3.0	77.76	2002	
43	高城	山门	2.84	454	2×800	18.7	437.00	2003	
44	石牛坑	山门	4.0	94	1×500	7.1	105.36	2003	
45	新田	顺溪	3.1	155	1×320	4.0	89.00	2003	
46	眉峰桥	顺溪	11.03	55	1×500	2.6	123.12	2004	
47	华能	鳌江	3.14	110	1×400	5.0	50.17	2004	蔡垟二级站
48	果园	南雁	2.29	73	1×320	2.3	47.60	2004	
49	五兴	腾蛟	2.45	80	1×320	4.36	47.01	2004	
50	莒湖	南雁	115.67	5.1	2×250	2.5	165.50	2005	
51	溪口	顺溪	21.07	39	2×400	引水	211.35	2006	
52	三条际	顺溪	1.95	202	1×500	3.0	141.60	2006	
53	大坑	山门	2.67	263	1×630	2.28	168.90	2007	
54	孙阳	顺溪	6.9	210	2×500	8.0	269.40	2011	

说明：本表按投产年份排序，同一年份投产的按装机容量大小排序

平阳县水电开发，主要集中于西部山区。2012年，全县500千瓦及以上水电站25座，全部在北港地区；500千瓦以下水电站29座，仅2座在鳌江，其余都在北港。

2012 年平阳县水电站地区分布情况

表 7-1-3

类别 \ 区别		顺溪	山门	水头	腾蛟	南雁	萧江	鳌江	青街	合计
500 千瓦及以上	站数(座)	11	7	3	1	3	0	0	0	25
	装机(千瓦)	14430	8840	2960	1260	1640	0	0	0	29130
500 千瓦以下	站数(座)	10	2	3	7	2	2	2	1	29
	装机(千瓦)	2540	450	510	1610	570	420	500	300	6900
合计	站数(座)	21	9	6	8	5	2	2	1	54
	装机(千瓦)	16970	9290	3470	2870	2210	420	500	300	36030

第二节　重点电站、升压站

一、重点电站

2012年，全县54座水电站中，装机容量在800千瓦及以上的电站有15座。其中1600千瓦及以上的电站有7座，800～1600千瓦电站8座。

（一）1600千瓦及以上电站

1. 鲤鱼田水电站

坐落在山门镇岳溪村，水库集雨面积26.3平方千米，库容3.8万立方米。浆砌石拱坝，坝高10米，引水渠道长1300米，发电水头80米，压力管长120米，直径0.75米，装机容量2×320千瓦，设计年发电量170万千瓦时。10千伏输电线路长8.5千米，并入山门变电所。1990年6月动工兴建，1992年6月竣工发电。由38个股东集资建设，为平阳县第一座股份制水电站。

2002年6月异地重建，在电站上游2700米处建调节水库，C15砼灌砌块石双曲拱坝，集雨面积29.66平方千米（其中跨流域引水流域面积3.36平方千米），调节库容193.4万立方米。设计水头127米，发电隧洞布置在大坝上游100米处的右岸山体内，隧洞长3.23千米，压力钢管长60米，直径1.1米。装机容量2×1600千瓦，2004年12月竣工发电。总造价3700万元，其中水库造价428.8万元。2012年发电量1197万千瓦时，股东40人。

2. 石门水电站

为引水式电站。坐落在顺溪镇中山村，与石柱老电站合并，坝址上游集雨面积11.57平方千米，调节库容75万立方米。引水隧洞长2.3千米，压力钢管直径0.8米，长420米，设计水头180米，设计流量1.34立方米/秒，装机容量（2×320+1×250）千瓦，10千伏输电线路长7千米，并入王宅35千伏升压站。于1993年3月建成投产，年发电量200万千瓦时。2004年扩建增容，装机容量（3×800+1×320）千瓦，主变（1×2000+1×1000+1×400）千伏安，总造价1780万元。2012年发电量881.47万千瓦时。属股份制电站，股东34人。

3. 亩水田水电站

位于顺溪镇狮峰村，分一级、二级开发。一级电站堰坝上游集雨面积39平方千米，设计水头105米，调节库容158.6万立方米（白水漈水库库容136.6万立方米，凉头水库库容14万立方米，亩水田水库库容8万立方米）；引水隧洞长1.7千米。压力钢管直径1.02米，长160米；设计水头85米，设计流量2.54立方米/秒，装机4×500千瓦，主变4×630千伏安，厂房面积250平方米。

二级电站堰坝上游集雨面积41平方千米，设计水头20米，设计流量3.5立方米/秒，装机2×250千瓦。

两级电站共建一条10千伏输电线路，长3.5千米，并入王宅35千伏升压站。1997年1月建成发电，总投资1100万元，其中投资白水漈水库62万元。2012年发电量为1078.8万千瓦时。属股份制电站，股东30人。

4. 戈场桥水电站

为顺溪上游梯级开发中的一个引水式水电站，位于顺溪镇下垟村。电站堰坝上游集雨面积33平方千米，调节库容151.6万立方米（白水漈水库136.6万立方米，凉头水库14万立方米，电站调节池1.0万立方米）。引水渠道长1.4千米，压力钢管直径0.95米，长220米，设计水头102米，设计流量2.45立方米/秒；装机容量3×630千瓦，主变2×1200千伏安，架设10千伏输电线路0.7千米，并入王宅35千伏升压站。电站于1997年1月建成，总投资800万元，其中投资白水漈水库291万元。2012年发电量731万千瓦时。属股份制电站，股东28人。

5. 山门水电站

位于南雁镇三兴村。前身是维新水库电站，电站堰坝上游集雨面积41平方千米。1970年动工，1974年冬建成。装机2×125千瓦，供应维新水库施工用电，1980年维新水库停建，正式对外供电。1986年4月，成立山（门）顺（溪）水电管理所，并建成山门开关站，将南漈一、二级，中山、石柱电站并入山顺电网运行。总装机容量945千瓦，担负山门、顺溪两区13个乡的供电任务，年供电量174万千瓦时。1998年1月，平阳县山门水力发电站析为平阳县山门水电站（隶属于县水利局）和平阳县山门农电站（隶属于县供电局），分别负责发电和供电。

1999年增容改建，装机容量2×630千瓦。2004年扩建，装机容量3×630千瓦，调节库容194.4万立方米（鲤鱼田水库193.4万立方米，电站调节池1万立方米）。引水隧洞长1100米，设计水头54米，设计流量4.67立方米/秒，总造价622万元。2012年发电量612万千瓦时，并入顺溪变电所，由国有水电站改制为股份制电站，股东27人。

6. 泰丰水电站（原名白云水电站）

位于顺溪镇坳下村。坝址以上集雨面积13.98平方千米，调节库容（白云水库）45.2万立方米。为引水式电站，引水隧洞长2.8千米，压力钢管直径0.9米，长280米。设计水头125米，设计流量1.7立方米/秒，装机2×800千瓦。

主变2×1000千伏安，10千伏输电线路长7千米。于2000年3月建成投产，总造价1000万元。2012年发电量595.2万千瓦时，属股份制电站，股东42人。

7. 高城水电站

位于山门镇石城村。坝址以上集雨面积2.84平方千米，调节库容（高城水库）18.7万立方米。引水隧洞长1.81千米，压力钢管直径0.5米，长850米。设计水头454米，设计流量0.33立方米/秒，装机容量2×800千瓦。主变2×1000千伏安，就地并入国家电网。2000年1月开工，2003年8月建成投产，总投资1531万元。2012年发电量437万千瓦时，属股份制电站，股东12人。

（二）800～1600千瓦电站

1. 白水漈水电站

位于顺溪镇戈场村，为综合式电站。电站集雨面积19.5平方千米，白水漈水库调节库容136.6万立方米（水库于1996年8月由白水漈、戈场桥、亩水田三座电站按51.7%、35.1%、13.2%比例筹资建造）。引水隧洞长1.2千米，压力钢管直径0.95米，长160米，设计水头100米，设计流量1.75立方米/秒，装机容量（2×500+1×320）千瓦；主变（2×630+1×400）千伏安，架设10千伏输电线路长3千米，并入王宅升压站。1998年9月建成投产，总造价1100万元，其中水库投资426万元。2012年发电量474万千瓦时，属股份制电站，股东32人。

2. 腾蛟水电站

腾蛟水电站由银坑水电站与驷马水电站组成，2012年装机容量（2×630+1×160）千瓦，年发电量122.36万千瓦时。属股份制电站，股东16人。

1957年建成驷马水电站，1966年建成银坑水电站，由“腾蛟水力发电站”，统一管理。1983年冬，建成腾蛟至水头变电所10千伏输电线路5.1千米，腾蛟水电站并入水头变电所运行，拥有高压线路34千米，供电6个乡42个村。1986年建成腾蛟开关站，将腾蛟、岭门、凤巢等水电站（装机容量835千瓦）并网运行，并成立腾蛟水电管理所，担负腾蛟、带溪、岭门、凤巢的供电任务，年供电量290万千瓦时。1997年，腾蛟电站增挂平阳县腾蛟农电站

（筹）牌子。电站有主变1×800千伏安，10千伏高压线路68.17千米，低压线路168.27千米，配电变压器62台，计5530千伏安，并入腾蛟变电所运行。1999年，根据县人民政府常务会议纪要（1999年9月6日），腾蛟水电站划归腾蛟镇人民政府管理。2000年11月20日，腾蛟镇人民政府将电网等设施无偿移交县供电局管理。电站属集体性质，职工16人。

银坑水电站位于腾蛟镇银坑村。电站集雨面积5.05平方千米，设计水头220米，调节库容（龙潭背水库）11.6万立方米。1964年动工修建，至1966年10月建成发电。1972年，银坑电站扩建，装机容量2×250千瓦。1985年建成龙潭背水库，1997年银坑电站挖潜、增容、扩建，压力钢管直径0.45米，长450米，设计水头220米，设计流量0.53立方米/秒。装机容量（1×630+1×250）千瓦。2012年增容扩建为2×630千瓦，总造价674.7万元。年发电量为91.10万千瓦时，

驷马水电站，位于腾蛟镇驷马村。电站集雨面积11平方千米，设计水头68米，引水式，1956年11月12日经温州地区批准动工兴建，装机容量18千瓦，于1957年建成投产，送电供应腾蛟、驷马、民安三村居民照明，并为瓯南棉织厂生产供电。1982年，驷马车间外迁，扩建为装机容量2×40千瓦。2004年扩建，装机容量1×160千瓦。

3. 黄坑水电站

坐落于水头镇苍南村。电站集雨面积7.4平方千米，黄坑水库调节库容298万立方米。发电隧洞长2.55千米，压力钢管直径0.7米，长250米。设计水头140米，设计流量1立方米/秒，装机容量2×500千瓦，主变1×1250千伏安，10千伏输电线路长11千米。1992年3月投产发电，并入水头变电所，年发电量220万千瓦时。电站总造价822万元（包括黄坑水库）。

到1993年年底，亏损负债549万元。1994年进行产权制度改革，建立平阳县黄坑水电有限责任公司，由国家股、社会法人股、企业股、职工股组成基本产权结构，为平阳县国有水电企业首家实行股份制改革企业。

2012年电站扩建增容为2×630千瓦，设计流量1立方米/秒，发电量311.25万千瓦时，股东23人。

4. 内塘水电站

为引水式电站，坐落于水头镇樟垟村。电站集雨面积4平方千米，调节库容5.5万立方米。引水隧洞长380米，压力钢管直径0.48米，长420米。设计水头205米，设计流量0.78立方米/秒，电站装机3×400千瓦。主变（1×1000+1×500）千伏安，并入国家电网。1998年10月开工，2001年10月建成投产，总造价512.6万元。2012年发电量231万千瓦时，属股份制电站，股东17人。

5. 孙阳水电站

为引水式电站，坐落在顺溪镇大垄村。电站集雨面积6.9平方千米，调节库容8万立方米。引水隧洞长1.8千米，压力钢管直径0.8米，长150米。设计水头210米，设计流量0.67立方米/秒，电站装机2×500千瓦。主变（1×1000+1×500）千伏安，并入国家电网。2009年1月开工，2011年10月建成投产，总造价583万元。2012年发电量269.4万千瓦时，属股份制电站，股东20人。

6. 凉头水电站

为引水式电站，位于顺溪镇岭后村。电站集雨面积7.5平方千米，调节库容14万立方米。引水渠道长600米，压力钢管直径0.5米，长450米。设计水头220米，设计流量0.5立方米/秒，装机容量2×400千瓦，主变2×500千伏安，架设10千伏高压线路3千米。总投资250万元，1995年10月建成投产。2012年发电量358.2万千瓦时，属股份制电站，股东13人。

7. 交溪水电站

为引水式电站，位于顺溪镇中山村。电站集雨面积17平方千米。引水渠道长350米，压力池容量0.14万立方米，压力钢管直径0.9米，长90米。设计水头50米，设计流量2.7立方米/秒，电站装机（1×400+1×250）千瓦。1996年1月开工，1998年8月建成投产，并入国家电网。2003年扩建为2×400千瓦，主变2×500千伏安，总造价460万元。2012年发电量205.38万千瓦时，属股份制电站，股东13人。

8. 溪口水电站

为引水式电站，位于顺溪镇溪口村。电站集雨面积21.07平方千米。引水隧洞长1.15千米，压力钢管直径1.2米，长15米。设计水头39米，设计流量2.74立方米/秒，电站装机2×400千瓦，主变2×500千伏安，并入国家电网。2004年11月开工，2006年11月建成投产，总造价520万元。2012年发电量211.35万千瓦时，属股份制电站，股东15人。

二、王宅35千伏升压站

王宅35千伏升压站，位于顺溪镇王宅村，距顺溪镇8.2千米，占地面积5亩。1995年1月，县人民政府成立顺溪梯级水电工程建设指挥部，副县长周景标任指挥，缪纪顺、叶笃洲、林克聪为副指挥。同年4月开工，为顺溪上游梯级开发水电的重要输电工程。主变容量2×4000千伏安，35千伏出线一回，由一条19千米长的35千伏出线，与山门变电所连接；10千伏出线五回，分别与亩水田、戈场桥、凉头、坑下、白水漈等电站连接，担负着6400千瓦的输电任务。工程于1996年10月建成，总投资550万元，其中升压站工程造价200万元，输电线路造价350万元（山门变至顺溪变11.3千米输电线路由县“三电办”投资200万元建成），建设资金由相关单位按股份投资。1999年10月，增加主变容量4000千伏安，10千伏出线增至七回，王宅升压站主变总容量3×4000千伏安，输电能力增加至9600千瓦，年输送电量1800万千瓦时。

第三节　建设农村水电初级电气化县

1991年1月，国务院国发〔1991〕11号文批准平阳县为全国第二批建设农村水电初级电气化试点县。1991～1994年，全县各部门通力合作，投入农村电气县建设，于1995年通过省、市验收组验收，成为全国第二批农村初级电气化达标县。翌年5月，县水利局获“全国第二批农村初级电气化建设先进集体”称号。

1994年全县总用电量2.41亿千瓦时，其中自供电量1.55亿千瓦时，占64%；农村通电户数为18.66万户，占总户数97.7%；人均年用电量为310千瓦时。1991～1994年在电源建设方面，新建水电站7座、余热电站1座，装机容量4375千瓦；扩建水电站4座，增加装机容量265千瓦；在建水电站8座，装机容量5625千瓦。在电网建设方面，新建35千伏变电所3座，主变容量2.06万千伏安；扩建35千伏变电所4座，增加主变容量4.41万千伏安；在建35千伏变电所一座，主变容量1万千伏安。新架110千伏输电线路30.4千米，35千伏输电线路46.77千米，10千伏输电干线及支线162千米，0.4千伏线路300千米；改造高低压农电线路462千米。新增10千伏配电变压器759台，增加容量44.95万千伏安；兴建2×4000千伏安升压站1座，配套35千伏线路20千米。此外，全县还建成用电标准村50个1.09万户，对老区、山区、边远地区实施扶贫办电，达到村村通电的要求。

第八章　防汛抗旱

平阳县属亚热带海洋性气候，温暖湿润，雨量充沛，夏秋间有台风洪涝及干旱灾害发生，给工农业生产和人民生命财产造成损失。中华人民共和国成立以来，党和政府领导人民兴修水利，防御自然灾害，基本保障了县境内人民安居乐业和工农业生产的发展。

第一节　组织机构、工作职责

根据《浙江省防汛防台抗旱条例》规定：县级以上人民政府设立防汛防台抗旱指挥机构（以下简称防汛抗旱指挥机构），由本级人民政府负责人统一指挥。防汛抗旱指挥机构由具有防汛防台抗旱任务的部门、当地驻军、武装警察部队等负责人参加，具体办事机构设在本级水行政主管部门。

一、组织机构

1951年设县防汛联防总队，副县长赵思孟任总队长。1952年更名为县防汛防旱指挥部，指挥部指挥由县党政军负责人兼任，指挥部下设办公室，办公室主任一般由水利局副局长兼任。

2001年3月，同时成立县防汛防旱指挥部水上防台分指挥部、地质灾害应急防治分指挥部、北港分指挥部。三个分指挥部指挥都由县府分管领导担任，其中：水上防台分指挥部由县府办、温州鳌江海事处、县海洋与渔业局领导担任副指挥，下设办公室在温州鳌江海事处；地质灾害应急防治分指挥部由县府办、县国土资源局、县民政局领导担任副指挥，下设办公室在县国土资源局；北港分指挥部由县委办、县府办、水头镇领导担任副指挥，下设办公室在水头镇。

每年汛前由县府办发文公布县防汛指挥部成员，确立县防汛办主任、副主任，负责指挥部日常工作。2009年1月6日，县编委批复同意县防汛办为常设机构，核定编制6名，全额拨款事业单位。配主任1名，由水利局分管副局长兼任，专职副主任1名，副主任1名，现有编内人员6名。

1989-2012 年平阳县防汛防旱指挥部、办公室负责人名单

表 8-1-1

年份	指挥部		指挥部办公室	
	指挥	副指挥	主任	副主任
1989	周景标	上官女　高士来　庄义瑞	苏秀玉	倪兆枢
1990	陈启富	林昌桐　刘崇潘　庄义瑞	陈洪渠	倪兆枢
1991	陈启富	林昌桐　黄乃树　黄海岸　庄义瑞	陈洪渠	倪兆枢 梁亦坤
1992	陈启富	陈德宝　黄乃树　缪纪顺　庄义瑞	陈洪渠	倪兆枢
1993	周景标	陈德宝　吴道富　黄乃树　缪纪顺	周贻训	倪兆枢
1994	周景标	雷大取　陈德宝　吴道富　黄乃树　缪纪顺	周贻训	倪兆枢
1995	周景标	陈德宝　吴道富　黄乃树　缪纪顺	苏秀玉	张永安 冯　力
1996	周景标	陈德宝　吴道富　黄乃树　缪纪顺	苏秀玉	张永安 冯　力
1997	周景标	陈德宝　吴道富　黄乃树　缪纪顺	张海强	冯　力
1998	雷大取	(4 月) 陈德宝　李　炜　黄乃树　缪纪顺	张海强	冯　力
	雷大取	(8 月) 陈汉云　陈有诚　陈绍熙	张海强	冯　力

续表8-1-1

年份	指挥部		指挥部办公室	
	指挥	副指挥	主任	副主任
1999	雷大取	陈汉云 陈有诚 陈绍熙	张海强	冯 力
2000	雷大取	(4月) 陈有诚 陈绍熙	张海强	冯 力
	雷大取	(7月) 邹华倫 陈有诚 陈绍熙	白锡队	张永安 冯 力
2001	雷大取	何 忠 陈有诚 陈绍熙	白锡队	张永安 冯 力
2002	雷大取	何 忠 余贤杰 陈绍熙	白锡队	张永安 冯 力
2003	林立军	周衍仲 申建设 陈绍熙	白锡队	张永安 冯 力
2004	林立军	周衍仲 申建设 陈绍熙	白锡队	张永安 冯 力
2005	林立军	周衍仲 申建设 陈绍熙	白锡队	张永安 冯 力
2006	林立军	朱建云 周世彬 温一榴	赵友敏	张永安 冯 力
2007	曾上俊	王文强 谢 驰 温一榴	许益顺	张永安 冯 力
2008	曾上俊	王文强 谢 驰 温一榴	许益顺	冯 力 周敏捷 陈圣利
2009	曾上俊	黄春阳 叶克捷 谢 驰 陈先夏	许益顺	冯 力 陈圣利
2010	曾上俊	黄春阳 叶克捷 谢 驰 陈先夏	蔡祖尧	冯 力
2011	曾上俊	熊 涛 叶克捷 谢 驰 陈先夏	蔡祖尧	冯 力
2012	梁超(4月)	熊 涛 叶克捷 邱益水 申建设	蔡祖尧	冯 力
2012	周慧(6月)	熊 涛 叶克捷 林开胜 申建设	蔡祖尧	冯 力 苏建玲

二、工作职责

防汛防旱指挥部的主要职责是：根据“安全第一，常备不懈，以防为主，全力抢险”的防汛方针，代表政府指挥防汛、防旱、抗台、抢险、救灾；实施《防洪方案》；决定危险地区人员撤离，财物搬迁；决定重要水利工程分洪、启闭和运行；决定调动全社会人力、物力、财力和商请部队、武警应急抢险、救灾；决定气象、水文各种关键防汛数值对外发布；决定防汛、防旱、抢险、救灾经费、物资、设备的分配；决定组织河道清障；决定发布险情、灾情等。

防汛防旱指挥部办公室，从每年进入汛期的4月15日开始，至10月15日汛期结束，实行24小时值班，做好及时、准确的上情下达、下情上达，台风、雨情、旱情的发布，水位的调度，风情、灾情的统计汇报等工作。遇到灾害性气象或节假日，常务副指挥、水利局局长、办公室主任、副主任都必须值班。

第二节　报汛、遥测

受东风带、西风带、副热带天气影响，每年4～10月的主汛期，梅雨、台风、暴雨引发境内沿海、沿江地区潮灾、洪涝。春夏秋季节，时有干旱之虞。1989～2012年的24年间，平阳县遭受多种自然灾害侵袭。据统计，每次受灾直接经济损失500万元以上的有34次，其中台风侵袭28次、梅雨2次、暴雨1次、干旱2次、冰雹1次。全县累计农田受灾面积525万亩次，受灾人口827.8万人次（其中死亡202人、失踪7人、受伤1187人），直接经济损失97.14亿元。

一、报　汛

浙江省规定：汛期为每年的4月15日至10月15日，其中4月15日至7月14日为梅汛期，7月15日至10月15日为主汛期。

1961年，省级水情站网进行规划，并实行分级布置，分级管理。平阳县水文站向省、市、县防汛指挥部报汛的站点有平阳、埭头、鳌江内河、鳌江站等4处。其中平阳站拍报瑞平塘河水情、雨情，埭头站拍报北港水情、雨情，鳌江内河站拍报小南内河水情，鳌江站拍报鳌江风暴潮、雨情。至20世纪80年代分别增设顺溪、山门、腾蛟雨量站，向县防汛指挥部拍报雨情。2005年又增加吴垟、朝阳等雨量站为台汛期报汛站，向县防汛指挥部拍报台汛期雨情。

各报汛站拍报时间为每月的1日、11日、21日8时，向省市收报单位拍报旬、月雨量及当日其他水情要素。

县防汛办和水文站对特大暴雨洪水或严重旱情要组织力量进行调查分析，并及时提出专题调查分析报告报送市防汛办。

二、遥　测

2008年遥测系统建成，实现水雨情实时信息自动化测报，有线水文机报汛作为辅助手段。水文数据通过网络传输至省水文信息平台，再由县遥测系统进行数据读取，县防汛办可实时监测全县各地水位雨量情况，及时了解各地实际情况进行工作调度。

至2012年，平阳水文站辖鳌江潮位站、埭头水文站、县内雨量站和万全、小南、萧江河网水位站。县防汛办辖县级山洪灾害预警平台1套，水位、雨量、潮位遥测站57个，视频会商系统48套，视频监控站25个，无线预警广播30个，室外预警大小屏幕38个等各类防汛设施设备，可将各类防汛信息及时传递到县防汛指挥部。

第三节　物资储备、防汛预案

一、物资储备

全县实行防汛抗旱物资储备制度。20世纪90年代，防汛草包由县土特产公司代购，县防汛仓库储存备用。2002年，县防汛物资采取仓库储备和委托代储两种方式，每年汛期前，对县防汛仓库储备的防汛物资进行更新和补充；对各镇乡防办、工程管理单位、社会上其他单位储备的防汛物资进行统计造册。2012年，按照三星级防汛物资仓库建设标准，为全县10个镇乡和10个社区、20个防汛重点村居配备种类齐全、数量充足的防汛物资，在水头镇创建县防汛物资仓库分中心。各镇乡、社区配备发电机一台，易涝受淹的水头、萧江、鳌江等镇建木船30艘。同时，与萧江岱口村挖掘机、铲车等大型机械出租商签订协议，以备随时调用。

2012 年平阳县防汛物资仓库建设及物资设备储备情况

表 8-3-1

物资种类		单位	应储备量	实际储备量	
				水头仓库	县级仓库
工程应急抢险储备	编织袋	条	52700	14000	38700
	土工布	平方米	600	300	900
	砂石料	立方米	2500	0	3000
	块石	立方米	2500	0	3000
	桩木	立方米	7	0	10

续表8-3-1

物资种类		单位	应储备量	实际储备量	
				水头仓库	县级仓库
工程应急抢险储备	铅丝或钢筋笼	千克	600	50	1000
	钢管	千克	1200	0	800
	柴油	千克		0	5000
	救生衣(救生圈)	件	350	600（200）	1869（11）
	移动发电机组	千瓦	10	5千瓦(1台)	10千瓦(2台)
	便携式工作灯	只	60	60	28
	投光灯	只	2	2	0
	打桩工具	套	50	47	3
	电缆	米	500	510	800
	铁锹	把	120	100	26
	钢丝绳	根	1	1	3
	手拉葫芦	套	1	1	3
	水泵	台	13	13	0
基本储备	卫星电话	部	2	0	2
	橡皮艇(冲锋舟)	只	7	3	4
	雨衣	件	200	140	60
	雨鞋	双	200	176	99
	头盔	个	100	99	43
选备	救生船只	艘	1	1	0
	绳索	千克	5	1	4

二、防汛防台预案

1995年，县防汛防旱指挥部首次制定《平阳县防御洪（潮）水方案》，出台防御台风操作规程和紧急避险措施。2001年，县防汛防旱指挥部修编完成防汛防台抗旱应急预案，2002年7月颁发《平阳县防洪预案》。2006年，县府印发《平阳县重大洪涝台旱和水利工程险情处置应急预案》。2008年，县防汛防旱指挥部编制完成《平阳县防汛防旱应急预案》。2009年，平阳县被列入国家300个县级山洪灾害防治非工程措施建设县，由监测系统、县级监测预警平台、预警系统、群测群防系统和气象部门构成山洪灾害防治非工程措施建设体系，提升全县的防汛防台工作能力。

2012年，平阳县人民政府印发《平阳县防台风应急预案》，坚持“以人为本、安全第一，预防为主、防抗结合，确保重点、统筹兼顾”的原则，按照台风风力大小、登陆时间、暴雨量多少，确定四级应急响应（四级表示沿海、内陆24小时内风力达6～8级，日降雨量50～100毫米，过程雨量100～200毫米，发台风蓝色预警信号；三级表示沿海、内陆24小时内风力达8～10级，日降雨量100～200毫米，过程雨量200～300毫米，发台风黄色预警信号；二级表示沿海、内陆12小时内风力达10～12级，日降雨量200～300毫米，过程雨量300～500毫米，发台风橙色预警信号；一级表示沿海、内陆6小时内风力达12级以上，日降雨量300毫米以上，过程雨量500毫米以上，发台风红色预警信号）。如遇二级时，防汛指挥部指挥到位并主持会商，指挥部成员全体到指挥部集中待命。一级时，县委、县府主要领导进岗到位部署防御对策，成立抗洪抢险救灾领导小组，实行统一领导，分组实施。

在汛期前，各级防汛防旱指挥部及成员单位要修编完善防汛防台抗旱各类应急预案，明确各单位在防汛防台抗旱中应该发挥的作用。其中，乡镇级预案要针对洪涝、台风、山洪与地质灾害的特点，着重明确低洼地带（沿海、沿江、沿溪）、危房、地质灾害点等各类危险地带人员转移避险、船只避风保安、水利工程抢险与应急救援等具体方案及措施；村级预案要突出人员转移避险方案和自防自救措施。各类应急预案中，采用图表化方式制作区域风险图、转移避险线路以及安置场所图；对应急响应条件、责任人职责及进岗到位条件、危险区域人员及转移避险责任人等信息实行表格化。

县级预案由县委办、县府办、县防汛指挥部审批发文公布，各乡镇和成员单位预案由县防汛防旱指挥部审批。

第四节　设防标准、措施、调度

一、设防标准

对水库、堤塘、水闸等水利设施，确定控制运用标准：小（一）型水库，按50年一遇暴雨洪水设防；小（二）型水库，按20年一遇要求设防；海塘按50年一遇潮位设防；鳌江江堤雁门水闸以下按50年一遇潮位设防；雁门水闸以上按20年一遇设防；入海入江水闸按河网警戒水位进行调度。

表 8–4–1　　1989～2012 年平阳县河网水（潮）位站报汛标准

序号	站　名	地　点	水（潮）位　（米）			
			正　常	警　戒	危　急	历史最高
1	平阳水位站	昆阳镇北门	2.92	3.12	3.62	3.84
2	鳌江水位站	鳌江镇平阳中医院边	2.84	3.04	3.62	3.82
3	萧江水位站	萧江水闸上游	3.12	3.32	3.62	
4	鳌江潮位站	鳌江大厦边		3.70		4.84
5	埭头水文站	南雁镇埭头村		14.70	15.70	17.91

二、防汛措施

（一）防汛安全检查

每年1月份，县防汛指挥部部署全县防汛安全大检查专项活动。3月初，在各镇乡自查的基础上，县防指、县水利局开展县级防汛大检查活动。针对检查中发现的水库山塘、水闸、堤塘等防汛隐患，县防指下发整改通报，要求限期予以整改落实，确保安全度汛。

（二）落实防汛责任制

每年汛前，对县防汛指挥部成员、县防指水上分指挥部成员、县地质灾害指挥部成员进行调整，由县委办、县府办正式发文公布。水库、堤塘、水闸安全管理责任人和巡查责任人、农村水电站防汛安全责任人和基层防汛防台体系责任人由县防指进行调整，发文公布并在媒体上进行公示，将防汛责任落实到人。

（三）防汛宣传和演练

每年“4·15”防汛宣传日，通过电视、新闻、广播等媒体宣传防汛法律法规和防灾避灾知识；开展户外宣传活动，现场发放宣传小册子，普及群众防灾小常识。

每年5月最后一周为防汛演练周，根据上一年度防汛防台形势，开展有针对性的防汛演练。

三、指挥调度

根据气象、水文部门提供的风情、雨情、水情、旱情，县防汛指挥部召集有关单位进行会商，预测水旱灾害发生发展趋势及可能带来的危害，提出防御意见和措施。或由县长发布命令指挥全县人民防洪、防潮、抗旱、抗台，组织抢险救灾。根据水旱灾害的范围和特点，必要时可由上级防汛抗旱指挥部统一指挥调度。

第五节　非工程体系及建设

一、防汛防台体系建设

2010年，按照市防指要求，开展“组织保障”“设施保障”“预警保障”“预案保障”“经费保障”“制度保障”“专家库建设保障”“物资保障”“队伍保障”“宣传保障”等10个保障的基层防汛防台体系建设，全面建成“组织健全、责任落实、预案实用、预警及时、响应迅速、全民参与、救援有效、保障有力”的基层防汛防台体系，实现“乡自为战”“村自为战”的要求，最大程度地减少洪涝台灾害给人民群众造成的生命财产损失。县基层防汛防台体系建设于2010年通过市级验收。

二、新机制、新做法和新举措

2008～2012年，实施新举措：

（一）设立台风直播间。

在台风影响期间，每个小时整点播出台风信息，电视台和广播同步直播，让群众及时了解台风信息。

（二）设立防汛求助热线：“967715”。

安排20名接线员在台风影响期间接听群众求助电话。

（三）在麻步、腾蛟、山门、萧江设立4个防汛施救中心。在台风来临前预先布置抢险人员、医务人员到位，备足抢险船只、防汛物资、药品等。

（四）在防汛期间，要求各镇（乡）在台风来临前，将孕产妇提前安排住院。费用由县财政与镇（乡）各承担一半。

（五）在台风期间，交警大队对特殊路段进行交通管制。

（六）开展全县重点受淹村普查和扶助。确定50个防汛重点村，对其进行基础设施建设，建立会商系统，配备应急发电机、发放防汛物资等。

三、基层防汛防台体系建设提升工程

2009年，平阳县被列入国家300个县级山洪灾害防治非工程措施建设县，投资582万元，对监测系统、县级监测预警平台、预警系统、群测群防体系和气象部门进行建设，提高全县的防汛防台工作能力。

2011年，省防指要求开展基层防汛防台体系提升工程建设。据此，平阳县就提升工程着重抓好责任体系、办事机构、应急力量、监测预警、警示告示、避灾场所、物资仓库、信息化等八大子项目建设工作。实现基层防汛防台工作的责任体系网格化、办事机构达标化、应急力量综合化、监测预警科技化、警示告示标准化、避灾场所合理化、物资仓库规范化、指挥管理信息化等“八化”目标，并全力提升县、镇、村三级及学校和企业的防汛防台工作能力，工程通过了省级验收。

第六节　重大抗灾纪实

一、1990年防汛救灾

1990年6月23日至9月11日，平阳县受到5号、12号、15号、17号、18号五次台风严重影响，全县农田受涝85万亩次，死14人，伤36人，直接经济损失

9120万元。9月9日18号强台风在福建省晋江登陆，顺溪两天降雨487毫米，黄坑水库一天降雨404毫米，为50年一遇暴雨。水头等地一片汪洋，局部地区淹没时间72小时，平地水深3.5～4米。台风期间，浙江省省长沈祖伦、省水利厅厅长陈绍沂，从杭州乘专机到温州后，立即派中国人民解放军驻温部队舟桥连官兵赶赴水头投入救灾工作。县委、县府领导亲临一线指挥抗台救灾，全县各级领导都能及时进入岗位，部署本地抢险救灾工作。全县下拨救灾款142万元，救济灾民19398户，下拨专项资金用于水毁工程修复。

二、1994年防汛救灾

1994年8月21—22日，17号台风在瑞安市梅头登陆，风力12级，过程雨量296毫米。平阳县受灾死亡166人，重伤916人，倒塌民房8557间，坏屋6.88万间，粮食作物受淹1.83万公顷，全县直接经济损失15.4亿元。按照县委、县府“振奋精神，团结救灾，艰苦创业，重建家园”的指示，投入救灾重建工作：一是深入村居，做好报灾、查灾、核灾工作；二是临时拨出15.45万元救急资金，对每一个死难者进行安葬补助；三是及时下拨575.45万元救灾款，帮助灾民解决生活困难；四是在腾蛟、桃源、西湾等3个乡镇建设灾民居住点，解决180户重灾户、特困户的住房问题；五是先后拨出80万元帮助灾民搞好生产自救。全县水利工程遭受毁灭性破坏，通过抢修，至1995年全县水毁工程已修复1260处，其中防洪堤837处计146千米，堰坝170条，渠道21千米，占水毁工程量的95%。台风登陆后，国务委员陈俊生，浙江省省委书记李泽民，副省长刘锡荣到平阳查看台风所造成的灾情和指导抗台工作。

三、2005年防汛救灾

2005年，台风影响频繁，全年对平阳县有影响的台风达5次，分别为5号台风“海棠”、9号台风“麦莎”、13号台风“泰利”、15号台风“卡努”和19号台风“龙王”，是1962年以来最多的一年。台风影响时间相对集中，降水强度大，“海棠”和“泰利”所造成的损失尤为严重。

（一）“海棠”台风救灾纪实

5号台风“海棠”于7月19日下午在福建省连江登陆，过程雨量424.3毫米。平阳县受其严重影响，狂风、暴雨、大潮同时袭来，全县31个乡镇590个行政村受灾，受灾人口73万。有53.2万人被洪水围困，受伤5人、失踪5人，死亡1人，倒塌房屋2632间，死亡大牲畜850头，农作物受灾面积1.69万公顷，全县直接经济损失20.73亿元。特别是水头、麻步、鹤溪、萧江、梅溪、梅源、钱仓等地一片汪洋，水头街区积水最深达4米，工农业生产遭受毁灭性的打击。据不完全统计，在整个救援过程中，共出动公安、武警、消防部队1660人次，出动车辆28辆、冲锋舟22艘，疏散转移群众3900多人，救助被困群众3000余人，因灾转移安置8.2万人。县成立救灾领导小组，开展灾民救助安置工作。县财政落实救灾资金516.5万元，用于解决安顿部分重点灾民的基本生活和倒房抢修。7月20日，浙江省省长吕祖善到平阳县视察。7月26日，浙江省委书记、省人大常委会主任习近平到平阳实地查看5号台风“海棠”所造成的灾情，并慰问受灾的群众。

（二）“泰利”台风救灾纪实

9月1日19时至21时，13号台风“泰利”来袭。短短三小时内降雨量就达164毫米，水头镇区的最高水深4.3米，超出5号台风30厘米。全县受灾43.24万人，被困21.23万人，因灾死亡1人，受伤1人；倒塌房屋806间、损坏6835间；农作物受灾面积1.87万公顷，全县直接经济损失8.23亿元。全县组织2.3万名党员干部投入防台抗灾，转移危险区域人员43015人、船只902艘。灾后迅速成立由县委书记、县长任正副指挥的抗灾救灾指挥部，并分8个工作组，分赴灾区指导抗灾救灾工作；拨出救灾应急资金100万元，帮助灾民开展生产自救，重建家园。

四、2006年防汛救灾

是年有1号“珍珠”、4号“碧利斯”、5号“格美”、8号“桑美”等4个台风先后影响平阳县。8月10日，8号超强台风“桑美”，在苍南县马站登陆，是50年来入侵平阳县强度最大的台风，而且台风影响期间又值天文大潮，出现强风、暴雨、高潮位三碰头，灾害特别严重。全县平均过程雨量235毫米，受灾70.24万人，因灾死亡2人，失踪1人，受伤14人，倒塌房屋4963间（1120户），受损23635间，农作物受灾面积1.55万公顷，直接经济损失9.54亿元。

“桑美”台风期间，全县共组织2.4万名党员干部，应急救援队伍128支计3260人，调集冲锋舟、木船等救生船只20艘、救生衣500件、车辆22辆，投入抗台防台工作。对地质灾害隐患点、山塘水库，有关部门管理人员认真做好巡查监测工作，发现问题及时处理。据统计，全县共安全转移危险地段人员10多万人、渔船归港避风847艘。

五、2007年防汛救灾

是年有7号“帕布”、8号“蝴蝶”、9号“圣帕”、13号“韦帕”、16号“罗莎”等5个台风先后影响平阳县。特别是13号台风“韦帕”，于9月19日凌晨2时30分在苍南县霞关镇登陆，近中心最大风速45米/秒(14级)。受强台风“韦帕”影响，全县普降暴雨到大暴雨，局部特大暴雨，面平均雨量228毫米，水头、麻步等乡镇一片汪洋。全县受灾人口42.36万人，倒塌房屋408间，农作物受灾面积1.64万公顷，水利堤防损坏85处，堤坝决口3处，直接经济损失3.04亿元。

在13号“韦帕”超强台风登陆期间，全县组织5000名党员干部投入防台，组织应急救援队伍126支计3200人，调集冲锋舟、木船等救生船只21艘、挖掘机24台、车辆73辆，并做好对地质灾害隐患点、山塘水库等重点危险部位的巡查监测等各项防御工作。据统计，在这次防台抗台中，全县共安全转移危险地段人员9.55万人、渔船归港避风744艘。灾情发生后，至12月5日，全县投入资金570万元，修复堤防80处5.37千米，水闸4座，受损水电站全部恢复正常。

六、2009年防汛救灾

8号台风“莫拉克”于8月9日16时20分在福建省霞浦县登陆，登陆时中心最大风速33米/秒（12级），平阳县面平均雨量428.4毫米，水头镇积水最深处达4.7米。全县31个镇（乡）全部受灾，受灾51.33万人，转移人员8.23万人，房屋倒塌976间，损坏858间，农作物受灾面积1.84万公顷，直接经济损失9.33亿元。国务院副总理回良玉、省委书记赵洪祝和省长吕祖善到平阳县考察灾情。市委常委、市公安局长叶寒冰到平阳县坐镇指挥防台救灾工作。

县四套班子领导和有关部门领导分赴联系挂钩乡镇指导防台工作。全县124处地质灾害隐患点和96座水库、山塘的管理人员、技术责任人、巡查人员和行政责任人在岗，实行24小时巡查。全县共组织各级干部1.5万多人，302支共3481人的应急救援队伍，落实抢险船只21艘、大型挖掘机32台、运输车197辆及其他物资，积极投入防台抗台抢险工作。据统计，全县共转移人员8.23万人，提前疏散南麂游客1681名，渔船归港避风797艘。

9日中午，57省道麻步段有4人被洪水围困，得知求救信息后，县防指立即组织县人武部、应急队伍等力量前往营救，4位受困群众被成功救出。9日11时30分左右，昆阳镇城西社区沙岗村南山自然村发生泥石流（非地质灾害点）冲毁8间房屋，5名群众被压。灾情发生后，市委常委、市公安局局长叶寒冰亲临现场指导救援工作。组织县国土资源局、卫生局、应急抢救小分队的人员以及当地村民共200多人投入抢险。经过1小时的紧张抢险，5名被压群众全部救出。同时，成功救援水头、山门等地4名临产孕妇。

七、1999年抗旱救灾

是年初冬，出现历史上少见的秋冬连旱天气。从10月11日到年底总降水量仅25.2毫米，是平阳县自1957年以来同期最少的，只及常年同期的15%；而同期的蒸发量达267.1毫米，是降水量的10多倍，造成山区溪水断流，农作物干枯死亡，部分群众饮水发生困难。

旱情发生后，县委、县政府立即组织力量投入抗旱工作，拨付抗旱专项资金。北港片水头、鹤溪、闹村等地打机电井，取水用于农业灌溉；腾蛟镇在溪流里打井取水用于人畜饮水；万全片采用三级翻水站，取水用于农业灌溉。

八、2003年抗旱救灾

2003年梅汛期前期，全县雨量明显偏少，水库蓄水量只及正常库容量的20%～30%。5月25日至8月12日，县内出现严重旱情，旱灾持续时间80天，是1956年以来仅次于1967年的全县性大旱。期间总雨量仅165.1毫米，只及正常年份的3成，其中6月26日至7月25日整整一个月滴雨未下。蒸发量高达618.7毫米，比正常年份偏多5成。受旱情影响，县内平瑞塘河、平鳌塘河、萧江塘河蓄水量只剩40%～60%；全县47座山塘、19座小（二）型水库、3座小（一）型水库大部分见底；闹村、凤巢、梅溪、梅源等地大片田地晒白开裂。全县饮用水困难者达28万人，0.53万公顷水稻、0.4万公顷经济作物受灾，直接经济损失5000万元。省市领导分别作出指示批示，要求做好当前防旱抗旱工作。县政府下拨抗旱专项资金，停供工业、服务业等用水，采取限量供水、组织人民群众挖井、上山找泉水、派县消防队送水等措施，帮助群众解决饮用水困难。

第九章　水利管理

平阳县水利管理工作，随着水利事业的逐年发展而得到进一步地加强。20世纪80年代，管理机构只有平阳县水利管理所、水电管理所，管理人员30多人。2012年，有平阳县水利管理所、水电管理所、堤塘管理所、河道管理所、水土保持监督所、水政监察大队，还有分流域设立的昆阳、鳌江、水头、萧江、山门、万全六个水利管理所，管理人员100多人。

2002年，建成水利局办公大楼，占地面积2950平方米，建筑面积3006平方米，进一步改善了县级水利管理办公条件。

第一节　机构沿革

中华人民共和国成立以来，县农业、林业和水利3个部门的机构时分时合，变动比较频繁。新中国成立初期，水利工作由县实业科、建设科负责；1952年11月设农林科，统管农、林、水的建设；1955年10月，农林科改为农林水利局；1957年3月，水利从农林水利局中划出，首次单独组建水利局。此后又几度与农业、林业合并成立农林水利局，至1976年10月恢复县水利局，2001年12月，县水利局由水利水电局改名迄今。

1949～2001 年平阳县水利管理机构沿革

表 9-1-1

序号	机构名称	组建年月	撤销年月
1	实业科	1949 年 9 月 1 日	1950 年 6 月
2	建设科	1950 年 6 月	1952 年 11 月
3	农林科	1952 年 11 月	1955 年 10 月
4	农林水利局	1955 年 10 月	1957 年 3 月
5	水利局	1957 年 3 月	1958 年 5 月
6	农林水利局	1958 年 5 月	1959 年 2 月
7	水利局	1959 年 2 月	1962 年 6 月
8	农林水利局	1962 年 6 月	1962 年 9 月
9	水利局	1962 年 9 月	1970 年 5 月
10	农林水利局	1970 年 5 月	1971 年 1 月
11	农林水利局革命委员会	1971 年 1 月	1974 年 11 月
12	水利局革命委员会	1974 年 11 月	1976 年 10 月
13	水利局	1976 年 10 月	1983 年 9 月
14	水利电力局	1983 年 9 月	1997 年 7 月
15	水利水电局	1997 年 7 月	2001 年 12 月
16	水利局	2001 年 12 月	

县水利局为县政府组成部门，县府确定分管副县长分管水利工作：

1987～1989年分管副县长周景标；

1990～1992年分管副县长陈启富；

1993～1997年分管副县长周景标；

1998～2002年分管副县长雷大取；

2003～2006年分管副县长林立军；

2007～2011年分管副县长曾上俊；

2012年1至6月分管副县长梁超；

2012年6月起分管副县长周慧。

第二节　组织机构

20世纪80年代以来，全县水利机构和水利队伍不断完善和逐步壮大。

一、县水利局领导班子

平阳县水利电力局（1983年9月至1997年7月）

1983年9月县水利局更名为县水利电力局，副局长张鸿德（主持工作，1983年9月～1984年3月）。

1984年3月，庄义瑞为局长（1984年3月～1993年5月），副局长林克聪（1983年9月～1990年8月）、苏秀玉（1984年3月～1993年5月）、陈洪渠（1990年8月～1992年9月）、周贻训（1992年8月～1993年5月）。

1993年6月，缪纪顺为局长（1993年6月～1997年6月），副局长苏秀玉（1993年6月～1997年6月）、周贻训（1993年6月～1997年6月）、林克聪（1994年8月～1997年6月），局长助理张海强（1996年4月～1997年6月），总工程师庄义瑞（1993年6月～1997年12月），副总工程师潘永乐（1993年12月～1997年6月）。

平阳县水利水电局（1997年7月至2001年12月）

1997年7月，县水利电力局更名为县水利水电局，缪纪顺为局长（1997年7月～1998年7月），副局长苏秀玉（1997年7月～1998年4月）、周贻训（1997

年7月～1998年7月）、林克聪（1997年7月～1998年7月），局长助理张海强（1997年7月～1998年7月），副总工程师潘永乐（1997年7月～1998年7月）。

1998年8月，陈绍熙为局长（1998年8月～2001年12月），副局长周贻训（1998年8月～2001年12月）、白锡队（1998年8月～2001年12月）、郑书城（1998年8月～2001年12月）、殷为东（1998年12月～2001年12月）、柳宜本（2000年11月～2001年12月），纪检组长张海强（1998年8月～2000年3月）、郑元民（2000年9月～2001年12月），副总工程师潘永乐（1998年8月～2001年12月）。

平阳县水利局（2001年12月至2012年12月）

2001年12月，县水利水电局更名为县水利局，陈绍熙为局长（2001年12月～2003年6月），党组副书记柳宜本（2002年6月～2003年6月），副局长周贻训（2001年12月～2002年6月）、白锡队（2001年12月～2003年6月）、郑书城（2001年12月～2002年6月）、殷为东（2001年12月～2003年6月）、柳宜本（2001年12月～2002年6月），纪检组长郑元民（2001年12月～2003年6月）。

2003年6月，陈绍熙为局长（2003年6月～2005年8月），党组副书记柳宜本（2003年6月～2005年8月），副局长白锡队（2003年6月～2003年9月）、殷为东（2003年6月～2005年8月）、赵友敏（2003年5月～2005年8月），纪检组长郑元民（2003年6月～2005年8月），总工程师胡振岳（2003年10月～2005年8月）。

2005年8月，温一榴为局长（2005年8月～2007年3月），党组副书记柳宜本（2005年8月～2007年3月），副局长殷为东（2005年8月～2007年3月）、赵友敏（2005年8月～2007年3月）、陈南评（2006年4月～2007年3月）、许益顺（2006年3月～2007年3月），纪检组长郑元民（2005年8月～2007年3月），总工程师胡振岳（2005年8月～2007年3月）。

2007年3月，温一榴为局长（2007年3月～2008年11月），党组副书记柳宜本（2007年3月～2007年7月）、蔡祖尧（2007年7月～2008年11月），副局长殷为东（2007年3月～2007年8月）、赵友敏（2007年3月～2008年11月）、陈南评（2007年3月～2008年11月）、许益顺（2007年3月～2008年11月），纪检组长郑元民（2007年3月～2008年11月），总工程师胡振岳（2007年3月～2008年5月）。

2008年11月，陈先夏为局长（2008年11月～2011年12月），党组副书记蔡祖尧（2008年11月～2009年9月），党组副书记、副局长林存玺（2009年9月～2011年12月），副局长蔡祖尧（2009年9月～2011年12月）、赵友敏（2008年11月～2011年9月）、陈南评（2008年11月～2011年12月）、许益顺（2008年11月～2011年12月），纪检组长郑元民（2008年11月～2009年8月），党组成员申建设（2008年11月～2011年12月）、王宁（2010年4月～2011年1月）。

2011年12月，申建设为局长（2011年12月至今），党组副书记、副局长林存玺（2011年12月至今），副局长蔡祖尧（2011年12月至今）、陈南评（2011年12月至今）、许益顺（2011年12月至今），纪检组长黄学松（2012年7月至今），总工程师苏中坚（2012年1月至今）。

二、局机关内设机构

根据平政办〔2012〕106号文件，平阳县水利局机关内设机构为四个科室：办公室、水政水资源科、规划建设科（安全监督科）、行政审批科。

办公室　1989年1月5日平水电〔89〕1号文，由原人事股（行政）改为现名。历任主任：倪兆枢（1989年1月～1990年11月），梁亦坤（1990年11月～1994年12月），苏苗松（1994年12月～2008年3月），庄一平（2008年3月至今）。局计划财务股2002年5月31日并入局办公室。历任股长翁兆枢（1986年1月～1994年12月），李婉如（1994年12月～2002年3月）。

水政水资源科　2002年5月31日设立。历任科长：林敏（2001年10月按县“三定”方案任命，2001年12月～2008年3月），陈岳程（2008年3月～2009年

12月），毛芳丛（2009年12月至今）。

规划建设科（安全监督科）　2002年5月31日设立。因原有县水利水电规划建设所，其工作职能相同，故未设规划建设科科长一职。2010年6月22日县编委撤销平阳县水利水电规划建设所。蔡德迪为局规划建设科首任科长（2010年6月25日至今）。

行政审批科　2012年6月16日设立。科长由毛芳丛兼任。

三、局属单位

水利局监察室　2006年4月3日设立，现有人员2人。历任主任：林继（副主任主持工作，2008年3月～2010年6月），林继（2010年6月至今）。

副总工程师室　胡振岳（2003年3月～2003年10月）、王希贤（2008年3月～2012年5月）、修海峰（2012年8月至今）。

水利局工会　1989年6月15日，经县机关工会委员会批复设立。工会由倪兆枢、翁兆枢、梁亦坤等三人组成，倪兆枢为主席（1989年6月～1995年4月），朱树勋为经费审查员。1995年11月9日工会换届，由李婉如、林敏、张永安三人组成，李婉如任主席（1995年11月～2002年3月），胡振岳任经费审查员。2003年1月20日工会换届，由郑元民、林敏、张永安、庄一平、叶振强等五人组成，郑元民为主席（2003年1月～2009年8月），施春萍为经费审查员。2010年7月30日工会换届，由李正碎、张永安、庄一平、苏中坚、施国鸿等五人组成，李正碎任主席（2010年7月至今），黄美胜任经费审查员。

四、局直属事业单位

水利管理所　原称水利工程管理股，设立于1963年。1989年1月5日，水利局内部机构调整，水利工程管理股改称为县水利管理所。县编委平编

〔1987〕13号文核定人员编制5人，全额拨款事业单位，2012年有编内人员6人。历任所长：副所长曾国辉（主持工作，1989年1月～1990年11月），倪兆枢（1990年11月～1995年4月），张海强（1996年1月～1999年7月），张永安（1999年7月～2008年3月），副所长林敏（主持工作，2008年3月～2008年3月），副所长周敏捷（主持工作，2008年3月～2009年12月），周敏捷（2009年12月至今）。

水电管理所　原称水电股，设立于1963年，1989年1月5日改为现名。县编委平编〔1987〕13号文核定编制人员5人，全额拨款事业单位，2012年编内人员4人。历任所长：朱树勋（1989年1月～1990年11月），副所长杨山珍（主持工作，1990年11月～1991年10月），杨山珍（1991年10月～1993年12月），华稳健（1993年12月～2008年3月），黄美胜（2008年3月～2010年4月），鲍承北（2010年4月～2012年5月），副所长庄一成（主持工作，2012年5月至今）。

水政监察大队　1996年12月13日，县编委平编〔1996〕33号文批复设立，核定编制12人，全民所有制自收自支事业单位（2013年5月30日县编委平编〔2013〕54号文批复，同意县水政监察大队经费形式由自收自支调整为财政全额拨款，人员身份保持不变，2012年编内人员19人）。历任大队长：周贻训（兼，1997年3月～2001年3月），林敏（2001年3月～2001年12月），陈文榜（2001年12月～2008年3月），邱敬畏（2008年3月～2010年4月），施国鸿（2010年4月至今）。教导员：陈岳程（2010年4月～2012年5月）、温正策（2012年5月至今）。

水利水电工程质量监督站　2001年10月30日，县编委平编〔2001〕23号文批复设立，核定编制5人，全额拨款事业单位，2012年编内人员4人。历任站长：胡振岳（2001年11月～2005年1月），蔡德迪（2005年1月～2008年3月），副站长郑邦山（主持工作，2008年3月～2009年12月），郑邦山（2009年12月～2012年5月），黄美胜（2012年5月至今）。

水土保持监督所　2001年10月30日，县编委平编〔2001〕23号文批复设立，核定编制5人，差额拨款事业单位，2012年编内人员15人。历任所长：陈修明（2001年10月～2009年12月），邱敬畏（2010年4月～2012年5月），陈岳程（2012年5月至今）。

堤塘管理所　2002年9月13日，县编委平编〔2002〕15号文批复设立，核定编制5人，全额拨款事业单位，2012年编内人员4人。历任所长：蔡德迪（2003年3月～2005年1月），副所长陈纪冲（主持工作，2005年1月～2009年12月），陈纪冲（2009年12月至今）。

河道管理所　2010年6月22日，县编委平编〔2010〕31号文批复设立，核定编制6人，全额拨款事业单位，2012年编内人员7人。历任所长：蔡德迪（兼）（2010年6月～2011年8月），金玲（2011年8月至今）。

农村饮用水工程建设领导小组办公室（简称饮水办）　2010年6月22日县编委平编〔2010〕29号文批复设立，核定编制3人，全额拨款事业单位，2012年编内人员2人。主任：张永安（2010年6月至今）。

五、局下属事业单位

昆阳水利管理所　1992年7月25日，县编委平编〔1992〕35号文批复设立，核定编制8人，全额拨款事业单位。2011年6月9日，县编委平编〔2011〕27号文批复，同意昆阳水利管理所增挂平阳县瑞平水系（平阳段）管理办公室牌子，编制由8名增至11名，2012年编内人员9名。历任所长：陈文榜（1992年8月～2001年12月），李正碎（2001年12月～2008年3月），包道钦（2008年3月至今）。

鳌江水利管理所　1992年7月25日，县编委平编〔1992〕35号文批复设立，核定编制6人，全额拨款事业单位，2012年编内人员8人。历任所长：叶振强（1992年8月～2008年3月），李正碎（2008年3月～2010年4月），黄美胜（2010年4月～2012年5月），郑邦山（2012年5月至今）。

水头水利管理所　1992年7月25日，县编委平编〔1992〕35号文批复设立，核定编制9人，全额拨款事业单位。1999年7月28日，山门水利管理所析出，人员定编减至5人，2012年编内人员5人。历任所长：黄兆雄（1992年8月～1995年1月），郑经兴（1995年2月至今）。

萧江水利管理所　1992年7月25日，县编委平编〔1992〕35号文批复设立，核定编制5人，全额拨款事业单位，2012年编内人员3人。历任所长：鲍承北（1992年8月～1995年2月），陈纪冲（1995年2月～1997年4月），副所长鲍承北（主持工作，1997年4月～2001年12月），鲍承北（2001年12月～2010年4月），李盛业（2010年4月至今）。

山门水利管理所　1999年7月28日，县编委平编〔1999〕29号文批复设立，核定编制4人，全额拨款事业单位，2012年编内人员5人。历任所长：黄兆雄（1999年8月～2007年5月），副所长林瑞瑜（主持工作，2007年5月～2008年3月），副所长黄庆绫（主持工作，2008年3月～2009年12月），黄庆绫（2009年12月～2012年5月），副所长练高团（主持工作，2012年5月至今）。

万全水利管理所　2012年6月12日，县编委平编〔2012〕47号文批复设立，全额拨款事业单位，人员定编5人，2012年编内人员2人。

北港引水工程管理所　1980年6月27日设立，1987年12月25日，县编委平编〔1987〕13号文批复，核定编制22人，差额管理事业单位。2009年12月12日，县编委平编〔2009〕49号文批复，同意其单位性质转为全额拨款事业单位，经费由县财政全额拨款，人员身份保持不变，2012年编内人员22人。历任所长：副所长陈维飘（主持工作，1982年7月～1991年5月），陆强（1991年5月～1995年3月），卢立铭（1995年3月～1999年8月），副所长陈志蛟（主持工作，1999年8月～2000年12月），副所长陈维飘（主持工作，2000年12月～2001年3月），副所长金献华（主持工作，2001年3月～2004年1月），副所长温卫东（主持工作，2004年1月～2008年9月），副所长周贻兴（主持工作，2008年9月～2010年4月），金玲（2010年4月～2011年8月），副所长陈圣利

（主持工作，2011年8月～2012年5月），陈圣利（2012年5月至今）。

附：基层水利员聘用情况

根据浙江省水利厅浙水管〔80〕第87号文《关于认真做好聘用公社水利员的通知》，1980年，平阳县聘用水利员80名。

1988年6月27日，根据浙江省编制委员会、浙江省劳动人事厅、浙江省水利厅联合发文《关于下达第二批基层水利员事业编制和招工指标的通知》，平阳县招收录用基层水利员63人，名单如下：

黄兆雄　庄孔欧　黄庆绫　李日懂　卢立洪　黄进全　李扬发　吴友峰
陈伦帅　林延庙　赵春旺　黄美雁　陈志蛟　陈圣树　池方昆　陈先宠
王孟璋　徐选勃　杨家庆　应元铰　陈财周　王加春　吴思添　章云信
鲍承北　林明川　郑光友　陈文榜　陈修明　夏逢淞　蔡德迪　鲍克林
倪志秋　肖仁富　陈学诚　陈永西　陈世同　金华萍(女)　苏晓东(女)
吴　斌　曾　敏　叶　虎　庄一平(女)　郑经兴　张美龙　苏志涨　姚宗静
林瑞瑜　钱春生　钱克衅　郑乃纯　倪庆敢　毛芳丛　胡方松　王祥通
缪时节　叶振强　肖万逊　薛茂聚　许良朋　李正碎　洪永明　陈纪冲

六、其他事业单位

水利水电勘测设计所　原称工程设计股，1963年省编委浙编〔1963〕25号文批复设立；1987年12月25日，县编委平编〔1987〕13号文改名为水利水电勘测设计室，核定编制11人，全额拨款事业单位；1998年8月12日，县编委平编〔1998〕14号文批复改为现名。2011年12月20日，县编委拟定平阳县水利水电勘测设计所为生产经营类事业单位。历任所长：黄光理（1984年5月～1993年12月），胡振岳（1993年12月～1999年7月），许益顺（1999年7月～2006年3月），临时负责人吴斌（2006年3月～2008年3月），副所长苏中坚（主持工作，2008年3月～2009年12月），苏中坚（2009年12月～2012年5月），温自力

（2012年5月至今）。

水利水电物资总站　其前身为水利物资仓库，1964年设立。1987年12月25日，县编委平编〔1987〕13号文核定为自收自支事业单位，人员定编7人，2012年编内人员6人。1989年7月1日，平水电字〔89〕47号文“平阳县水利电力局鳌江物资仓库”改名为“平阳县水利水电物资总站”。2011年12月20日，县编委拟定县水利水电物资总站为生产经营类事业单位。历任站长：杨学生（1989年7月～2008年3月），毛芳丛（2008年3月～2009年12月），副站长陈圣利（主持工作，2010年9月～2011年8月），周贻兴（2011年8月至今）。

山门水力发电站　坐落于南雁镇三兴村，始建于1975年3月。1987年12月25日，县编委平编〔1987〕13号文核定为自收自支事业单位，人员定编17人，2012年编内人员12人。1998年1月，分为平阳县山门水力发电站、平阳县山门农电站，分别负责发、供电。山门水力发电站隶属县水利局，山门农电站隶属县供电局。2011年12月20日，县编委拟定山门水力发电站为生产经营类事业单位。历任站长：邓招和（1988年4月～1990年10月），李在跃（1990年10月～1992年12月），温怀双（1992年12月～1995年12月），李忠明（1995年12月至今）。

平阳县人民政府城镇节约用水办公室（简称节水办）　1993年6月15日，县人民政府平政发〔1993〕120号文批复成立。1997年1月12日，县编委平编〔1997〕2号文批复，“平阳县节约用水办公室”改为“平阳县人民政府城镇节约用水办公室”，确定为全民事业单位，经费实行自收自支，定编5人。2004年12月29日，县编委平编〔2004〕27号文，将“平阳县人民政府节约用水办公室”成建制划转给平阳县水利局，作为水利局下属全民事业单位，其职能、性质、人员及经费来源均保持不变，2012年编内人员7人。历任主任：李若旭（1999年2月～2001年12月），高泉生（2001年12月至今）。

2012年年底，平阳县水利局共有编内人员156人，其中：行政人员10人，事业单位人员146人。直属行政和事业单位23个，其中行政科室4个，事业单位19个。平阳县水利局机构设置示意图见图3。

附：撤销的直属事业单位

机电排灌站 初建于20世纪50年代，原称机电排灌股。1987年12月25日，县编委平编〔1987〕13号文批复，改称机电排灌站，为全额管理事业单位，人员定编5人。历任站长：副站长梁亦坤（主持工作，1985年5月～1990年11月）、副站长林开胜（主持工作，1998年11月～1999年6月），胡振岳（1999年7月～2001年10月）。2001年10月30日，县编委平编〔2001〕23号文批复，撤销平阳县机电排灌站。原机电排灌站建设职能交县水利水电规划建设所，管理职能由县水利管理所承担，其编制人员全部转入县水利水电工程质量监督站。

水政水资源管理所 1990年11月15日，县编委平编〔1990〕52号文批复设立，属全民事业单位，经费实行差额管理，人员定编5名。历任所长：陈洪渠（兼，1990年11月～1993年12月），林敏（1993年12月～2001年10月）。2001年10月30日，县编委平编〔2001〕23号文批复，撤销平阳县水政水资源管理所。原县水政水资源管理所的工作职能由县水利水电局水政水资源科承担，其定编人员转入县水土保持监督所。

水利水电规划建设所 2000年6月8日，县编委平编〔2000〕16号文批复设立，全额拨款事业单位，人员定编3人。2010年4月9日，县编委平编〔2010〕20号文批复，县水利水电规划建设所增加编制5名，总编制为8名。历任所长：许方安（2000年7月～2003年3月），王希贤（2003年3月～2008年3月），蔡德迪（2008年3月～2010年6月）。2010年6月22日，县编委平编〔2010〕30号文批复，予以撤销，其人员划入县河道管理所。

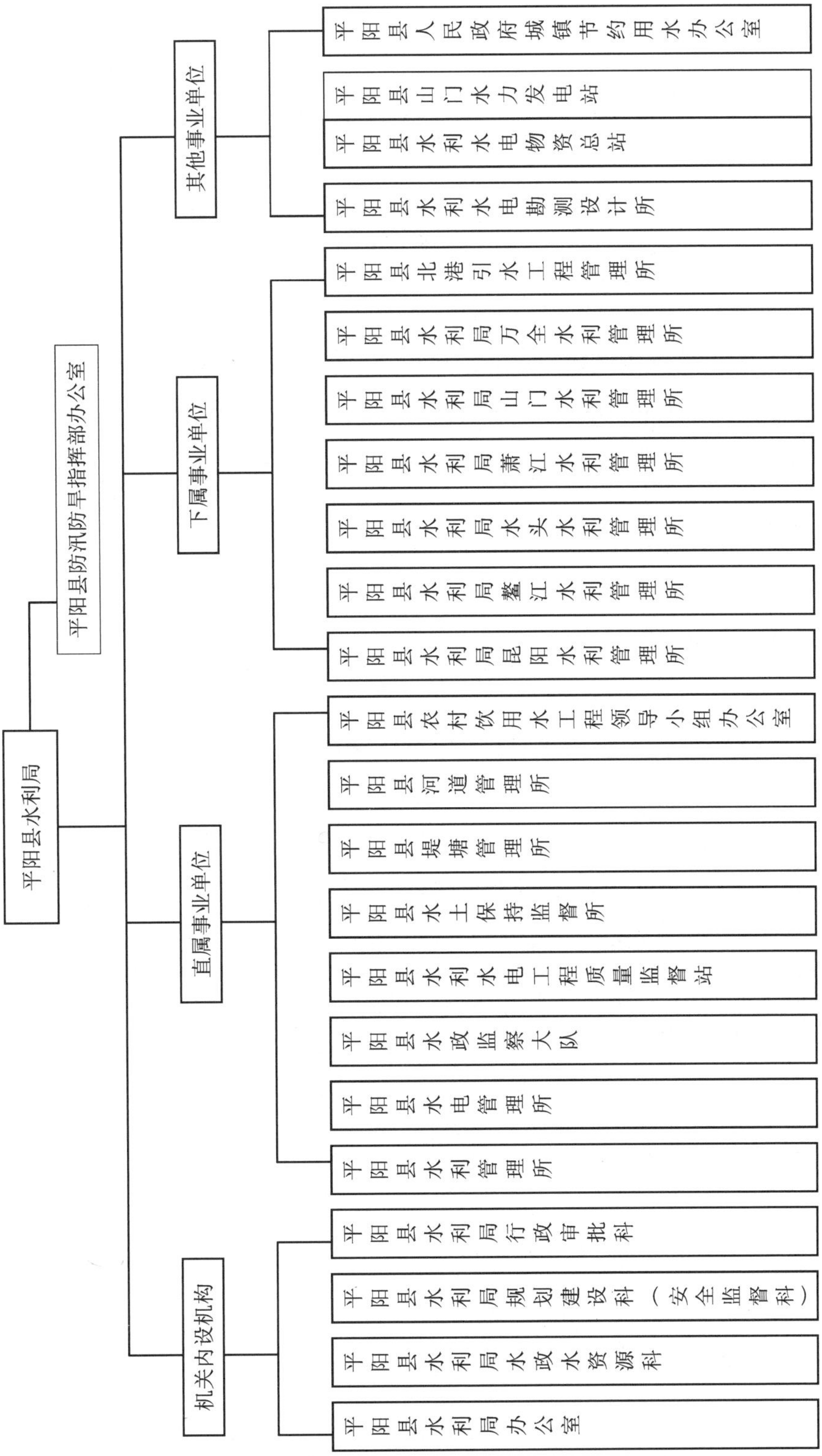

图3　平阳县水利局科室图

第三节　工程管理

一、水闸管理

2012年，全县共有水闸68座，其中排涝闸40座，内河节制闸28座。配备水闸管理员进行统筹管理的中小型水闸49座，其中内河节制闸20世纪60年代开始，由水利管理所管理；排涝闸从2002年开始由堤塘所管理；政府（部门）独立管理的水闸19座。

（一）统筹管理

统筹管理水闸49座。

平阳县水闸管理情况

表 9–3–1

序号	水闸名称	所在乡镇（村）	管理员人数（人）	管理补贴（元/年）
1	宋埠塘 1#	万全镇农场海三管理区	1	4000
2	宋埠塘 2#	万全镇农场海一管理区	1	4000
3	梅浦	鳌江镇梅浦村	2	30000
4	鳌江	鳌江镇江滨村	2	24000
5	墨城	鳌江镇海城村	2	29000
6	雁门	鳌江镇三大厂村	2	24000
7	下厂	鳌江镇塘外村	2	24000
8	墨城东头	鳌江镇南山村	2	20000
9	城村	鳌江镇钱仓村	1	12000

续表9-3-1

序号	水闸名称	所在乡镇（村）	管理员人数（人）	管理补贴（元/年）
10	海滨	鳌江镇海滨村	1	6000
11	郑家墩1#	鳌江镇郑家墩村	1	7000
12	郑家墩2#			
13	阳屿门	鳌江镇阳屿村	1	6000
14	五板桥	鳌江镇五板桥村	1	5000
15	红砖厂	鳌江镇五板桥村	1	5000
16	海防	鳌江镇阳屿村	1	5000
17	西山	鳌江镇联城村	1	3200
18	凤桥	鳌江镇凤桥村	1	3000
19	山垟	鳌江镇山垟村	1	3000
20	三大厂	鳌江镇三大厂村	1	3000
21	东江1#	鳌江镇东江村	1	3000
22	东江2#	鳌江镇东江村	1	3000
23	西炉	萧江镇西炉村	2	8000
24	潘汇	萧江镇潘汇村	1	3000
25	岙底	萧江镇岙底村	1	1600
26	西岙	萧江镇西岙村	1	1600
27	皇浦	萧江镇下垟村	1	1600
28	岭头尾	萧江镇岭头尾村	1	1600
29	夏宅	萧江镇夏宅村	1	1600
30	毛家处	萧江镇毛家处村	1	1600

续表9-3-1

序号	水闸名称	所在乡镇（村）	管理员人数（人）	管理补贴（元/年）
31	包岙	萧江镇包岙村	1	1600
32	下泛 1#	萧江镇下泛村	1	1400
33	下泛 2#	萧江镇下泛村	1	1400
34	下泛 3#	萧江镇下泛村	1	1400
35	潘南	萧江镇潘南村	1	1400
36	裕丰	萧江镇裕丰村	1	1400
37	后江	萧江镇后江村	1	1400
38	斜港	萧江镇黎明村	1	1400
39	岩山	萧江镇岩山村	1	1400
40	斗门头	萧江镇桃源村	1	1400
41	渡头	萧江镇渡头村	1	1400
42	落马	萧江镇落马村	1	1400
43	曾山	萧江镇曾山村	1	1400
44	下堡	萧江镇下堡村	1	1400
45	前垟	萧江镇前垟村	1	1400
46	显桥	水头镇鹭鸶湾村	1	7000
47	南湖	水头镇南湖	1	6000
48	三中	水头镇中元村	1	1600
49	四中	水头镇永乐村	1	1400

（二）政府（部门）独立管理水闸

政府（部门）独立管理水闸共19座。

表 9–3–2　2012 年平阳县政府（部门）独立管理水闸

序号	水闸名称	管理单位	孔数(孔)	闸孔总净宽(米)	最大过闸流量(立方米/秒)	建成年月
1	北门河	昆阳镇人民政府	1	5	10	1992 年 3 月
2	庙头	昆阳镇人民政府	3	7.5	10	1995 年 9 月
3	山前	昆阳镇人民政府	1	2	10	1976 年 2 月
4	大丰	鳌江镇人民政府	1	3	10	1978 年 4 月
5	横河	鳌江镇人民政府	2	6	10	2011 年 4 月
6	黄底	鳌江镇人民政府	1	3	10	1978 年 2 月
7	塘中溪	鳌江镇人民政府	1	3	10	1978 年 10 月
8	中和殿	鳌江镇人民政府	1	2.5	10	1968 年 10 月
9	二中	水头镇人民政府	1	2.5	10	1979 年 8 月
10	内湖	水头镇人民政府	1	2	5	2009 年 10 月
11	宋埠—西湾南	滨海新区管委会	4	14	140	2012 年
12	宋埠—西湾中	滨海新区管委会	3	10.5	105	2012 年
13	宋埠—西湾北	滨海新区管委会	2	7	70	2012 年
14	杨屿山	利得海涂围垦公司	2	10	77.5	2011 年 11 月
15	南码道	温瑞塘河管理局	3	18	180	1963 年 6 月
16	塘头	温瑞塘河管理局	3	9	68	1956 年 4 月
17	宋家埭	温瑞塘河管理局	5	12.5	90	1960 年 4 月
18	萧江	苍南县水利局	4	12	140	1956 年 5 月
19	夏桥	苍南县水利局	4	24	275	1970 年 6 月

二、北港引水工程管理

北港引水工程包括蒲潭垟堰坝，南、北干渠及南湖、显桥水闸等工程，为水头、麻步等地的农田灌溉、排涝抗旱提供保障。干渠全长20.4千米。1980年6月27日，设立平阳县北港引水工程管理所，实行差额管理，定编22人。2009年12月县编委批复，其单位性质转为全额拨款事业单位，2012年有编内人员22人。

三、水库管理

至2012年12月底，全县实施管理的小型水库有23座，其中库容在100万立方米以上的小（一）型水库有黄坑、鲤鱼田、白水际和后岙4座，库容在10～100万立方米的小（二）型水库有石门、泰丰、岩庵、仙岩、渔池、罗垟、老铜钱、龙潭、凉头、夹坑、高城、苍南、龙潭背、渔塘、草池、吴岙、杨文广坦、外龙、大同垟19座。其管理情况如下（详细情况见第五章第一节）：

黄坑水库 1992年建成水电站后，水库与电站实行统一管理。配有管理员1名，每年由水电站发巡查补贴4100元。

鲤鱼田水库 建于2004年12月，以发电为主，实行水库与电站统一管理。配有管理员1名，每年由水电站发巡查补贴2700元。

白水际水库 建于2001年4月，以发电为主，实行水库与电站统一管理。配有管理员1名，每年由水电站发巡查补贴2700元。

后岙水库 建于1965年10月，主要用于灌溉昆阳镇长山、雅村、前爿、后岙4个村农田，由4个受益村轮流管理。后改由固定专人管理。配有管理员1名，每年由县财政发巡查补贴4200元。

石门水库 建于2003年9月，主要用于发电，实行水库与电站统一管理。配有管理员1名，每年由水电站发巡查补贴2700元。

泰丰水库　建于2001年1月，库容71.3万立方米，以发电为主，实行水库与电站统一管理。配有管理员1名，每年由水电站发巡查补贴2700元。

岩庵水库　建于1958年7月，主要用于农田灌溉，灌溉面积3000亩。配专人管理员1名，每年由县财政发巡查补贴3500元。

仙岩水库　建于1961年5月，主要用于农田灌溉，灌溉面积3000亩。配专人管理员1名，每年由县财政发巡查补贴3500元。

渔池水库　建于1958年6月，主要用于农田灌溉，灌溉面积3600亩。配专人管理员1名，每年由县财政发巡查补贴3500元。

罗垟水库　建于1962年，主要用于农田灌溉，灌溉面积800亩。配专人管理员1名，每年由县财政发巡查补贴3500元。

老铜钿水库　建于1959年，主要用于农田灌溉，灌溉面积400亩。配专人管理员1名，每年由县财政发巡查补贴3500元。

龙潭水库　建于1974年12月，主要用于农田灌溉，灌溉面积4500亩。配专人管理员1名，每年由县财政发巡查补贴3500元。

凉头水库　建于1998年，主要用于发电，实行水库与电站统一管理。配有管理员1名，每年由水电站发巡查补贴3500元。

夹坑水库　建于1958年1月，主要用于农田灌溉，灌溉面积560亩。配专人管理员1名，每年由县财政发巡查补贴3500元。

高城水库　建于2005年10月，主要用于发电，实行水库与电站统一管理。配有管理员1名，每年由水电站发巡查补贴2700元。

苍南水库　建于1968年3月，农田灌溉与发电并用，农田灌溉4500亩。1998年建成苍南水电站，装机200千瓦，实行水库与电站统一管理，配管理员1名，每年由水电站发巡查补贴3500元。

龙潭背水库　建于1986年6月，主要用于发电，电站装机1260千瓦。配管理员1名，每年由水电站发巡查补贴2700元。

渔塘水库　建于1961年11月，农田灌溉与发电并用，农田灌溉1500亩，电站装机320千瓦。实行水库与电站统一管理，配管理员1名，每年由水电站发巡查补贴3500元。

草池水库　建于1957年5月，主要用于农田灌溉，灌溉面积约3000亩。配管理员1名，每年由县财政发巡查补贴3500元。

吴岙水库　建于1961年7月，主要用于农田灌溉，灌溉面积900亩。配管理员1名，每年由县财政发巡查补贴3500元。

杨文广坦水库　建于1959年，主要用于农田灌溉，灌溉面积约1500亩。配管理员1名，每年由县财政发巡查补贴3500元。

外龙水库　建于2003年，主要用于南麂本岛居民饮用水，由南麂社区管理，工资补贴由自来水厂发放。

大同垟水库　建于1959年，主要用于农田灌溉，灌溉面积约1000亩。配管理员1名，每年由县财政发巡查补贴3500元。

四、水力发电站管理

至2012年12月底，全县已建成水力发电站54座，其中装机容量在800千瓦及以上的有15座，装机容量在800千瓦以下的39座。

（一）800千瓦及以上电站

鲤鱼田水力发电有限公司　坐落于山门镇岳溪村，2004年12月并网发电，装机容量3200千瓦。股份制企业，公司法人代表陈正兴。公司设有发电车间、办公室、经理室、财务室等机构。2012年职工40人，发电管理人员9人，发电管理工资每人每月3450元。

石门水力发电有限公司　坐落于顺溪镇中山村，2004年3月并网发电，装机容量2720千瓦。股份制企业，公司法人代表严加行。公司设有发电车间、办公室、经理室、财务室等机构。2012年职工34人，其中发电管理人员6人，发电管理工资每人每月2820元。

亩水田水力发电站　坐落于顺溪镇狮峰村，1997年1月并网发电，装机容量2500千瓦。股份制企业，电站负责人徐京庆。电站设有发电车间、办公室、财务室等机构。2012年职工30人，其中发电管理人员8人，发电管理工资每人每月3400元。

山门水力发电站　坐落于南雁镇三兴村，始建于1975年3月，1987年12月25日，县编委平编〔1987〕13号文，核定为自收自支事业单位，人员定编17人。1999年4月，山门水电站进行增容、扩建，由自收自支事业单位转为股份制企业，现装机容量1890千瓦，电站负责人李忠明。电站设有发电车间、办公室、财务室等机构。2012年职工27人，其中发电管理人员11人，发电管理工资每人每月3300元。

戈场桥水力发电站　坐落于顺溪镇下垟村，1997年1月并网发电，装机容量1890千瓦，股份制企业，电站负责人徐煌明。电站设有发电车间、办公室、财务室等机构。2012年职工28人，其中发电管理人员8人，发电管理工资每人每月3400元。

泰丰水力发电有限公司　坐落于顺溪镇坳下村，2000年1月并网发电，装机容量1600千瓦，股份制企业，公司法人代表蔡振康。电站设有发电车间、办公室、财务室等机构。2012年职工42人，其中发电管理人员8人，发电管理工资每人每月2200元。

高城水力发电站　坐落于山门镇石城村，2003年8月并网发电，装机容量1600千瓦。股份制企业，电站负责人吕金航。电站设有发电车间、办公室、财务室等机构。2012年职工12人，其中发电管理人员6人，发电管理工资每人每月1500元。

白水际水力发电站　坐落于顺溪镇戈场村，1998年9月并网发电，装机容量1320千瓦。股份制企业，电站负责人白洪权。电站设有发电车间、办公室、财务室等机构，2012年职工32人，其中发电管理人员8人，发电管理工资每人每月3400元。

黄坑水力发电有限责任公司 坐落于水头镇苍南村，1992年3月并网发电，装机容量1000千瓦。1994年进行产权制度改革，建立平阳县黄坑水力发电有限责任公司，由国家股、社会法人股、企业股、职工股组成产权结构，由国有水电企业转为股份制企业。2012年12月，公司进行增容、扩建，装机容量1260千瓦。公司法人代表华稳健。公司设有发电车间、办公室、财务室等机构。2012年职工23人，其中发电管理人员12人，发电管理工资每人每月2000元。

腾蛟水力发电有限公司（包括银坑、驷马电站） 坐落于腾蛟镇银坑村，1997年4月并网发电，装机容量1260千瓦，镇属集体企业，公司法人代表王玉球。公司设有发电车间、办公室、财务室等机构。2012年职工16人，其中发电管理人员9人，发电管理工资每人每月2000元。

内塘水力发电站 坐落于水头镇樟垟村，2001年10月并网发电，装机容量1200千瓦。股份制企业，电站负责人黄兆辉。电站设有发电车间、办公室、财务室等机构，2012年职工17人，其中发电管理人员8人，发电管理工资每人每月1500元。

孙阳水力发电有限公司 坐落于山门镇大垄村，2011年10月并网发电，装机容量1000千瓦。股份制企业，公司法人代表陈敬钮。公司设有发电车间、办公室、财务室等机构。2012年职工20人，其中发电管理人员9人，发电管理工资每人每月3450元。

溪口水力发电站 坐落于顺溪镇溪口村，2006年11月并网发电，装机容量800千瓦。股份制企业，电站负责人李荣井。电站设有发电车间、办公室、财务室等机构。2012年职工15人，其中发电管理人员6人，发电管理工资每人每月1300元。

凉头水力发电站 坐落于顺溪镇岭后村，1995年10月并网发电，装机容量800千瓦。股份制企业，电站负责人毛定购。电站设有发电车间、办公室、财务室等机构。2012年职工13人，其中发电管理人员8人，发电管理工资每人每月3400元。

交溪水力发电站　坐落于顺溪镇中山村，1998年8月并网发电，2003年由原650千瓦增容至800千瓦。股份制企业，电站负责人陈绍钱。电站设有发电车间、办公室、财务室等机构。2012年职工13人，其中发电管理人员4人，发电管理工资每人每月2000元。

（二）800千瓦以下电站

装机容量在800千瓦以下的电站有39座，所有制形式均为股份制，都配有管理员。

平阳县装机800千瓦以下水电站管理情况

表9–3–3

序号	电站名称	所在地	装机容量（千瓦）	投产年月	电站负责人	管理员
1	汤家岭	水头镇湖北村	2×75	1966年3月	陈圣利	刘万锋
2	渔塘	萧江镇渔塘村	1×320	1972年8月	温作良	陈定梁
3	和平记	顺溪镇岭后村	1×160	1975年3月	包桂荣	徐选厚
4	南洋	水头镇南洋村	1×200	1978年7月	卢成沛	陈忠信
5	凤巢	腾蛟镇大岭村	1×320	1979年12月	王大想	王大想
6	南漈一级	顺溪镇只音村	1×400	1980年1月	陈圣敌	雷蔡汉
7	腾蛟驷马	腾蛟镇驷马村	1×160	1982年10月	王玉球	白洪球
8	南雁	南雁镇雁山村	1×250	1984年3月	卢贤考	曾余昂
9	南漈二级	顺溪镇只音村	1×320	1985年5月	陈圣敌	雷蔡汉
10	白岩	萧江镇桃岭村	1×100	1989年8月	林开帮	林立松
11	青街	青街乡十五亩村	1×200+1×100	1995年5月	李信东	李信东
12	水鹤	腾蛟镇蔡垟村	1×200	1995年3月	温怀滂	黄兆暖
13	龙井头	顺溪镇中山村	1×125+1×75	1995年2月	蔡良涨	陈绍添
14	玉苍山	水头镇黄山村	1×160	1995年10月	李祖汉	李法铅
15	徐垟二级	山门镇岳溪村	1×320+1×200	1996年12月	陈敌钮	吴德厂

续表9-3-3

序号	电站名称	所在地	装机容量（千瓦）	投产年月	电站负责人	管理员
16	坑下	顺溪镇石柱村	1×320	1996年10月	林厚材	李在跃
17	凤溪	腾蛟镇秀洋村	1×160	1996年7月	姜存额	姜存额
18	垟尾	顺溪镇垟尾村	1×400	1997年7月	林家祥	林加水
19	岭门	腾蛟镇文里村	1×250	1997年9月	林大灶	全程锋
20	铜盘际	顺溪镇岭后村	1×160	1997年4月	徐家鹏	徐家鹏
21	矾岩	南雁镇矾岩村	2×320	1999年10月	林敬峰	沈世艺
22	岳栗	南雁镇三兴村	2×250	1999年11月	陈彩玉	李前明
23	徐岳	山门镇岳溪村	1×250	1999年9月	林必省	李孙明
24	富溪	顺溪镇富溪村	1×160	1999年5月	严加基	陈夫号
25	龙坑	顺溪镇中山村	1×100	1999年5月	蔡良汉	蔡良汉
26	龙洞	鳌江镇联丰村	1×100	1999年1月	谢秉握	谢秉握
27	瑞源	水头镇上浪村	1×500	2001年8月	黄明政	白植传
28	大理	腾蛟镇文里村	1×200	2001年2月	徐寿忠	徐寿忠
29	天长坑	山门镇水口村	1×500	2002年2月	蔡士染	罗文仲
30	徐垟一级	山门镇徐垟村	1×200	2002年3月	林瑞敏	林希素
31	石牛坑	山门镇石牛坑村	1×500	2003年9月	陈钦翁	白希勇
32	新田	顺溪镇下东村	1×320	2003年2月	徐登岸	陈敬好
33	眉峰桥	顺溪镇上顺溪村	1×500	2004年7月	陈正傲	陈正傲
34	华能	鳌江镇枫岩村	1×400	2004年6月	方礼貌	方礼貌
35	栗园	南雁镇三兴村	1×320	2004年7月	李中付	陈先艺
36	伍兴	腾蛟镇文里村	1×320	2004年5月	白正朝	林良彬
37	苔湖	南雁镇双旺村	2×250	2005年3月	廖美旺	李荣有
38	三条际	顺溪镇戈场村	1×500	2006年12月	毛定底	毛定底
39	大坑	山门镇石牛坑村	1×630	2007年12月	叶夫照	叶夫照

第四节　水政审批

一、水政审批机构

1988年，《中华人民共和国水法》和《中华人民共和国河道管理条例》颁布。1990年11月15日平阳县水政水资源管理所成立，负责全县水利项目的审批。2001年，县行政审批中心建立，水利项目审批统一划入水利审批窗口办理。2001年10月平阳县水政水资源管理所撤销，其工作职能由县水利局水政水资源科承担。

二、行政审批科职责

行政审批科职责：负责取水、河道采砂和围垦许可审批工作；审批河道及水工程管理保护范围内建设项目；水土保持方案审批；水工程规划同意书审批及其他涉及水利的行政审批；负责水利规费征收；组织审核水利、水电、围垦、水环境建设的项目建议书、可行性研究报告、初步设计；负责项目的报批；组织施工图审查备案、工程开工审批。

三、水行政审批

2012年3月，县水利局根据县委、县政府推进事权下放的精神，分三批将审批权下放到鳌江、万全、中部新区审批局和水头分中心进行审批。

第一批审批权限下放：2012年5月8日将13项审批权下放至鳌江和万全功能

区审批局；第二批审批权限下放：2012年5月18日将当时全部审批项目20项下放至水头分中心；第三批审批权限下放：2013年3月25日将13项审批权下放至中部新区（萧江镇）审批局。

县水利局水行政审批项目从2002年进驻县审批中心至2012年12月，共办结各类审批项目996件，行政审批科共办理发放取水许可证69件。

四、水资源管理

境内水资源分地表水和地下水两种。随着生态环境影响和无序的地下水过量开采，全县可开采使用的地表水和地下水逐渐紧缺。从1993年起，全县先后开征占用水域补偿费、水资源费和水土保持“两费”（水土保持设施补偿费、水土流失防治费）。1995年8月，根据国务院颁布的《取水许可实施办法》和省政府颁布的《浙江省取水许可制度实施细则》，全县实行取水许可制度（见表9−4−1）。

2002年5月成立水利局水政水资源科。水利项目审批统一划入平阳县行政审批中心水利审批窗口办理；水利规费征收实行收支两条线，统一纳入财政账户。2006年编制了《平阳县水资源综合规划》《平阳县城乡饮用水安全保障规划》。

2010年根据《取水许可制度实施办法》和《水利产业化政策》，对县内新的取水用户全面实行《建设项目水资源论证管理制度》。至2012年年底，新办、补办水资源论证共4个单位。同年，根据《浙江省水功能区水质监测规划》，开展了水功能区水质监测建设，境内水功能区水质监测断面共设置13个监测点。2012年开展地下水监测网建设，境内增设了2个地下水监测点。从2012年开始，每年安排6.5万元作为监测服务经费。

2011年，据中共中央、国务院《关于加快水利改革发展的决定》（中发〔2011〕1号文件），平阳县实行严格的水资源管理制度。设立“三条”控制红线（用水总量、用水效率、水功能区限制纳污控制指标），对年取水量在10万立方米以上的取水户，实行安装实时监控，接入省水利厅中心控制平台。

平阳县水利行政事业规费征收标准

表 9-4-1

<table>
<tr><th>序号</th><th>规费项目</th><th colspan="2">其中</th><th colspan="2">收费标准</th><th>附注</th></tr>
<tr><td rowspan="12">1</td><td rowspan="4">占用水源水域补偿费</td><td colspan="2">县级河道</td><td colspan="2">200～300元/平方米</td><td rowspan="4">浙价费联〔1992〕51号，浙价发〔1994〕118号，执行至2008年12月31日止</td></tr>
<tr><td colspan="2">乡镇河道溪流</td><td colspan="2">150～200元/平方米</td></tr>
<tr><td colspan="2">其他河道</td><td colspan="2">100～150元/平方米</td></tr>
<tr><td colspan="2">临时性占用县级及以下河道</td><td colspan="2">5元/月·平方米</td></tr>
<tr><td rowspan="5">建设项目占用水域补偿费</td><td colspan="2" rowspan="2">项目分类</td><td colspan="2">执行起止日期</td><td rowspan="8">浙价费〔2008〕296号，平发改费〔2008〕33号(2009年7月1日起执行，一类地区)
浙价费〔2011〕331号,(2011年11月1日起执行，二类地区)</td></tr>
<tr><td>2009年1月1日起执行</td><td>2011年11月1日起执行</td></tr>
<tr><td rowspan="2">基础设施</td><td>重要水域</td><td>220元/平方米</td><td>300元/平方米</td></tr>
<tr><td>非重要水域</td><td>170元/平方米</td><td>250元/平方米</td></tr>
<tr><td>非基础设施</td><td>非重要水域</td><td>500元/平方米</td><td>600元/平方米</td></tr>
<tr><td rowspan="3">建设项目临时占用水域补偿费</td><td rowspan="2">基础设施</td><td>重要水域</td><td>3元/月·平方米</td><td>4元/月·平方米</td></tr>
<tr><td>非重要水域</td><td>2元/月·平方米</td><td>3元/月·平方米</td></tr>
<tr><td>非基础设施</td><td>非重要水域</td><td>6元/月·平方米</td><td>8元/月·平方米</td></tr>
</table>

续表9-4-1

序号	规费项目	其中		收费标准	附注
2	水资源费	取用地表水	自来水制水企业	0.08 元/立方米	浙价费〔2004〕209号，平计价费〔2004〕36号(2004年7月1日起执行，对取用地表水的自来水制水企业的水资费标准于2005年7月1日起执行)浙价费〔2010〕127号水力发电水资源费征收标准，由现行的0.01元/千瓦时降低为0.008元/千瓦时，从2010年7月1日起执行，抽水蓄能发电暂免征收。其他仍按浙价费〔2004〕209号规定执行。
			自备取水	0.10 元/立方米	
			贯流水	0.02 元/立方米	
			水力发电	0.008 元/立方米	
			抽水蓄能	0.002 元/立方米	
			灌装桶，瓶装水	5 元/立方米	
		取用地下水	承压水	1.20 元/立方米	
			非承压水	0.40 元/立方米	
			灌装桶，瓶装水	10 元/立方米	
3	水土保持费	水土保持设施补偿费	植被设施	1～2 元/立方米（占用或损坏植被设施一次性收取）	浙价费〔1997〕107号，〔1997〕财综37号
			工程设施	损坏水土保持工程设施,按恢复同等标准的工程造价收取	
		水土流失防治费	石料，砂	0.2～0.6 元/吨	
			烧石灰	0.5～1.00 元/吨	
			水泥	1.00～2.00 元/吨	
			矿石	0.5～3.0 元/吨	
			烧砖瓦	0.6～1.0 元/吨	
			萤石，铁矿	1.00～2.00 元/吨	
			煤	0.5～1.00 元/吨	
			铜矿石	2.00～3.00 元/吨	
			采伐林木	2.00～4.00 元/立方米	
			采伐毛竹	0.15～0.2 元/百斤	

续表9-4-1

序号	规费项目	其中	收费标准	附　注
4	河道采砂许可	河道采砂（石子）管理费	1.00元/吨	浙价费〔1992〕4号，浙价费〔1992〕51号
5	占用农业灌溉水源灌排工程设施补偿费	建设单位必须按规定采取补救或支付补偿费。补偿费按当地新建替代工程造价计算，列入建设项目工程概算		
6	围垦滩涂资源使用费	用于工业，交通，商业，旅游等项目占地面积一次性征收	8元/平方米	浙价费〔1998〕437号
		用于农业种植，水产养殖按占地面积一次性征收	0.5元/平方米	

五、河道管理

县境内有河道1698条，长度1878.3千米，水域面积43.68平方千米，水域容积1.37亿立方米。1991年对全县河道按规模实行分级管理。鳌江干流（南雁埭头以下）为省级河道，长度41.8千米；市级河道3条：平瑞塘河、萧江塘河、沪山内河，总长19.7千米；县级河道20条，总长185.7千米；县级以下河道1674条，总长1631.1千米。

1991年平阳县河道级别

表9-4-2

河道级别	条数（条）	长度（千米）	水域面积（平方千米）	水域容积（万立方米）	现状水面率（%）
省级河道	1	41.8	6.90	4855.22	0.72
市级河道	3	19.7	1.00	271.49	0.11
县级河道	20	185.7	7.67	2141.63	0.23
县级以下	1674	1631.1	28.11	6442.78	3.49
合计	1698	1878.3	43.68	13711.12	4.55

1991年7月，县政府印发《平阳县河道管理实施办法》，对河道实行分级管理，以所在乡镇分管水利工作者为责任人。

2001年起，对整治后的河道实行保洁长效管理机制，主干河道两岸保护范围的宽度各为10米，一般河道两岸保护范围的宽度均为6米。河道禁止设置阻水碍航物和拦河鱼簖，不准在河旁倾倒工业、基建、生活垃圾及其他废弃物，不得人为弄沉废弃水泥船。两岸安全带内，禁止爆破、打井、挖石、取土、建窑、挖坑、开沟、葬坟及建房等危害水利工程安全的活动。至2012年年末，市、县级河道由域内乡镇负责管理（见表9–4–3）。各乡镇内干河、支流由村或自然村管理。各河段设立醒目的“河道管理公示牌”，上面书写河道名称、长度以及河长姓名和职责等，并标明联系电话，接受群众监督。

平阳县万全镇河道263条（段），总长274千米，其中有市级河道1条（段），县级河道5条（段），该镇在实施长效管理机制的同时，2011年制定《万全镇河道管理“五位一体”工作实施方案》。建立了“万全镇河长制管理领导小组”，镇长担任一级总河长，镇领导班子成员分别担任二级河长，社区领导班子和驻村干部分别担任三级河长，村民委员会成员和保洁人员分别担任四级河长，相关职能部门担任河长单位。2012年落实河道保洁队伍9支，25人分区域常年开展河道保洁工作，年投入资金100余万元。

2012年平阳县境内市、县河道保洁管理一览

表9–4–3

河道级别	河道名称	境内起止地点	长度(千米)	水域面积(平方千米)	水域容积(万立方米)	途经主要地点	管理单位
市级河道	平瑞塘河(平阳段)	万全镇章岙底—昆阳镇城北水闸	11.04	0.65	181.10	万全镇 昆阳镇	万全镇 昆阳镇
	萧江塘河(平阳段)	萧江镇杨梅庄村—萧江水闸	4.97	0.18	38.84	萧江镇	萧江镇
	沪山内河(平阳段)	萧江镇河坤村—夏桥水闸	3.65	0.17	51.55	萧江镇	萧江镇
小计		3条	19.7	1.0	271.49		

续表9-4-3

河道级别	河道名称	境内起止地点	长度(千米)	水域面积(平方千米)	水域容积(万立方米)	途经主要地点	管理单位
县级河道	瑶山河	万全镇庙桥—万全浦	2.42	0.13	36.74	万全镇	万全镇
	细龙河	县医院—昆阳镇前宕	1.88	0.07	18.57	昆阳镇	昆阳镇
	水亭河	昆阳镇后岙水库—昆阳镇塘桥	4.24	0.12	30.65	昆阳镇	昆阳镇
	平宋塘河	县医院—万全镇林宅	8.43	0.38	108.02	昆阳镇 万全镇	昆阳镇 万全镇
	郑宋河	万全镇郑楼下里—平瑞塘河	4.34	0.23	68.34	万全镇	万全镇
	郑川河	万全镇黄宅—十五殿	4.45	0.21	53.88	万全镇	万全镇
	榆垟河	万全镇谷垟—浃口	1.77	0.10	29.90	万全镇	万全镇
	东塘河	昆阳镇平塔—下厂水闸	6.80	0.24	51.47	昆阳镇 鳌江镇	昆阳镇 鳌江镇
	西塘河	昆阳镇坡南—城村水闸	12.17	0.35	87.63	昆阳镇 鳌江镇	昆阳镇 鳌江镇
	雁门河	104 国道以北—雁门水闸	3.35	0.11	20.96	鳌江镇	鳌江镇
	平鳌塘河	昆阳镇平塔—下埠水闸	6.26	0.21	51.84	鳌江镇	鳌江镇
	鳌郑塘河	鳌江镇区—下厂水闸	3.0	0.06	7.11	鳌江镇	鳌江镇
	墨城溪	大坑—墨城水闸	9.17	0.15	37.48	鳌江镇	鳌江镇
	梅溪	兰坑山—梅浦	20.14	0.69	214.99	鳌江镇	鳌江镇
	带溪	龙井山—显桥水闸	23.34	1.04	338.67	水头镇 腾蛟镇	水头镇 腾蛟镇
	凤卧溪	白沙坑—水头新街码头	17.14	1.06	300.07	水头镇	水头镇
	闹村溪	玉苍山—埭头	13.72	0.40	88.17	水头镇	水头镇
	怀溪	怀溪文湾—南雁横溪	17.61	1.60	469.12	山门镇 南雁镇	山门镇 南雁镇
	岳溪	牛栏塆—岭脚	15.50	0.35	87.78	顺溪镇 山门镇 南雁镇	顺溪镇 山门镇 南雁镇
	青街溪	朱山—垟子尾	10.03	0.17	40.24	青街乡	青街乡
	小计	20 条	185.7	7.67	2141.63		
合计		23 条	205.4	8.67	2413.12		

六、水域管理

根据《浙江省建设项目占用水域管理办法》（2006年3月27日公布）和《浙江省河道管理条例》，对符合占用江河流域综合规划和有关的国土及区域发展规划、防洪规划等许可条件的单位或个人进行涉河涉堤建设的审批。

涉河涉堤建设的审批过程：涉河涉堤建设单位或个人，按规定填写河道管理范围内建设项目申请和审查意见书，并提供所依据的文件、项目区地形图、用地红线图、所涉及河道与防洪部分的初步方案和设防标准与措施等材料（占用水域300平方米以上的项目，应由具有相关资质单位编制的防洪影响评价报告或占用水域影响评价报告）；而后，县水利局行政审批科组织人员进行现场勘查、技术论证，并进行公示、听证；审查合格后，申报单位或个人缴纳相关费用；最后县水利局行政审批科才予以发文。

2002～2012年，经水行政主管部门审批的占用河道水域面积15.99万平方米，其中鳌江镇4.13万平方米，昆阳镇2.61万平方米，山门镇2.51万平方米，万全镇2.32万平方米，萧江镇1.17万平方米，其他镇、重点项目等3.25万平方米。

七、水利规费征收

1992年开始，各项水利规费征收按浙江省物价局、浙江省财政厅、浙江省水利厅《关于审查核定水利系统行政事业性收费项目和标准的通知》收取；自1999年开始，按浙江省水利厅浙水财〔1999〕40号文件《关于印发〈浙江省水利系统行政事业性收费项目暂行管理办法〉的通知》收取。

1991～2000 年平阳县各项水利规费收入情况

表 9-4-4　单位：元

项目＼年份	1991	1992	1993	1994	1995	1996	1997	1998	1999	2000
农业水费	470577	124802	171744	327264	261405	133035	371301	78132	278650	180330
工业水费	62940	23892	61486	36690	67957	33456	30345	12974	34500	/
生活水费	35078	12307	42506	27807	49425	36243	42967	8100	46000	/
发电水费	39290	30615	/	/	/	80935	65000	33450	47420	/
水资源费	/	/	/	/	70506	50712	119587	374341	334847	451758
水量损失补偿费	/	/	239206	100000	100000	/	464710	494233	1983500	799930
小水电管理费	/	/	/	/	18341	69492	52257	171741	257938	314087
小水电发展基金	/	/	/	/	89374	106513	219000	/	10000	/
临时占用费	/	/	/	/	/	/	/	4500	24410	/
技术服务费	/	/	/	/	/	/	/	10700	/	132464
采砂管理费	/	/	/	/	/	/	/	/	56300	57300
滩涂占用费	/	/	/	/	/	/	/	/	47407	/
水土流失防治费	/	/	/	/	/	/	/	/	/	113820
水土保持设施补偿费	/	/	/	/	/	/	/	/	/	411440
合计	607885	191616	514942	491761	657008	510386	1365167	1188171	3120972	2461129

2003～2012年平阳县各项水利规费收入情况

表9-4-5 单位：元

项目＼年份	2003	2004	2005	2006	2007	2008	2009	2010	2011	2012
水资源费	575895	232801	1290461	1417145	1668263	1235180	1780449	998341	2512931	2340455
占用水源水域设施补偿费	3945394	2256125	2140468	3459329	4235021	3321894	3374517	5764088	2551768	3445696
水土保持设施补偿费	690560	1017916	1237264	704387	680323	412633	1669321	1618488	1220775	575422
水土流失防治费	86200	5900	/	/	/	/	/	/	/	/
河道采砂管理费	50000	20158	50250	126300	/	38100	/	/	/	15420
河道维护费	17000	73550	/	/	/	/	/	/	/	/
小水电管理费	218520	/	407295	343385	/	/	/	/	/	/
滩涂围垦资源使用费	39589	/	/	/	/	/	/	/	/	/
行政事业性收费	/	/	/	/	151140	21500	/	19440	12371	/
采矿权价款收入	/	/	/	/	/	/	/	/	/	84810
合计	5623158	3606450	5125738	6050546	6734747	5029307	6824287	8400357	6297845	6461803

第五节　水政执法

一、水政队伍建设

（一）水政队伍机构

1991年，开始建立水政监察队伍，平阳县人民政府任命水利电力局局长庄义瑞担任主任水政监察员，水电局副局长陈洪渠、苏秀玉担任副主任水政监察员。1996年12月13日设立平阳县水政监察大队，编内人员19人。至2012年年底，全县专职从事水政监察人员10人，兼职27人，其中女性5人，具备大专以上学历的占90%以上，由水利部下发水政监察证，执证上岗。

（二）实施电子数字化管理

2002年，水政监察大队迁入水利局新建办公大楼，配备了电脑、扫描机、打印机等办公自动化设备。通过办公信息化的管理，逐渐建立起全面完整的电子水政档案资料。在档案管理上，专人负责装订、扫描、统一输入电脑，方便统计与查找，及时掌握全县水事案件的办理情况。

（三）完善执法装备

2002年，行政执法经费纳入县财政预算后，加大了对水政执法装备的投入，成立了昆阳、鳌江、水头、萧江四个监察中队，各中队都配置执法巡逻车，用于水政执法巡查。同时，为每位执法人员投保了人身意外险，稳定了执法队伍。2009年，水政监察大队被评为市优秀监察队伍。

二、水政执法活动

（一）查处水事违法行为

每年年初制订巡查计划，分片区落实巡查责任人，提高巡查到位率。据统计，2002～2012年12月，查处水事违法行为381件，其中处以罚款的202件，上交县财政罚没款专户134.57万元。2010年，县府制定《平阳县水政巡查制度》，进一步规范水政监察巡查行为，实行“分队到片，责任到人”的巡查责任制。

（二）拆除违章建筑

2002年，为认真贯彻落实市局关于河道违法违章专项整治工作精神，进一步加强河道管理执法力度，坚决遏制违法违章占河、填河的势头，重点对历史遗留、群众反映强烈的违章建筑开展专项执法。2002年1月至2012年12月，共组织水政执法人员清除违章建筑42.56万平方米。

（三）打击非法采砂

平阳县有砂石资源的溪流长约35千米，主要集中在鳌江干流上游溪流吴山段、笠湖东门段、溪南段、后仓高一段、怀溪晓坑段，采砂点最多时达32处。无序、超范围采砂状况严重，对防洪堤工程造成严重破坏，对周边生态环境造成严重影响。

2007年，县府下发《关于实施平阳县鳌江中游段及怀溪支流河道采砂规划》。2007～2010年，只审批三处采砂作业点，分别位于鳌江中游南雁笠湖段、蒲潭垟堰坝上游段和怀溪支流山门高一段。并且规定采砂点的有效期，分别为八个半月和七个月。有效期到期后，县水利局没有再行审批许可发证。

2008年，县府出台《关于印发平阳县河道采砂权公开有偿出让办法（试行）通知》，转变了河道采砂审批方式，使采砂业逐步进入规范化运行轨道。至2012年，全县没有审批采砂点。

2006至2012年12月，共取缔非法采砂点28处，使无序、非法采砂行为得到有效遏制。

（四）调处水事纠纷

遇干旱气候，靠山的村庄用水紧张。为此，村与村之间常因用水问题发生纠纷矛盾。如2003年，万全镇新界村与横河村，因干旱引发用水困难，发生争水纠纷。水利局接报后，马上组织水政人员深入当地开展调查，根据水法律法规的相关规定和用水实际情况，提出协商意见，最终使矛盾得到圆满解决。2006年，县人民政府出台《关于印发平阳县水事纠纷处置应急预案的通知》，对预防和妥善处置突发性水事纠纷，依法保护单位和个人的合法权益，维护社会稳定起到了积极作用。2009年鳌江镇梅源社区村与村之间发生截流引水纠纷，水政监察大队接报后，会同当地政府实地勘查和了解实际情况，根据水事纠纷处置预案的相关规定，对用水各方进行协商调解，使纠纷得到较好的解决。

三、水保监管活动

（一）水土保持机构

2001年10月30日，设立平阳县水土保持监督所。2012年有专门执法监督人员6人，均持有执法检查证，执法人员学历均在大专以上。

水土保持监督所成立以后，按照《平阳县水土保持监督所工作职责》和《平阳县水政检查巡查制度》，健全单位岗位责任制，明确工作分工，落实工作责任。配备专用车、摄像机、照相机、电脑和其他办公设备。

（二）宣传与执法培训

2002年开始，水保所以“3·22”世界水日、“中国水周”和“6·29”水土保持法颁布周年纪念日等为契机，采取舆论引导，教育介入等形式，开展《中华人民共和国水土保持法》等有关法律法规和水土流失防治宣传活动；在每年召开全县党代会、人代会及农业、农村工作会议期间，宣传水土流失防治工作，增强全社会的水土保持意识。

每年派员参加省水利厅水土保持专业培训，经常组织水保执法人员学习法律法规和专业知识，以不断提高水保执法人员业务水平和依法执政能力。

（三）落实水保方案

水保所加强与计划、城建规划、土地、环保、林业等部门协作，建立了水保方案的审批前置制度，将水土保持方案编报纳入开发建设项目审批程序之中。

同时，对水保方案落实情况进行监督检查。按照水利部《开发建设项目水土保持设施验收管理办法》，做好水土保持设施的竣工验收工作。

至2012年12月，全县共编报水土保持方案209份，方案编报率达到100%，依法征收两费309.3万元，累计投入水土保持专项补助资金397万元。全县开发建设项目水保工程基本符合水保方案要求，绿化率达到30%以上，建设中的弃渣弃土能按指定场地堆放，工程措施和植物措施基本到位。

（四）打击违法行为

在日常巡查中，督促建设施工单位严格按照水保方案措施进行施工作业，落实水保“三同时”原则（同时设计、同时施工、同时竣工验收）。县水保所还会同水政大队对重点地段、水保方案编报情况开展定期不定期的督查。

对上报的违法事件，及时组织力量，深入现场调查处理，晓之以理、动之以情、化解矛盾，做到“查处一个，教育一个”，树立水保执法的权威性，有力的推动《中华人民共和国水土保持法》的贯彻实施。2006～2012年，共查处水保案件41起。

（五）制订水保规划

2000年，县水利局委托市水利水电勘测设计院编制完成《平阳县水土保持总体规划》，并报县人民政府批准。2008年，县水利局再次委托市水利水电勘测设计院对《平阳县水土保持总体规划》进行重修，次年8月由县府批准实施。

根据总体规划和“三区”（重点监督区、重点治理区、重点保护区）划分，综合水土流失规律和当地实际，全县实行山、水、林、路等综合治理。2009年以来，以工程措施、植被措施和农业技术措施进行优化配置。治理水土流失和开发建设相结合，建立了桃源、墨城长丰、西塘云峰、腾蛟昌荣水保林示范基地，收到了良好的生态效益、经济效益和社会效益。特别是桃园观光生态农业实验场水保林示范基地，利用了地域的独特优势，将自然景观与人文景观和谐统一，初步形成了一个集观光、娱乐、科普于一体的综合性旅游观光区，成为水土流失治理的样板工程，带动了全县生态环境建设。

第十章　科技人文

第一节　水利科技

20世纪90年代以来，随着水利建设事业的快速发展，平阳县水利科技水平也不断提高，县水利局的科技人员增长迅速，从事水利专业人员从21世纪初只有初级、中级职称，至2012年已拥有多名高级职称专业人员。

一、科技人员

2012年年底，县水利系统有科技人员103人，占在编人员总数的66%，比2000年的52.6%增加了13.4个百分点。在103名科技人员中，具有高级工程师职称的4名，中级职称的26名（工程师23名，会计师3名），初级职称的73名（助理工程师58名，助理会计师5名，助理经济师1名，助理馆员1名，技术员6名，会计员1名，经济员1名）。

2012年平阳县水利系统在职科技人员名录

表10-1-1

姓名	性别	出生年月	文化程度	行政职务(工作单位)	技术职称
许益顺	男	1966年2月	大学	县水利局副局长	高级工程师
王希贤	男	1965年7月	大学	顺溪水利枢纽工程指挥部总工程师	高级工程师
黄美胜	男	1965年12月	大学	县水利水电工程质量监督站站长	高级工程师
许宏棉	男	1974年5月	大学	顺溪水利枢纽工程指挥部技术科科长	高级工程师
苏中坚	男	1977年10月	大学	县水利局总工程师	工程师
修海峰	男	1982年12月	博士	县水利局副总工程师	工程师
温正策	男	1975年3月	大学	县水利局办公室副主任	工程师
郑德仁	男	1972年2月	大专	县水利局办公室副主任	工程师
蔡德迪	男	1961年9月	大学	县水利局规划建设科科长	工程师
胡型聪	男	1980年1月	大学	县水利局规划建设科副科长	工程师
倪立周	男	1981年2月	大学	县水利局规划建设科副科长	工程师
周敏捷	男	1976年10月	大学	县水利管理所所长	工程师
庄一成	男	1967年11月	大学	县水电管理所副所长	工程师
陈小玲	女	1973年1月	大学	县水电管理所	工程师
董晓瑜	男	1981年1月	大学	县水利水电工程质量监督站副站长	工程师
郑选钦	男	1971年8月	大学	县水利水电工程质量监督站	工程师
胡振岳	男	1958年2月	大专	县水利水电工程质量监督站	工程师
吴联志	男	1981年7月	大学	县河道管理所副所长	工程师
林　晔	女	1963年4月	大专	县河道管理所	工程师

续表10-1-1

姓名	性别	出生年月	文化程度	行政职务(工作单位)	技术职称
温自力	男	1971年10月	大学	县水利水电勘测设计所所长	工程师
胡克银	男	1981年4月	大学	县水利水电勘测设计所副所长	工程师
郑邦山	男	1978年4月	大学	鳌江水利管理所所长	工程师
陈圣利	男	1969年10月	大学	县北港引水工程管理所所长	工程师
李忠明	男	1957年1月	中专	县山门水力发电站站长	工程师
郑昌跃	男	1959年7月	中专	县山门水力发电站副站长	工程师
郑小杭	男	1963年10月	大学	县山门水力发电站	工程师
陈启杰	男	1959年11月	中专	县山门水力发电站	工程师
毛芳丛	男	1961年2月	大学	县水利局水政水资源科科长	会计师
陈小建	女	1980年3月	大学	县水政监察大队	会计师
包道钦	男	1963年2月	大专	昆阳水利管理所所长	会计师
潘　宇	男	1978年8月	大学	县水利局办公室副主任	助理工程师
苏　骏	男	1974年8月	大学	县水利局办公室	助理工程师
周立平	男	1970年1月	大专	县水利局办公室	助理工程师
陈　勇	男	1975年3月	大专	县水利局办公室	助理工程师
杨　勇	男	1974年5月	大专	县水利局办公室	助理工程师
李正碎	男	1962年1月	大学	县水利局工会主席	助理工程师
林云秋	女	1962年10月	大学	县水利局工会	助理工程师
林　继	男	1981年12月	大学	县水利局监察室主任	助理工程师
吴圣威	男	1976年3月	大学	县水利局水政水资源科	助理工程师
陈　云	男	1984年2月	大学	县水利管理所副所长	助理工程师

续表10-1-1

姓名	性别	出生年月	文化程度	行政职务(工作单位)	技术职称
薛晓霞	女	1963 年 6 月	大学	县水利管理所	助理工程师
金举展	男	1987 年 7 月	大学	县水利管理所	助理工程师
施国鸿	男	1977 年 11 月	大学	县水政监察大队大队长	助理工程师
袁思化	男	1979 年 2 月	大学	县水政监察大队副大队长	助理工程师
吴邦伟	男	1976 年 11 月	大学	县水政监察大队副大队长	助理工程师
余海平	男	1974 年 10 月	大学	县水政监察大队副大队长	助理工程师
肖仁其	男	1953 年 8 月	中专	县水政监察大队	助理工程师
陈岳程	男	1970 年 10 月	大学	县水土保持监督所所长	助理工程师
邱敬畏	男	1978 年 8 月	大学	县水土保持监督所	助理工程师
陈纪冲	男	1960 年 7 月	大专	县堤塘管理所所长	助理工程师
孙平瑞	男	1981 年 12 月	大专	县堤塘管理所副所长	助理工程师
宋晓芳	女	1986 年 1 月	大学	县河道管理所	助理工程师
张永安	男	1961 年 1 月	大专	县饮用水办公室主任	助理工程师
张　炜	男	1989 年 3 月	大学	县饮用水办公室	助理工程师
周永锁	男	1969 年 4 月	大专	县水利水电勘测设计所	助理工程师
雷秀明	女	1981 年 10 月	大专	县水利水电勘测设计所	助理工程师
鲍成瑞	男	1984 年 8 月	大学	县水利水电勘测设计所	助理工程师
冯　力	男	1962 年 3 月	大专	县防汛防旱办公室常务副主任	助理工程师
林世民	男	1985 年 3 月	大专	县防汛防旱办公室副主任	助理工程师
林明川	男	1963 年 10 月	大专	昆阳水利管理所副所长	助理工程师
倪曦峰	男	1974 年 7 月	大专	昆阳水利管理所	助理工程师

续表10-1-1

姓名	性别	出生年月	文化程度	行政职务(工作单位)	技术职称
倪志秋	男	1960 年 9 月	大专	昆阳水利管理所	助理工程师
翁碧茹	女	1973 年 11 月	大学	昆阳水利管理所	助理工程师
蔡嘉靖	男	1979 年 11 月	大学	鳌江水利管理所副所长	助理工程师
叶振强	男	1955 年 8 月	高中	鳌江水利管理所	助理工程师
王祥通	男	1956 年 3 月	中专	鳌江水利管理所	助理工程师
倪庆敢	男	1959 年 3 月	高中	鳌江水利管理所	助理工程师
董小波	男	1965 年 5 月	高中	鳌江水利管理所	助理工程师
缪时节	男	1958 年 12 月	高中	鳌江水利管理所	助理工程师
金华平	女	1968 年 4 月	高中	鳌江水利管理所	助理工程师
郑经兴	男	1959 年 10 月	中专	水头水利管理所所长	助理工程师
陈　榆	男	1981 年 8 月	大学	水头水利管理所副所长	助理工程师
李盛业	男	1975 年 7 月	大学	萧江水利管理所所长	助理工程师
杨家庆	男	1960 年 12 月	大专	萧江水利管理所	助理工程师
张镇建	男	1979 年 3 月	大学	萧江水利管理所	助理工程师
练高团	男	1977 年 8 月	大专	山门水利管理所所长	助理工程师
黄庆绫	男	1958 年 3 月	中专	山门水利管理所	助理工程师
林瑞瑜	男	1956 年 12 月	中专	山门水利管理所	助理工程师
林延庙	男	1961 年 1 月	高中	山门水利管理所	助理工程师
金献华	男	1965 年 5 月	中专	县北港引水工程管理所	助理工程师
谢　阳	男	1969 年 2 月	大专	县北港引水工程管理所	助理工程师
郑礼巧	男	1976 年 12 月	大学	县北港引水工程管理所	助理工程师

续表10-1-1

姓名	性别	出生年月	文化程度	行政职务(工作单位)	技术职称
李信城	男	1971年3月	大专	县北港引水工程管理所	助理工程师
陈玉琴	女	1960年6月	高中	县北港引水工程管理所	助理工程师
李在跃	男	1957年3月	中专	县山门水力发电站	助理工程师
陈锡波	男	1962年6月	中专	县山门水力发电站	助理工程师
邓德秀	女	1975年2月	中专	县山门水力发电站	助理工程师
周贻兴	男	1975年1月	大学	县水利水电物资总站站长	助理工程师
庄一平	女	1966年7月	大学	县水利局办公室主任	助理会计师
金　玲	女	1978年8月	大学	县河道管理所所长	助理会计师
李　碧	女	1970年1月	大专	县河道管理所	助理会计师
苏晓东	女	1968年10月	大学	水头水利管理所	助理会计师
林彩绿	女	1978年3月	大学	水头水利管理所	助理会计师
陈佩佩	女	1983年8月	大学	县堤塘管理所	助理经济师
王秋霞	女	1963年11月	大学	县水利局办公室	助理馆员
杨继锦	男	1979年2月	大专	山门水利管理所	技术员
黄东晓	男	1978年2月	大专	万全水利管理所	技术员
黄兆财	男	1966年3月	初中	县北港引水工程管理所	技术员
张克转	男	1978年1月	中专	县山门水力发电站	技术员
卢　坚	男	1974年10月	中专	县水利水电物资总站	技术员
陈云英	女	1977年5月	中专	县水利水电物资总站	技术员
陈　雯	女	1966年11月	中专	县北港引水工程管理所	会计员
杨学生	男	1954年2月	高中	县水利水电工程质量监督站	经济员

二、水利学会

平阳县水利学会，1980年5月5日县科协平协〔80〕04号文批复成立，第一届理事会由张鸿德等17位同志组成。理事长张鸿德，副理事长罗益村、王德秋、邱正芳、谢文福、庄义瑞，秘书长薛奇峰。

第二届理事会于1984年10月换届选举产生，理事长庄义瑞，副理事长兼秘书长苏秀玉。

第三届理事会于1991年7月换届选举产生，理事长庄义瑞，副理事长苏秀玉、黄光理，秘书长苏秀玉（兼）。

第四届理事会于1999年4月换届选举产生，理事长殷为东，副理事长潘永乐、华稳健，秘书长华稳健（兼）。

第五届理事会于2013年10月24日换届选举产生，理事长苏中坚，副理事长修海峰、胡型聪，秘书长修海峰（兼）。

三、小水电协会

平阳县小水电协会，2000年6月21日县民政局平民字〔2000〕72号批复成立，第一届会长林型聪，副会长徐煌明、白洪权，秘书长毛芳丛。

第二届协会，于2007年1月12日召开，产生了新一届会长陈敬钮，副会长张良杰、苏立贯，秘书长华稳健。

第三届协会，于2010年12月20日召开常务理事会议，选举会长陈敬钮，副会长苏立贯、严家行，秘书长鲍承北。

四、科技档案

县水利局档案室成立于1991年，至2012年年底已整理归档科技档案1185个全宗，存有蓝图4441张，底图13436张，原图4073张，报告及其他应用价值资料1028份。

五、技术培训

20世纪90年代以来，县水利局相继举办了各种水利水电技术培训班。其中，测量培训班办了四期，参加学习的共40人次，通过培训，学员们基本上能掌握测量知识和实际操作能力。水利培训班办了五期，参加学习的共260人次，通过培训，学员基本上达到中等专业水平。水电培训班办了六期，参加学习的共240人次，通过培训，学员成绩可达初级电工水平。防汛培训班基本上每年都有举办，培训对象为镇（乡）、村居及主要水利工程单位负责人、管理员。近年来，各类培训班基本上由省水利厅、市水利局统一举办。

第二节　水利勘测

一、勘测设计

县内水利水电工程勘测设计任务，主要由县水利水电勘测设计所承担。该所成立于1963年（2001年增设温州市水利水电勘测设计院平阳分院）。2012年，有办公用房600多平方米，职工30人，其中在编人员7人，外聘人员23人。高级工程师1人，工程师5人，助理工程师7人，技术员9人。其资质等级为：水利水电勘测设计丁级；配套工程工民建丁级；2000年取得水土保持方案编制资格，资质为丙级；2003年取得水利工程设计资格，资质为丙级；2009年取得水利工程施工图审查资格，资质为丙级。

设计所的硬软件设备较完善，人手1台计算机，并配备高性能复印机和绘画仪各1台，激光高精准测量仪1台，晒图机1台，打印机7台，扫描仪1台，投影仪1台，摄影机1台，照相机2台，GPS卫星定位系统静、动态各2套，全站仪2台，水准仪3台，测深仪1台及皮划艇1艘等。EQ一卡通系统，能大屏幕滚动播放项目承接、设计情况、完成时间等状况，让人一目了然。

2000年后，设计内容和范围不断扩充，除了传统的水库、渠道、水闸、堰坝、海塘、江堤、溪堤、水电站以外，农民饮用水、溪流防洪治理、占用水域评价、水土流失保持、河道和湿地保护、粮食功能区、城市防洪等设计项目大量增加，不但涉及水利工程的各个方面，而且还涉及农业、林业、规划建筑等与水利有关的工程项目。2006～2010年，除承担本县水利工程勘测设计外，还承担瑞安、文成等邻近县（市）的水电站、水库、山塘、农民饮用水等水利工程的勘测设计。

2000年完成勘测设计任务38项，2012年完成勘测设计任务242项。2000～2012年共计完成设计任务1423项，平均每年100多项。

二、水文勘测

平阳县水文站位于鳌江镇，成立于1956年1月，原归浙江省水利厅水文总站管理，1995～2012年由温州市水利局温州市水文站管理。下辖鳌江水文站和埭头水文站，有基本水位站2处、雨量站13处、水质监测断面13处及各类水文遥测站点43处。

2012年，县水文站有工作人员17人，其中正式编制人员5人，临时工作人员2人，代办人员10人。主要负责县境内水文资料的收集、分析、整理，代办站和水文遥测站管理等工作，并开展水文水情预警预报、水文测量调查、水文水资源调查评价等水文服务工作，为防汛抗旱、抗灾救灾、水利规划设计、水资源开发利用、水环境保护等提供基础资料。

鳌江潮位站　位于鳌江镇鳌江大厦边，1957年5月设立，测验项目有潮水位、潮流量、水质监测、降水量等。

埭头水文站　位于南雁镇埭头村，建于1956年3月，为北港干流的主要控制站。集雨面积346平方千米，干流长度28.4千米，测验项目有水位、流量、含沙量、水质、水温、雨量、水面蒸发等。

南雁水文站　又称南雁径流站，位于南雁镇仙姑洞村。1964年3月设立，下设仙姑洞、东堡洋、梅雨潭、凤岭下四个径流点，观测水位、径流量等项目。

南雁水文站设有气象场，观测气温、气压、风向、风速、降水、水面蒸发、日照等项目。集水区内设有下岙、小施、凤岭下等11处雨量站，均装有自动记录仪器。

鳌江内河水位站　位于鳌江镇平阳中医院旁，2011年1月设立，观测水位、降水量等。

平阳水位站 位于昆阳镇北门后垟村，1958年1月设立，观测水位、降水量，测验水质等。

萧江水位站 原名萧江渡潮位站，位于萧江镇萧江新闸，1954年4月设立。测试项目有潮水位、降水量、气象、蒸发量、含沙量等。自1958年初将潮位部分并入鳌江潮位站后，该站改名为萧江塘河水位站，测试项目仅留降水量和水位两项。

平阳县水文观测站一览

表 10–2–1

序号	站　名	地　址	设立时间	测验项目
1	平阳水位站	昆阳镇后垟村	1958 年 1 月	水位、降水量、水质
2	吴垟雨量站	顺溪镇吴垟	1980 年 1 月	降水量
3	顺溪雨量站	顺溪镇中村	1957 年 3 月	降水量
4	朝阳雨量站	顺溪镇维新	1980 年 1 月	降水量
5	山门雨量站	山门镇寺边村	1966 年 4 月	降水量
6	上垄雨量站	水头镇联山村	1964 年 3 月	降水量
7	南雁水文站	南雁镇仙姑洞村	1964 年 1 月	降水量
8	埭头水文站	南雁镇埭头村	1956 年 3 月	水位、流量、降水量
9	腾蛟雨量站	腾蛟镇腾蛟村	1961 年 4 月	降水量
10	鳌江潮位站	鳌江镇鳌江大厦边	1957 年 5 月	潮水位
11	鳌江内河水位站	鳌江镇平阳中医院边	2011 年 1 月	水位、降水量
12	殿后山雨量站	鳌江镇西湾殿后山村	1983 年 1 月	降水量
13	南麂雨量站	鳌江镇南麂火棍岙村	1957 年 1 月	降水量

第三节　水利规划

一、平阳县鳌江北港流域水利规划

根据1991年省水利厅浙水计《关于平阳县北港流域水利规划任务书的批复》，1993年3月，由温州市水利电力勘测设计院编制。水利规划包括北港流域的主要支流：顺溪、怀溪、闹村溪、岳溪、凤卧溪、腾蛟溪和梅溪等，流域总面积806平方千米。遵循全流域统一规划，综合利用的原则，洪、涝、旱治理、城镇供水和水力资源开发综合考虑，合理解决水资源的供需矛盾，近期以减缓洪涝灾害为重点。治理洪涝采用工程措施（蓄、引、疏、排结合）和非工程措施，使农村防洪标准达到或接近五年一遇，城镇防洪标准一般不低于十年一遇，农田排涝标准三年至五年一遇。水能开发规划与平阳县初级农村电气化规划相协调，对主要支流进行开发布置，确定经济合理的开发方案，满足平阳县电气化达标要求。

二、浙江省温州市鳌江流域综合规划报告

1997年12月，受温州市水利局委托，根据省水利厅关于鳌江流域综合规划任务书复审意见，在已有的南、北港流域规划的基础上，由温州市水利水电勘测设计院重新编制鳌江流域综合规划。文本编制了供水灌溉规划、防洪排涝规划、水电开发规划、航运规划、水土保持规划及环境影响评价。现状和近、远期规划水平年分别为1995年、2010年、2020年。规划确定了鳌江流域综合治理以防洪、排涝、灌溉、供水为主，结合水力资源开发、航运和改善水环境等。

三、浙江省温州市鳌江流域防洪规划报告

依据浙江省水利厅对鳌江流域防洪规划任务书及大纲的审查意见，2002年7月，由温州市水利水电勘测设计院编制。防洪规划以流域综合规划为指导，深化防洪方案及工程实施意见，规划目标：研究优化对流域干支流洪水有控制作用的水库防洪调度原则及规划工程规模；以岸线布局规划为重点，提出干流及主要支流的整治方案；确定干流及主要支流堤距；对流域内主要城镇提出防洪规划意见；提出防汛指挥系统、水文测报系统的初步方案及流域近期规划情况下的防洪预案要点；对推荐的防洪方案进行投资估算。根据规划工程的重要性、工程实施难度、资金落实等实际情况，分两期实施，近期水平年为2010年，远期水平年为2020年。2002年经温州市人民政府批复实施。

四、平阳县平原河道整治规划

2003年8月，由平阳县水利水电勘测设计所编写。规划水平年近期为2010年，远期为2020年。根据平阳县平原河道目前情况及主要功能，从水利、环保、航运、绿化等综合治理的规划角度出发，提出一个科学合理、切实可行的综合治理规划，为平阳县政府和建设管理部门作综合治理决策的依据。平阳县平原河道整治目标：主要通过清障、疏浚、截弯、护岸、截污、绿化等整治手段，使平阳县平原主河道河面变宽、河床变深、河水变清、河岸变绿，功能完善。

五、平阳县鳌江中游段及怀溪支流河道采砂规划

2006年10月，由平阳县水利水电勘测设计所编写。是年，县人民政府通过规划审查，次年2月，批复公布实施。本规划从有利防洪、河势稳定及生态环

境保护等要求出发，对河道采砂进行通盘考虑。规划流域政区，包括怀溪、晓坑、山门、南雁和水头等地，区域总面积148平方千米。规划对禁采区、可采区都作了明确规定，可采区有五十丈、溪南、笠湖、蒲潭垟堰坝上下游、法洪、黄坑、高墩等区域，其他区域属禁采区范围，并且对可采区确定年度采砂计划。

六、平阳县水资源综合规划

2006年12月，由河海大学、平阳县水利局联合编写，为全省水资源综合规划的组成部分。规划在查清县内水环境及其开发利用现状、分析评价水资源与水环境承载能力的基础上，提出适应社会主义市场经济需要的水资源合理开发、高效利用、综合治理、优化配置、全面节约、有效保护、科学管理的布局和方案。作为全县今后一段时期水资源可持续开发利用与管理的基本依据，促进人口、资源、环境和经济、社会的协调，以水资源的可持续发展利用，保障经济社会的可持续发展。

七、平阳县水域保护规划

根据《浙江省建设项目占用水域管理办法》，省水利厅和省发改委下发《关于开展全省水域保护规划编制工作的通知》规定和水域管理实际需求，平阳县水利局于2007年7月委托平阳县水利水电勘测设计所编制《平阳县水域保护规划》。2009年3月底完成编制工作，同年6月底完成报批工作。规划范围为全县辖区，面积1051平方千米(其中陆地面积959平方千米)。规划明确了范围内的水域总体布局、分区水域布局、水域恢复、扩大或新增方案；明确了水域保护等级、范围、目标、水域利用方案，提出了水域管理方面的制度和建议等。

八、平阳县城乡饮用水安全保障规划

由平阳县水利水电勘测设计所于2008年初编制完成。2011年10月，完成了《平阳县城乡饮用水安全保障规划修编》。同月，平阳县水利局会同县府办、县发改局、县规划建设局、县国土资源局、县农业局、万全镇政府等相关部门人员，对规划进行审查。按照审查意见，2011年11月设计单位完成规划修编报批稿。规划总体目标：通过平阳县城乡供水水源安全保障规划，建立“城乡兼济、水量保证、水质达标、管理规范、运行可靠、监控有效、应急有备”的城乡饮用水安全保障体系。规划现状水平年2010年，近期水平年2015年，远期水平年2020年。

九、平阳县水利发展“十二五”规划

2010年3月，由平阳县水利局委托平阳县水利水电勘测设计所编写。针对预期防洪、供水、围垦三大目标，提出相应总体布局和主要任务。平阳县人民政府2012年12月15日平政发〔2012〕255号文批复实施。

十、平阳县瑞平水系（平阳片）河道整治规划

根据《平阳县国民经济和社会发展第十二个五年规划纲要》和《平阳县森林城市建设总体规划（2010—2020年）》的需要，稳定瑞平水系（平阳片）的水面率和提高行洪排涝能力、改善瑞平水系（平阳片）水、陆环境，挖掘和传承瑞平塘河和平宋塘河的历史文化内涵，提高塘河的生态环境质量和人居环境品质，体现平阳县水域特色。2010年4月，平阳县水利局委托浙江广川工程咨询有限公司编制《平阳县瑞平水系（平阳片）河道整治规划》。

河道整治规划范围：除宋埠—西湾围垦外的瑞平水系平阳片，涉及昆阳、万全两镇和县第一农场及鳌江镇海滨村。规划总面积142.6平方千米，大小河流510条，河流总长444.77千米。规划水平年近期2015年，中期2020年，远期2030年。2013年5月，平阳县人民政府平政发〔2013〕117号文批复实施。

十一、平阳县农田水利建设规划

2011年4月，由平阳县水利局编制。根据省政府办公厅《关于开展农田水利标准化建设的意见》和省水利厅《关于印发〈浙江省农田水利"十二五"建设规划〉暨做好县级规划修编工作的通知》精神，结合平阳县行政区划调整的情况制定。

规划范围：包括县域内容积0.1万～10万立方米山塘整治建设，喷微灌溉工程、大中型灌区末级渠系和小型灌区渠系、小型灌溉泵（闸）站、小型引水堰闸、排水沟渠及配套建筑物、农田灌排、河道整治等。规划由浙江广川工程咨询有限公司编写，平阳县人民政府2012年2月批复实施。

十二、浙江省鳌江流域防洪规划修编报告

2011年7月，由温州市水利水电勘测设计院编制。2002年，温州市人民政府批准了原《鳌江流域防洪规划》。随着域内工业化、城镇化和农业现代化进程的快速推进，原防洪规划条件发生了较大变化，亟须对防洪规划方案作相应调整。修编后的防洪规划，重点解决鳌江干流和横阳支江的洪水及主要平原的排涝问题（重点区域为北港流域顺溪水库以下的鳌江干流和南港流域桥墩水库以下的横阳支江及两岸平原）。北港流域采取"上蓄、中疏"措施为主，新建流域控制性水库枢纽工程，蓄洪削峰，配合主流卡口河段拓河，疏导行洪道，有效降低河道洪水位。规划近期水平年2020年，远期水平年2030年。

十三、平阳县墨城溪小流域防洪避洪规划

2011年12月，由温州市水利电力勘测设计院、平阳县水利水电勘测设计所编写，平阳县人民政府2011年12批复实施。

本规划范围为鳌江镇墨城社区墨城溪小流域，涉及面积20.9平方千米（其中山区18.5平方千米，平原2.4平方千米）；行政村5个，居民5588户，人数2.02万人。规划分近期（2015年）和远期（2020年），以近期目标为主，采取工程措施与非工程措施相结合，达到防灾的根本目的。

十四、平阳县鳌江干流治理岳溪水库工程项目建议书

2011年11月，平阳县水利局委托温州市水利电力勘测设计院编制完成。同月，委托浙江省水利水电勘测设计院进行《浙江省平阳县岳溪水库工程坝址比较专题报告》的编制工作，2012年10月完成。

岳溪水库是北港流域规划综合整治的重点工程之一，以防洪为主，结合发电、供水的综合利用水力枢纽工程。水库集雨面积47.1平方千米，总库容1007万立方米，防洪库容600万立方米，总投资5.35亿元。通过与顺溪水库及下游三个河道型水库联合调度，控制鳌江上游下泄的流量，结合下游的鳌江干流整治，使水头镇防洪标准提高至20年一遇。防洪保护范围涉及顺溪、南雁、水头及延伸到鳌江下游的萧江镇。防洪保护人口14.5万人，农田8万亩。

十五、鳌江河口建闸必要性及闸址初选专题报告

专题报告由浙江省水利水电勘测设计院编制（于2013年3月完成，审定本于2013年6月完成）。报告鉴于鳌江流域上游缺乏控制性工程，防洪排涝问题

仍未能得到彻底解决，有必要研究相应的补偿措施。河口建闸是解决流域防洪排涝问题的重要措施之一，开展鳌江河口建闸必要性及闸址初选专题研究是十分必要的。

十六、温州市飞鳌滩围涂工程项目规划专题论证报告

平阳县水利局委托浙江省水利河口研究院，开展飞鳌滩围涂（促淤）项目规划专题论证，论证报告于2011年1月完成。

项目规划范围位于飞云江和鳌江之间的东海岸滩涂，围涂面积20万亩。北堤堤线沿阁巷围垦工程北堤向东延伸13.45千米，南堤堤线沿西湾南片围垦工程南堤向东延伸11.92千米，东堤堤线长10.1千米，外围堤线总长35.47千米。按促淤与围涂相结合，分两期实施。一期工程（“十二五”期间）完成飞鳌滩中期5.7万亩围垦和促淤堤建设；二期工程（“十三五”期间）完成剩余14.3万亩围垦。项目主要任务是通过围涂造地，增加后备土地资源；增岸线资源，促进港口航运的发展；构筑海洋经济发展平台，促进“浙江海洋经济发展带”的发展；推进经济转型升级，加快经济快速发展；拓展城市化发展空间，优化城市结构；稳定粮食生产，实现耕地占补平衡。

第四节 推广新工艺、新技术

20世纪90年代以来，水利建设快速发展，水利科技获得飞跃发展和进步，不断推陈出新，发展新工艺、新技术：

一、新工艺

混凝土钻孔灌注桩 在堤塘、水闸软基基础施工中应用。钻孔灌注桩施工程序为：制备泥浆—制埋钢护筒—钻孔—清渣—下钢筋笼—导管法灌注水下砼—清除桩头。钻孔灌注桩采用300型回旋式钻机成孔、泥浆护臂，钢筋笼安装，导管法浇筑水下砼。灌注桩造孔护筒用钢板制作，内径90厘米，护筒顶部应高出设计桩顶高程，并设有溢浆排渣口。

铺垫法（镇压层法） 滩涂围垦的堤基处在高滩位，其基础处理采用铺垫法。在涂面上铺垫土工织物，上铺石渣垫层厚0.30米，以起隔离、排水、反滤、加筋补强作用，达到减少不均匀沉降，减少侧向变型，增大地基稳定性，加快施工速度的目的。土工织物宜在低潮位露滩时铺设，通常是事先将几幅土工织物拼成10～30米宽，适当长的大幅土工织物，待潮水快退尽时铺设，要保证土工织物拼接缝受力后不会张开拉断。

排水板固结法（PVC排水板） 滩涂围垦的堤基处在低滩位，其基础处理采用排水板固结法。涂面上铺设3吨/平方米有纺土工布一层，上铺排水碎石垫层厚1.0米，PVC排水板正方形打设，间隔1.5米插入涂面下18～22米，排水板出露碎石层面0.5米，上面覆盖6吨/平方米有纺土工布一层，再上面是抛石体。外镇压层抛石体表层用大块石理砌。PVC排水板需要专门的插板机插设，以保证平面位置准确和插设深度。

吹填造地施工工艺　用于宋埠—西湾围垦区造地。首先对区块进行土方围堰，围堰高1.2米，用绞吸式挖泥船采用气力吹泥管将堤坝外侧600米外的滩涂泥浆吹入区块，水平运距可达4000～6000米，泥浆沉淀后厚约0.9米，然后进行真空预压法施工。真空预压法：待滩涂泥浆沉淀排水后，铺设土工布、插设PVC排水板、铺设密封膜、安装真空系统，抽真空、卸载。最终形成土地，地面承载力达到5吨/平方米。

土石坝防渗加固技术　2008年以来，平阳县在水库、山塘保安加固过程中，根据地质钻探资料，针对部分水库、山塘软基、坝体防渗不满足相关规范要求的，分别对软基采取了钻孔固结、帷幕灌浆，对坝体采取了钻孔劈裂灌技术。经过几年的运行观察，防渗效果较好。

二、新技术

坝下涵管改造　平阳县根据省水利厅要求，对水库、山塘老、旧坝下放水涵洞进行封堵改造。依据水库、山塘所处的地形和地质资料，采取了新开放水隧道或设置放水虹吸装置技术。

海塘基础加固　鳌江标准堤在强塘加固实施过程中，针对部分地段加固后，其基础产生较大沉降变形的实际情况，为不破坏原结构，采用钻机钻孔至设计深度，通过三重管旋转喷射水泥浆，使水泥浆与地层淤泥充分混合形成水泥土，最终形成旋喷桩的加固方案。

河道清淤施工　河道清淤从最初的人工清淤、挖掘机清淤，发展到用水力冲挖、泥浆泵抽排和绞吸式挖泥船进行清淤，提高了河道清淤工作效率。

河道整治　河道整治从传统的砌石护岸、砼护岸发展到松木桩自然护岸、砼异形砌块生态护岸等新材料、新工艺，使河道整治自然性、生态性进一步体现。

材料搬运　偏远山区施工原材料搬运从最原始的人工挑抬运、驴马运送，发展到采用架设缆索运输，提高了施工原材料运输效率。

节水技术　2009年以来，分别在水头和鳌江等地实施了茶场、果园的喷微灌和滴灌实验，效果良好。通过试验，实施喷微灌技术可有效降低霜冻对茶叶的危害影响。

水文监测　20世纪90年代水文资料转入计算机存储并建立数据库，改变了过去人工观测、船测及手算整编汇总方法。现全县有57处水位、雨量、雨量水位、潮位站点实现计算机遥测和固态储存，同时实现了各种水文要素自动采集、处理、传输、接收、分析、预警等功能；在埭头、鳌江断面安装多普勒，实现自动测流。

专记　平阳县顺溪水利枢纽工程

一、工程概况

顺溪水利枢纽工程，位于鳌江干流上游河段，由顺溪水库工程和顺溪水电站两部分组成。顺溪水库坝址在顺溪镇百僧堂上游500米处，距平阳县城54.5千米，顺溪水电站在坝址下游约1千米的河道右岸。是以防洪、供水、灌溉为主，结合发电于一体的骨干水利工程，是国家大中型水库建设规划项目，浙江省重大项目行动计划（2008～2012年）工程项目，温州市“515”（大干5年时间，投资100亿元，建设50项骨干防洪工程）防洪保安生命线一号工程。

水库坝址以上集雨面积92.3平方千米，总库容4265万立方米，正常库容2341万立方米，防洪库容2500万立方米，死库容424万立方米。最大坝高101米（坝顶高程195米，坝底高程94米）。电站装机2×5000千瓦，设计多年平均发电量1866万千瓦时，多年平均城镇供水量2300万立方米。防洪保护人口14.5万人，保护耕地8万亩，灌溉农田4.7万亩，供水人口27.9万人。工程涉及顺溪镇处基、中山、溪口、富溪、上顺溪、只音等6个村，14个自然村，移民462户，2070人（至规划水平年2012年），涉及溪口、交溪、亩水田二级三座水电站及电力、电信、广电等专项设施，淹没公路8.56千米。

工程为Ⅲ等工程，水库为中型水库，电站为小（一）型电站。主要建筑物拦河坝根据水利水电工程等级划分，因坝高超过100米，确定为2级建筑物；泄水建筑物、放水建筑物及发电引水进水口为3级建筑物，发电引水建筑物（除进水口外）、发电厂房及升压站为4级建筑物。拦河坝、泄水建筑物、放水建筑物及发电引水进水口按1000年一遇洪水校核，100年一遇洪水设计；发电引水建筑物（除进水口外）、发电厂房及升压站按100年一遇洪水校核，50年一遇洪水设计。

顺溪水利枢纽工程特性

表专 1

序号	项目及名称	单　位	数　量	说　明
1	坝型			抛物线型双曲变厚拱坝
2	校核洪水位	米	194.59	P=0.1%
3	设计洪水位	米	192.77	P=1%
4	正常蓄水位	米	175.00	
5	防洪高水位	米	191.36	P=5%
6	台汛期限制水位	米	160.00	
7	发电死水位	米	135.00	
8	总库容	万立方米	4265	
9	正常库容	万立方米	2341	
10	防洪库容	万立方米	2500	
11	调节库容	万立方米	1917	
12	死库容	万立方米	424	
13	坝顶高程	米	195.00	
14	最大坝高	米	101.00	
15	坝顶厚度	米	6.00	
16	最大坝厚	米	26.62	
17	坝顶弧长	米	328.50	中心线弧长
18	泄洪型式			开敞式表孔溢洪道+中孔
19	表孔总净宽	米	30.00	3 孔×10 米
20	堰顶高程	米	185.00	
21	中孔尺寸	米		2 孔 2.8 米×3.0 米
22	总最大泄量	立方米/秒	2252	表孔泄量 1740+中孔泄量 512
23	二道坝型式			单心圆单曲砼拱坝
24	二道坝高度	米	15.0	顶高程 110.0 米
25	装机容量	千瓦	2×5000	坝下，下游 1 千米
26	多年平均发电量	千瓦时	1866	

（一）枢纽工程主要建筑物

枢纽工程由拦河坝、泄水建筑物、放水建筑物、引水系统、发电厂及升压站、输电线路等组成。

拦河坝　抛物线型双曲变厚拱坝，最大坝高101米，坝顶中心线弧长328.5米，坝顶宽度6米，最大坝厚26.62米。坝顶浇筑高1.2米钢筋混凝土防浪墙。

泄水建筑物　采用表孔结合中孔泄洪方式。坝顶表孔共3孔，单孔净宽10米，总净宽30米，设三孔弧形闸门控制，最大泄洪量1740立方米/秒。中孔布置在表孔右侧，共2孔，孔身尺寸2.8米×3.5米，下游孔口2.8米×3米，出口由弧形钢闸门控制，中孔最大泄洪量512立方米/秒。

消能防冲采用挑流消能，结合二道坝形成的水垫塘进行消能。二道坝在主坝下游200米，型式为单心圆单曲砼拱坝，坝高15米（顶高程110米），顶弧长91.4米（2014年5月开工，同年11月完工）。

放水建筑物　为了解决下游生态环境用水需求，在左岸近岸坡处坝体内放置一根DN300毫米的钢管，出口设有检修及工作闸阀，中心高程121.5米，并设有阀室，建筑面积12平方米。

引水系统　发电引水系统位于大坝右岸，进水口位于大坝右岸上游约55米处，为竖井式，自喇叭口始端至渐变段末端长47米。进水口后接有压引水隧洞，断面为圆形，洞径4.2米，衬后洞径3.2米。由平洞段、钢板内衬段、沟埋钢管段和岔管段组成，岔管末端接两根直径为1.5米的支管通向水轮机蜗壳。

发电厂及升压站　厂址位于坝址下游约1千米处的右岸，厂房型式为引水地面式。主厂房尺寸29.6米×18米，装机容量2×5000千瓦，副厂房在主厂房左侧，尺寸16.6米×18米。两台机组在低压侧按单线接线通过一台主变升压至35千伏，一回35千伏出线。主变压器型号为S11−12500/35。

输电线路　35千伏输电线路起点为220千伏腾蛟变35千伏侧构架，终点为顺溪水电站35千伏升压站，输电线路全长1×21千米，新建67基铁塔。基础型式：山地为掏挖式基础，平地为板式基础，铁塔型式为自力式角钢塔，导线型号为LGT－187/30，地线型号为24芯OPGM。

导流隧洞布置在大坝左岸，进口距坝轴线110米左右，出口距坝轴线200米左右，洞长329.8米，纵坡为0.91%。导流隧洞为8米×9米的城门型，最大泄量455立方米/秒。

（二）工程主要参建单位

温州市顺溪水利工程投资有限公司为建设业主。

工程设计单位：浙江省水利水电勘测设计院；

工程质监单位：浙江省水利水电工程质量监督管理中心；

监理单位：浙江广川工程咨询有限公司；

大坝监测单位：浙江省水利河口研究院。

大坝施工、闸门制造及金属结构安装，由中国水利水电第十二工程局有限公司实施；发电厂房土建、机电安装分别由浙江汇力建设有限公司、浙江江能建设有限公司实施。

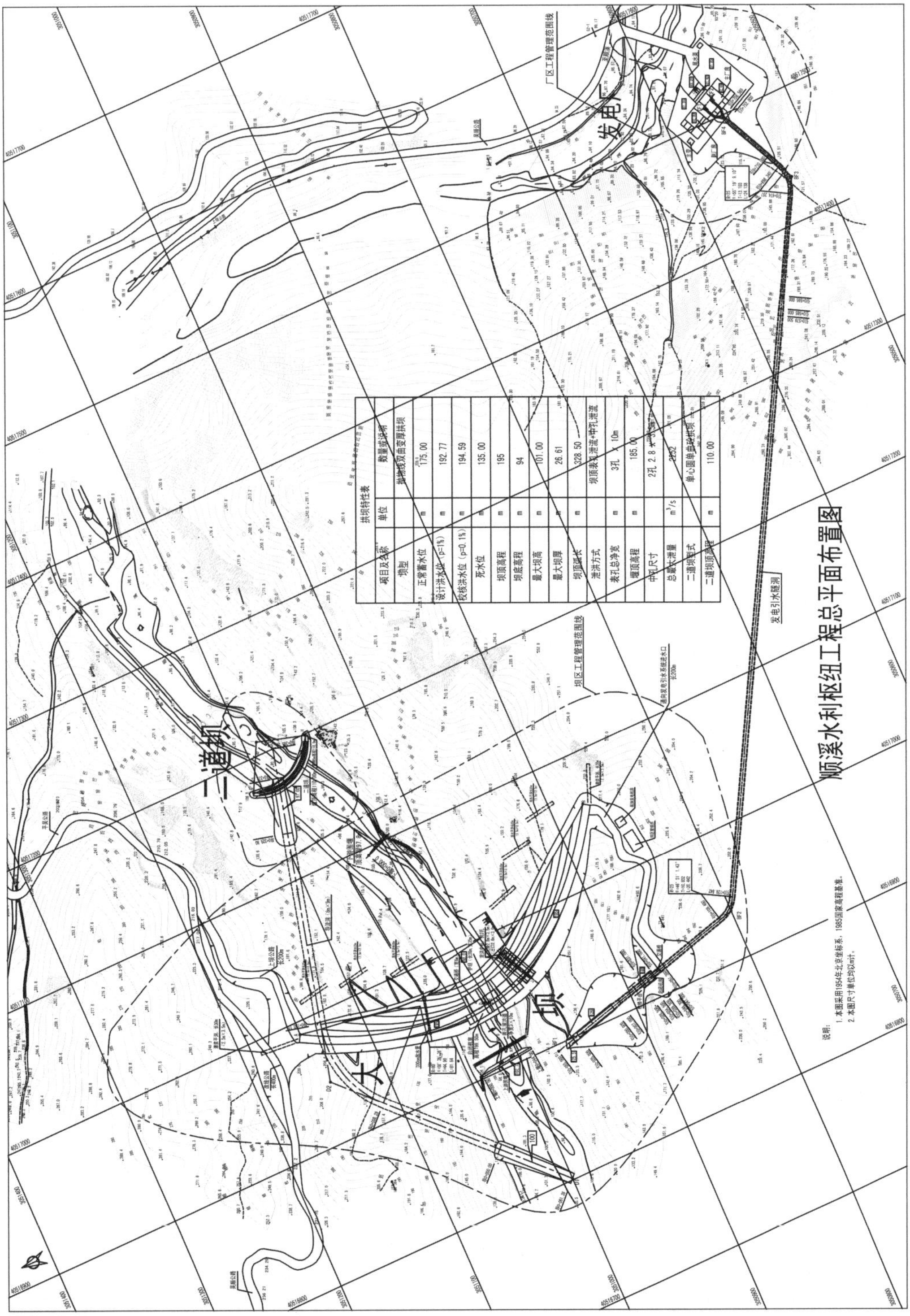

拱坝特性表

项目及名称	单位	数量或说明
坝型		抛物线双曲变厚拱坝
正常蓄水位	m	175.00
设计洪水位（p=1%）	m	192.77
校核洪水位（p=0.1%）	m	194.59
死水位	m	135.00
坝顶高程	m	195
坝底高程	m	94
最大坝高	m	101.00
最大坝厚	m	26.61
坝顶弧长	m	328.50
泄洪方式		坝顶表孔泄流+中孔泄流
表孔总净宽	m	3孔 × 10m
堰顶高程	m	185.00
中孔尺寸		2孔 2.8 × 3.5m
总最大泄量	m^3/s	2252
二道坝型式		单心圆单曲砼拱坝
二道坝顶高程	m	110.00

顺溪水利枢纽工程总平面布置图

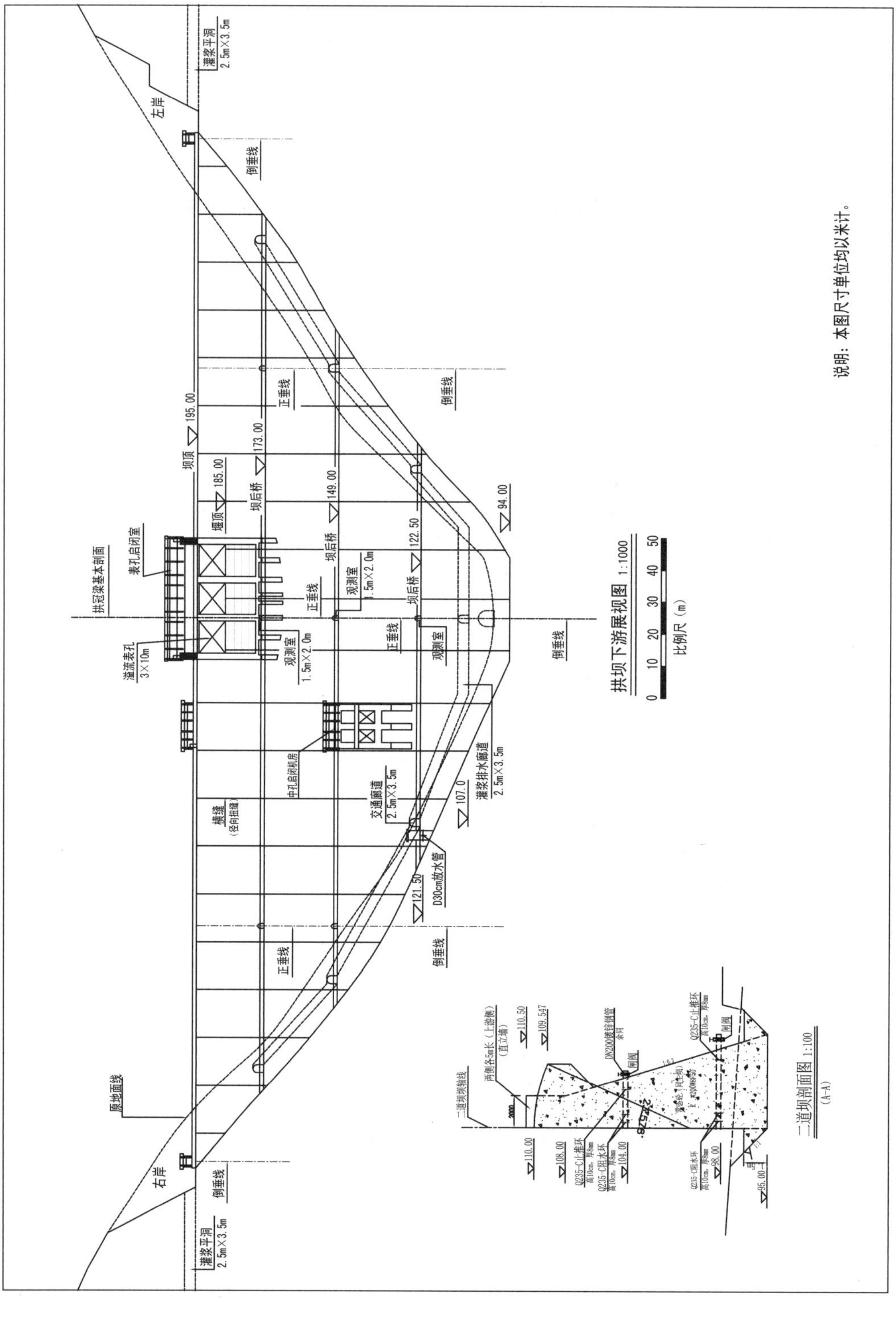

拱坝下游展视图 1:1000
比例尺（m）
0 10 20 30 40 50
说明：本图尺寸单位均以米计。
灌浆平洞 2.5m×3.5m
左岸
右岸
倒垂线
正垂线
坝顶 195.00
堰顶 185.00
坝后桥
173.00
149.00
122.50
94.00
107.0
121.50
拱冠梁基本剖面
表孔启闭室
溢流表孔 3×10m
观测室 1.5m×2.0m
中孔启闭机房
交通廊道 2.5m×3.5m
灌浆排水廊道 2.5m×3.5m
D30cm放水管
横缝（径向扭缝）
原地面线
二道坝剖面图 1:100
(A-A)
二道坝轴线
110.50
109.547
110.00
108.00
104.00
98.00
95.00
DN200镀锌钢管
闸阀

二、兴建缘由

鳌江水系北港流域面积826.8平方千米。由于上游无控制性拦蓄工程，下游河床弯曲、淤积并受潮水顶托，行洪不畅，每遇暴雨就暴发洪涝灾害。1951～2000年，对县境内有严重影响的台风有47次，年均近1次。如1994年共遇三次台风暴雨，每次降雨量300毫米左右，使北港流域山洪暴发，水头、南湖、麻步等地水位猛涨，水头镇最大积水水深4米，全年累计洪灾损失近15.4亿元。2004年的“云娜”和2005年的“海棠”、“泰利”及2006年的“碧利斯”、“桑美”等台风都带来了强降雨，给北港流域造成了严重的灾害。

全县现有水库蓄水总库容仅为1492万立方米，农田灌溉难以保证。北港引水灌溉工程是平阳县目前最大的灌溉工程，依靠堰坝拦取河川径流，灌溉蒲潭垟堰下游两岸4万亩农田，干旱期缺水现象较为严重，灌溉保证率低。农业生产迫切需要有一定规模的蓄水工程提供灌溉水源。

流域内降水时空分布不均及水源调蓄工程缺少，使北港流域水资源利用程度较低，加上下游工业生产发展带来的水质日趋恶化，致使可供水量难以满足生产、生活的需求。随着平阳县经济发展和城市化率的提高，下游城镇的供水紧缺问题日益突出。寻找洁净稳定的城市供水水源，已成为当务之急。

顺溪水利枢纽工程控制流域面积92.3平方千米，占水头以上流域面积的21%，占北港流域面积的11%。它的建成，可削减部分洪峰，对洪水量进行调节，结合流域规划中的岳溪水库，正在施工中的鳌江干流水头、萧江（麻步）防洪堤和江道拓宽、疏浚等工程，可使麻步以上近期达10年一遇，远期达20年一遇的防洪标准。结合平原河道整治等工程，对麻步以下防洪标准提高到20年一遇，远期达到50年一遇起到积极作用。顺溪水利枢纽工程还可为下游农田用水提供水源，改善农业生产条件，向地方电网提供优质电能，为城镇提供洁净的水源，对促进平阳县可持续发展，改善人民生活条件、保障社会和谐稳定具有重要作用。

三、工程前期准备工作

1993年3月，温州市水利电力勘测设计院编制了《平阳县鳌江北港流域水利规划》，将顺溪水利枢纽工程作为推荐的首批兴建工程。1994年，顺溪水利枢纽工程列入县“九五”社会发展计划，同年1月，浙江省水利水电勘测设计院受平阳县水利局委托，对项目进行了测量、勘探和设计，7月完成《顺溪水利枢纽工程可行性研究报告（1994年版）》编制，1996年6月通过审查。随后浙江省水利水电勘测设计院编制了《顺溪水利枢纽工程项目建议书》和《顺溪水利枢纽可行性研究补充报告》，于1996年9月获省计划与经济委员会批准，原则同意兴建该项目（浙计经建〔1996〕882号）。1997年省水利厅对“可行性研究报告”进行审查，原则同意可行性报告和补充报告的主要结论，要求：对正常蓄水位、装机规模做进一步分析比较，对坝型进行优选，对泄洪方式进行多方案比较，并进行泄洪建筑物的水工模型试验。因顺溪镇少数群众的上访，致使省计划与经济委员会对该项目可行性研究报告未予批复。

1997年，县人民政府成立平阳县顺溪水利枢纽工程建设指挥部.2000年4月，浙江省水利水电勘测设计院根据省水利厅的指示，组织专家论证，对工程的枢纽布置、经济效益等作了重新调整，编制了《平阳县顺溪水利枢纽工程可行性研究报告（2001年版）》。2000年6月，对指挥部组成人员进行调整，并拨专款开展前期工作。

2000年4月27日，县人民政府（以下简称甲方）与浙江省圣雄集团有限公司（以下简称乙方）签订《浙江省平阳县顺溪水利枢纽工程合同书》，28日进行了公证〔浙平证合字第220号〕。2001年5月，甲乙双方结合实际情况，签订《浙江省平阳县顺溪水利枢纽工程补充合同书》。由于顺溪镇群众上访，工程未能顺利开工。2005年1月，经甲乙双方协商，将原签订的合同书和补充合同书同时终止。

2005年年底，省水利厅厅长陈川、副厅长彭佳学、总工程师许文斌专门到顺溪镇踏勘坝址情况。2006年，省政府把该工程列入“十一五”期间重点水资源保护项目，温州市委、市政府把顺溪水利枢纽工程列入“十一五”期间市“515”防洪保安生命线工程，成立以市委常委、副市长黄德康为组长的顺溪水利枢纽工程建设协调小组，加快推进项目报批和工程的建设。

2006年10月底，省水利专家和省水利水电勘测设计院按照厅长陈川来平阳调研时提出的“扩大防洪库容，尽最大可能缓解水头镇洪涝灾害”的意见，结合鳌江流域防洪的需要，在原水库设计方案基础上对工程规模进行调整：坝高从93米提高到101米，总库容从3056万立方米增加到4259万立方米，其中防洪库容从原来的750万立方米增加到2500万立方米。

2007年7月1日，国家出台新政策，规定省级有关部门无权审批大中型水利枢纽建设项目。2008年5月，国家发改委及水利部发文确定顺溪水利枢纽工程（中型水库）委托浙江省发改委批复，由太湖流域管理局对新项目规模进行审核把关。2008年8月29日，省发改委批复同意项目建议书（浙发改农经〔2008〕620号）。2009年11月23日，省发改委批复同意《平阳县顺溪水利枢纽工程可行性研究报告（2004年版）》（浙发改农经〔2009〕1068号），同年12月31日，批复同意顺溪水利枢纽工程初步设计报告（浙发改设计〔2009〕195号），并把总库容从4259万立方米调整为4265万立方米。

2006年10月至2007年3月，县政府组织有关部门单位的60多人分6个小组对库区移民人口、淹没实物开展详查工作。2008年4月10日，再次实施库区详查核实工作，组织有关部门的40多人分三组进入库区全面核查签字确认，对核查实物数据进行按村到户统计分类，按有关部门规定进行两次实物指标公示，并征得库区淹没影响村、顺溪镇、县政府及省移民办等相关部门的确认。同步完成涉及的11项专题报告（地质灾害评估、矿产压覆、地质安全评价、使用林地审核、选址规划许可、土地预审、水资源论证、水保、移民安置规划大纲、移民安置规划、环评等）。

2010年3月28日，顺溪水利枢纽主体工程举行开工典礼，省委常委、副省长葛慧君发来贺电，省发改、水利、移民等相关部门领导，市、县四套班子及有关单位部门领导参加，市长赵一德主持开工典礼，市委书记邵占维宣布开工。

四、工程施工及工程质量

（一）主体工程施工

1.导流隧洞工程

导流隧洞长329.8米，洞径8米×9米，断面为城门洞型。工程于2009年9月30日开工，2010年5月14日贯通，8月10日砼衬砌完成，9月7日完成隧洞灌浆、交通桥等全部工程。2011年4月2日通过验收，单位工程质量评定为合格。

2.大坝工程

大坝坝高101米，坝型为抛物线型双曲变厚拱坝。2010年7月16日开工，2014年5月9日全部完成。拦河坝工程主要施工顺序：基础开挖→断层处理→坝体砼浇筑→固结灌浆→帷幕灌浆→排水孔→启闭机建筑→接触灌浆→横缝灌浆。

基础开挖按先岸坡后基坑，从上而下分层有序进行，并且在截流前完成两岸岸坡常水位以上部分的土石方开挖，截流后开挖常水位以下部分的土石方。

拦河坝砼拌和楼布置在拦河坝上游左岸高程200米处的坝顶公路边。砼浇筑分层厚度为2.3米左右，捣实找平。坝面进行平行施工，浇筑上层砼时先在下层砼上铺一层高强度的水泥砂浆，然后浇筑上层砼。模板采用组合式钢模，边角部分采用木模。缆机固定端位于大坝右岸，高程240米，左岸为移动平台，高程240米，缆机跨度435米。

另在导流洞进口同侧上游100米处布置2×0.4立方米砼拌和站，作为大坝砼浇筑的辅助砼拌和系统，并兼顾发电引水系统衬砌砼的供应任务。

接触、封拱灌浆在坝体砼充分收缩的情况下进行，进度安排在第三年1月至2月和第四年1月至3月进行，第一次封拱灌浆时坝体浇筑至146米左右。

3. 发电引水系统工程

开挖方法：土石方明挖自上而下，平洞由外向内推进，竖井自下而上。

平洞砼衬砌由内向外，竖井砼浇筑自下而上进行。隧洞灌浆按先回填、后固结的顺序进行，回填灌浆待衬砌达到70%设计强度后，按分序加密法进行，分两个次序施工，各序灌浆的间隔时间为48小时，固结灌浆在回填灌浆结束15天后进行，按环间分序，内加密法施工，用孔内循环式全孔一次灌浆的方法。

4. 发电厂房工程

厂房及升压站土石方开挖按先岸坡后场基的顺序进行。混凝土浇筑由拌和机拌制砼，机动翻斗车运输，厂区地坪高程以下部分直接入仓，以上部分用卷扬机提升后入仓浇筑。

5. 机电设备及金属结构安装

水轮发电机组安装主要在发电厂房吊机安装完毕后进行，先在装配场进行大件预装，然后由厂房内的桥机将预装好的大件按顺序分别吊入机坑进行总装。水轮机与发电机安装采用平行交叉作业。升压站主变压器基础及构架施工完毕，并达到允许安装强度后，由汽车吊就位安装。

闸门安装前进行门槽一期砼的凿毛，调整基础螺栓、埋件等安装工作，并清除门槽内渣土与积水，再进行埋件安装。埋件安装和二期砼采用搭设脚手架进行施工，按先埋设底槛，后埋设主轨、反轨、侧轨及门楣的顺序进行，同时在组装场进行门叶组装，待埋件和门叶检查、测量合格后，分别由启闭机或扒杆将闸门吊入门槽内进行启闭试验。

（二）工程质量

顺溪水利枢纽工程分为混凝土拱坝、引水隧洞及压力管道、地面发电厂房、地面升压变电站等4个单位工程、40个分部工程。工程质检由浙江省水利水电工程质量监督中心负责。

1. 原材料质量

工程使用的水泥、钢材、砂石料等主要原材料，施工单位自检组数及监理平行抽检组数相关质量指标均符合有关规范、规定和设计要求。

2. 工程施工质量统计指标

工程相关部位的砼、砂浆试块抗压强度、抗拉强度、抗渗指标和抗冻指标，施工自检频率、质量数理统计指标基本符合有关规程、规范和设计要求；监理平行抽检频率、质量数理统计指标基本符合有关规程、规范和设计要求。坝基帷幕及固结灌浆、大坝接缝及岸坡接触灌浆、引水隧洞回填灌浆、固结灌浆、厂房固结灌浆和回填关键处理的检查孔压水试验的压力满足要求；泄洪闸、引水隧洞闸门、闸门制作焊接质量以及防腐涂层厚度均满足有关规程、规范和设计要求。

3. 工程质量评价

浙江省水利水电工程质量监督中心对已完工程施工质量总体评价意见："顺溪水利枢纽工程下闸蓄水所涉混凝土拱坝、引水隧洞及压力管道单位工程有关分部工程已基本完建，已完单位工程全部合格；原材料及中间产品全部合格；工程施工中未发生质量事故；施工质量检验评定资料基本齐全；主要观测项目已安装并取得初始值。

根据上述情况及有关规定，顺溪水利枢纽工程已完工程施工质量符合相关规范和设计要求"（引自2014年5月26日顺溪水利枢纽工程蓄水验收报告）。

五、政策处理及移民安置

（一）政策处理及移民安置的依据

2006年8月，县人民政府下发了《关于严格控制顺溪水库库区基本建设、人口迁移等有关事项的通知》。2008年，浙江省水利水电勘测设计院会同顺溪水利枢纽工程建设指挥部开展了移民安置前期工作。2008年2月21日，省移民办下发《关于平阳县顺溪水利枢纽工程建设征地实物指标调查工作大纲的批复》。3月31日，省政府下发《平阳县顺溪水利枢纽工程占地和淹没影响区实物调查有关问题的批复》，并发布《浙江省人民政府关于禁止在平阳县顺溪水利枢纽工程占地和淹没影响区新增建设项目和迁入人口的通告》。

2009年5月，浙江省水利水电勘测设计院编制完成《平阳县顺溪水利枢纽工程建设征地及移民安置规划大纲》，省国土资源厅下达《关于平阳县顺溪水利枢纽工程建设项目预审的初步意见》。8月10日，省人民政府批复《平阳县顺溪水利枢纽工程建设征地及移民安置规划大纲》。11月，省移民办公室对移民安置规划设计报告出具审查意见。2010年6月，平阳县人民政府下达《顺溪水利枢纽工程移民安置实施办法》。

（二）淹没损失

水库淹没涉及顺溪镇的溪口、处基、中山三个行政村，淹没耕田18.52亩、林地562.45亩、水域及水利设施用地397.11亩、房屋33346.54平方米、水电站三座、通村公路8.56千米、电力线路2.67千米、广电线路7.2千米、名木古树8株。至2014年5月，政策赔偿已基本处理或正在处理中。

（三）移民安置

根据已审批的《移民安置规划报告》，工程移民数为2070人，其中生产安置2004人，只需搬迁安置的非农业人口66人，集中安置在万全镇古农村。截止2014年5月，移民安置工作全部到位。

六、工程投资与工程效益

（一）工程投资

顺溪水利枢纽工程概算总投资5.7亿元（工程建设投资3.4亿元，移民政策处理2.3亿元），省补助费1.15亿元，市投资1亿元，其余由县自筹。至2014年6月下闸蓄水时，已投资7.18亿元。

（二）工程效益

工程实施后的效益主要有防洪、灌溉、供水、水力发电等。

1. 防洪效益

顺溪水利枢纽水库总库容4265万立方米，其中防洪库容2500万立方米，防洪效益受惠地区为水头、萧江镇及以下的沿江平原。

2. 灌溉效益

工程建成后，可提高下游4.7万亩农田的抗旱能力，多年平均水稻亩产可从400千克提高到680千克。

3. 供水效益

工程建成后，水库年供水量1402万立方米，使五十丈引水工程的供水保证率由70%左右，提高到95%。

4. 发电效益

电站装机2×5000千瓦，多年平均年发电量1866万千瓦时，年发电效益892万元。

5. 社会效益

从国民经济评价看，工程经济内部收益率为10.29%，大于社会折现率的8%，社会经济效益显著，而且具有较好的抗御经济风险能力，项目整体国民经济评价合理可行。从财务分析看，财务收入偏少，其财务收入仅能保障工程的运行及少量折旧。

七、组织机构沿革

（一）工程建设业主

2009年6月，温州市水利投资开发有限公司出资1亿元，平阳县国投公司出资2000万元，按比例注册成立温州市顺溪水利工程投资有限公司，作为顺溪水利枢纽工程的建设业主。公司设董事会董事7人，监事会监事3人，张维林任董事长，陈南评任总经理，2013年4月，领导成员调动，林存玺任公司董事长兼总经理。

（二）工程领导机构

顺溪水利枢纽工程建设领导小组及平阳县顺溪水利枢纽工程建设指挥部组成人员，曾进行多次调整：

1997年4月28日，成立平阳县顺溪水利枢纽工程建设指挥部：总顾问王擎峰，总指挥王久承，副指挥石五原（常务）、周景标、缪纪顺，县计委等22个相关部门负责人为成员。

1998年9月7日，调整平阳县顺溪水利枢纽工程建设指挥部：指挥曹高林，副指挥陈绍熙、郑书城（常务），总工程师潘永乐，县府办公室等16个相关部门负责人为成员。指挥部下设办公室，郑书城兼任办公室主任。

2000年6月7日，调整平阳县顺溪水利枢纽工程建设指挥部：指挥曹高林，副指挥郑书城、林圣雄，总工程师潘永乐，县府办公室等17个相关部门负责人为成员。指挥部下设办公室，郑书城兼任办公室主任。

2006年4月4日，调整平阳县顺溪水利枢纽工程建设指挥部：指挥仇杨均，副指挥林立军（常务）、温一榴、陈南评，成员由县府办等22个部门及有关乡镇负责人组成。指挥部下设办公室，陈南评兼任办公室主任，王希贤兼任办公室副主任。

2006年10月12日，成立平阳县顺溪水利枢纽工程建设领导小组：组长仇杨均，副组长黄安波、王纪树、林立军（常务），成员由县委办及有关乡镇等24个部门负责人组成。领导小组下设办公室（设在县水利局），领导小组成员陈南评兼任办公室主任，王希贤兼任办公室副主任。平阳县顺溪水利枢纽领导小组与平阳县顺溪水利枢纽工程建设指挥部实行一套班子，两块牌子。

2007年3月6日，调整平阳县顺溪水利枢纽工程建设指挥部组成人员：指挥黄安波，副指挥林立军（常务）、温一榴、陈南评、余宗义，县府办及有关乡镇等22个部门负责人为成员。指挥部下设办公室，陈南评兼任办公室主任，王希贤兼任办公室副主任。

2008年7月11日，调整平阳县顺溪水利枢纽工程建设指挥部组成人员：指挥黄安波，副指挥温一榴、陈南评、余宗义、陈德钱、张其巧，县府办及有关乡镇等21个部门负责人为成员。陈南评兼任办公室主任。

2008年8月12日，增补张维林为平阳县顺溪水利枢纽工程建设指挥部副指挥。

2009年1月6日，县编委平编〔2009〕2号对县顺溪水利枢纽工程建设指挥部办公室编制等问题批复：核定事业编制21名，经费由县财政全额拨款；办公室内设综合科、工程技术科、政策处理管理科、移民动迁安置科和保卫科。

2010年6月22日，县编委平编〔2010〕26号批复：同意建立顺溪水利枢纽工程移民安置管理办公室，核定编制6名，同时指挥部办公室编制由21名减至15名，另增设总工职位1名。

2010年7月19日，调整平阳县顺溪水利枢纽工程建设领导小组及工程建设指挥部组成人员：组长王中毅，副组长陈景宝、林立军（常务）、张维林，县委办等31个部门及有关乡镇负责人为成员。领导小组下设工程建设指挥部：指挥陈景宝，副指挥林立军（常务）、张维林。陈南评任办公室负责人，陈德钱任移民安置管理办公室负责人。

顺溪水利枢纽工程建设指挥部，工作人员33人，其中：指挥部编制7人，其余均自机关部门及有关乡镇抽调。

2012年3月，陈南评任平阳县顺溪水利枢纽工程建设指挥部办公室主任，王希贤任平阳县顺溪水利枢纽工程建设指挥部总工程师。

2013年3月13日，陈强任平阳县顺溪水利枢纽工程建设指挥部办公室副主任。

2013年4月10日，周慧任平阳县顺溪水利枢纽工程建设指挥部指挥，徐良友兼任平阳县顺溪水利枢纽工程建设指挥部副指挥。

2013年4月23日，林存玺任平阳县顺溪水利枢纽工程建设指挥部副指挥（常务），兼任平阳县顺溪水利枢纽工程建设指挥部办公室主任。孙达楷兼任平阳县顺溪水利枢纽工程建设指挥部副指挥。免去林立军的平阳县顺溪水利枢纽工程建设指挥部副指挥(常务)职务。免去陈南评的平阳县顺溪水利枢纽工程建设指挥部办公室主任职务。

八、工程建设人员名录

工程建设人员名录

表专 2

科　室	姓　名	职　务(职称)	在职时间
监察室	程克龙	主　任	2010 年 4 月至今
综合科	周敏捷	科　长	2013 年 4 月至今
	候新阳	科　长	2009 年 4 月～2012 年
	薛思勇	副科长	2009 年 12 月～2013 年 5 月
	黄　滨	副科长	2010 年 12 月～2013 年 7 月
	程庆涨	副科长	2009 年 4 月至今
	温茜茜	会　计	2010 年 12 月～2013 年 12 月
	何必简	秘　书	2013 年 3 月至今
	邱福涛		2013 年 11 月至今
	刘深深	会　计	2014 年 1 月至今
	胡蕾蕾	出　纳	2014 年 1 月至今
	陈　瓒	出　纳	2006 年 6 月～2014 年 3 月
	曾莉莉		2013 年 9 月至今
工程技术科	许宏棉	科　长	2009 年 4 月至今
	黄崇卡特	副科长	2009 年 12 月至今
	陈　群		2013 年 3 月至今
	项伟兴		2013 年 12 月至今

续表专 2

科　室	姓　名	职　务(职称)	在职时间
工程技术科	董华相		2013 年 10 月至今
	林德品		2013 年 10 月至今
	金传星		2013 年 10 月至今
	江　敏		2013 年 11 月至今
	薛　蕾		2013 年 10 月至今
	邱美亮		2010 年 8 月～2014 年 6 月
移民安置科	黄学松	科　长	2009 年 4 月～2011 年 10 月
	李绍春	科　长	2009 年 4 月至今
	陈先云		2011 年 11 月至今
移民政策科	兰永恒	科　长	2009 年 4 月至今
	林　荣	副科长	2009 年 4 月～2012 年 9 月
	赵仁起	副科长	2010 年 11 月至今
	严加永		2010 年 9 月至今
	黄兆艇		2011 年 5 月至今
	李新川		2005 年 6 月至今
	蒋　标		2009 年 4 月至今

附录1：平阳县人民政府有关水利工作文件

一、平阳县人民政府关于颁布《平阳县河道管理实施办法》（试行）的通知

平政〔1991〕39号

各区公所、镇、乡人民政府，各办事处、南麂岛办事处，县府各工作部门，直属单位：

《平阳县河道管理实施办法》（试行），已经县人民政府同意，现予颁布，请认真贯彻执行。

一九九一年七月二十九日

平阳县河道管理实施办法（试行）

第一章　总则

第一条　为加强我县河道管理，保障防洪安全，发挥江河的综合效益，根据《中华人民共和国水法》《中华人民共和国河道管理条例》《浙江省实施〈中华人民共和国水法〉办法》等法律法规，结合本县实际，特制订本实施办法。

第二条　本实施办法适用于本县行政区域内的天然江河、湖泊，人工河道，江河故道，溪床，河岸，滩地以及堤防工程上涵闸和其他水利工程设施。

第三条　开发利用水资源和防治水害，应当全面规划，统筹兼顾，综合利用，讲究效益，服从防汛排涝的总体安排，促进各项事业的发展。

第四条　全县所有单位和个人都有保护河道、堤防及其他水利设施安全和参加防汛抢险的义务。

第五条　县人民政府水利电力局是本县河道的主管机关，负责《中华人民共和国河道管理条例》以及省、市有关规定和实施办法的实施和监督。

第二章　河道整治与建设

第六条　河道的整治与建设，应当服从流域的综合规划，符合国家规定的防洪标准、通航标准、水质标准和其他有关技术要求，维护堤防安全，保持河势稳定和行洪、航运畅通。

第七条　河道防洪标准，按河道等级确定，鳌江江堤，墨城、西湾、宋埠海塘的防洪防潮标准均定为二十年一遇，平瑞塘河、平鳌塘河、平宋塘河、萧江塘河、沪山塘河的防洪标准均定为十年一遇，其余塘河、堤防和溪堤工程防洪标准定为五年一遇。

第八条　城镇建设和发展不得占用河道、滩地、堤防，城镇规划的临河界限，由河道主管机关会同城镇规划等有关部门确定，沿河城镇在编制和审查涉及河道的城镇规划时，应当事先征求河道主管机关的意见。

第九条　河道岸线的利用和建设，应当服从河道整治规划和航道整治规划，计划部门在审批利用河道岸线的建设项目时，应当事先征求河道主管机关的意见。

第十条　在河道内修建各类工程和跨河、穿河、穿堤、临河的桥梁，码头（丁坝），道路渡口，管道缆线等建筑物及设施，建设单位必须按照河道管理权限，将工程建设方案报送河道主管机关审查同意后，方可按照基本建设程序履行审批手续。

第十一条　交通部门进行航道整治，应当符合防洪安全及河道综合治理规划的要求，并征求河道主管机关对有关设计和计划的意见。

水利部门进行河道整治，涉及航道的，应当兼顾航运的需要，并事先征求有关部门对有关设计和计划的意见。

第十二条　各区、镇、乡行政区以河道、溪床为边界，在河道溪床两岸未经县水行政主管部门批准或者有关单位达成协商同意，禁止单位方面修建排水、阻水、引水、蓄水工程以及河道整治工程。

第三章　河道管理

第十三条　江河堤防的管理范围和保护范围：

（一）鳌江江堤：从鳌江狮子口起至岱口大桥止，自背水坡堤脚（指达到设计标准后的堤脚，下同）起10米宽为护堤的管理范围，不另设保护范围，岱口大桥至小南桥止，自背水坡堤脚起5米宽为护堤的管理范围，不另设保护范围。

（二）溪流溪堤：顺溪、怀溪、闹村溪、梅溪、带溪、凤卧溪6条干溪流，自背水坡堤脚起10米宽为护堤的管理范围，不另设保护范围。其他溪流的溪堤自背水坡堤脚起5米宽为护堤的管理范围，不另设保护范围。

（三）塘河河堤：平瑞塘河、平鳌塘河、平宋塘河、萧江塘河、沪山塘河5条干河段及其主要支河段，自背水坡堤脚起5米宽为护堤地的管理范围，不另设保护范围。其他各区、镇乡支流河段自背水坡堤脚起3米宽为护堤的管理范围，不另设保护范围。平原地区无堤河道：自河岸线起背水陆地5米宽为护岸地的管理范围。

第十四条　河塘堤防从宋埠镇斗北村起至鳌江狮子口止，管理范围为海塘迎水坡脚起50米至100米，背水坡脚起15米；保护范围为海塘背水坡管理范围以外15米，未达到标准的海塘，其管理范围的起点应以设计标准海塘断面的坡脚起算。

第十五条　在河道管理范围和保护范围内不准填河建房、取土，不得倾倒废渣、垃圾和残土，不得擅自堆放物料，不得种植作物，禁止堆放污染水质的物体。

第十六条　对河道管理范围内的阻水障碍物，按照“谁设障，谁清除”的原则，由河道主管机关提出清障计划和实施方案，由县防汛指挥部责令设障者在规定的期限内清除，逾期不清除的，由县防汛指挥部组织强行拆除，并由设障的单位和个人负担全部清障费用。

第十七条　向河道、湖泊排污的排污口的设置和扩大，排污单位在向环境保护部门审批之前，应当征得河道主管机关的同意。

第十八条　对河道实行分级管理，在河道上修建各种工程建筑物，必须报经河道主管机关审查同意后方可实施：

（一）本县辖区的鳌江江段，由县河道主管机关审查，报省水行政主管机关批准；

（二）顺溪、怀溪、梅溪、带溪、凤卧溪、闹村溪、平瑞塘河、平鳌塘河、萧江塘河、平宋塘河、沪山塘河及其平原主要支河段，由县河道主管机关审批。

（三）其他河道和河段、溪床由区、镇水利管理站审查，报县河道主管机关审批。

第十九条　在河道上修建桥梁、码头和其他设施，必须按照国家规定的防洪标准要求进行，不得缩窄行洪通道。桥梁梁底必须高于设计洪水位，并按防洪和通航的要求，留有一定超高。

第二十条　河道、溪床由当地各级政府及时进行疏浚清淤，所需资金和劳力由受益者承担，以充分发挥河道、溪流的供水、灌溉、泄洪、排涝、航运等综合效益。

第二十一条　在河道溪流管理范围内开采砂、石、土料等，不得影响河势变化、河道溪床行洪和堤防及水利工程的安全，必须报经县河道主管机关批准后领取开采许可证，并按当地财税、物价、工商部门的有关规定办理手续。开采单位和个人要按规定向县河道主管机关缴纳管理费。

第二十二条　凡在本县境内直接从河道、湖泊（水库）、溪流取水的，实行取水许可制度，除家庭生活、畜禽饮用取水和其他少量取水不需要申请取水许可证外，其他一切取水单位和个人，必须报经县河道主管机关批准，领取取水许可证后方可取水。

第四章　堤防（塘）工程管理

第二十三条　在堤防工程管理、保护范围内，禁止进行建房、建窑、采砂、取土、挖塘、打井、开沟、葬坟、爆破等危害堤防工程安全的活动。

第二十四条　河道堤防的防汛设施、水文监测设施、水文地质监测以及通信照明设施、水工程的管理、保护范围的界标设施等，任何单位和个人不得侵占毁坏。

第二十五条　堤防上的排涝闸和地区之间的主要河道上的水利工程设施，由县河道主管机关及其所属单位负责统一管理、调度，禁止非管理人员操作河道上的涵闸闸门，禁止任何组织和个人干扰河道管理单位的日常工作。

第二十六条　修建穿堤和穿河工程不得影响堤防安全，修建单位应事先作出设计施工及清淤计划，报县河道主管机关审批后，交付押金，方可施工，工程竣工后，经河道主管机关验收合格，方可投入使用，并退还押金。

第二十七条　受益范围明确的堤防、护岸、水闸、海塘和排涝工程设施，县河道主管机关可以向受益的工商企业等单位和住户收取河道修建维护管理费，其计收标准另定。

第五章　罚则

第二十八条　违反本实施办法有下列行为之一的，由县水行政主管部门或者有关主管部门责令其停止违法行为，赔偿损失，限期清除障碍或采取补救措施，没收非法所得，可以并处一万元以下罚款，对于有关责任人员可以由其所在单位或上级主管机关给予行政处分。

（一）未经批准在河道管理范围内修建建筑物，擅自围垦湖泊、河流的；

（二）未经县水行政主管部门审查同意，使用水域进行建设的；

（三）未经批准或不按照国家和省规定的防洪标准、通航标准和其他有关技术要求，修建拦河、跨河、临河建筑物或铺设跨河管道、电缆的；

（四）在河道弃置、堆放阻碍行洪、航运的物体；在河道、水库内种植阻碍行洪林木和高秆作物，设置阻碍行洪或航运的渔具，种植水生植物的；

（五）未经批准或不按照批准的范围和作业方式，在河道、航道内开采砂石的；

（六）毁坏水工程及堤防、护岸等有关设施的，毁坏防汛措施、水文监测设施、水文地质监测以及通信照明等设施和水工程的管理、保护范围的界标设施的；

（七）在堤防工程管理和保护范围内进行建房、建窖、采砂、取土、挖塘、打井、开沟、葬坟、爆破等危害堤防工程安全的活动；

（八）违反本实施办法的处罚，由县河道主管机关执行。罚款金额在200元以下的，可由区（镇）水利管理站裁决。被处罚人没有异议的，由水政监察人员当场执行；

（九）违反本实施办法第十六条规定的，设障者拒不负担清障费用的。

第二十九条 当事人对行政处罚决定不服的。可由在接到处罚通知之日起15日内，向作出处罚决定机关的上一级机关申请复议，对复议决定不服的，可以在接到复议决定之日起15日内直接向人民法院起诉，当事人逾期不申请复议或不向人民法院起诉又不履行处罚决定的，由作出处罚决定的机关可以申请向人民法院强制执行。

第三十条 违反本办法，有下列行为之一的，应当给予治安处罚的，依照《中华人民共和国治安管理处罚条例》的规定处罚。构成犯罪的，依法追究刑事责任。

（一）有第二十八条第（五）项、第（六）项、第（七）项行为之一，情节严重的；

（二）扰乱水工程管理单位秩序，致使保护管理工作不能正常进行的；

（三）在水事纠纷及其处理过程中煽动闹事，结伙斗殴，抢夺损坏公私财物，非法限制他人人身自由的；

（四）盗窃或抢夺防汛物资、水工程器材的，贪污或挪用国家救灾、抢险、防汛、移民安置款物的；

（五）非管理人员造作河道上涵闸闸门的，阻挠、殴打河道管理人员和水行政监察人员依法执行公务的，抗拒执行上一级人民政府下达的蓄洪滞洪命令的。

第三十一条　河道主管机关的工作人员和河道管理人员，必须模范执行本规定，如玩忽职守、滥用职权、徇私舞弊，由所在单位或者上级主管机关给予行政处分，对公共财产、国家和人民利益造成重大损失的，构成犯罪的，依法追究刑事责任。

第六章　　附则

第三十二条　本实施办法如与国家法律、法规和规章有抵触的，依照《中华人民共和国水法》《中华人民共和国河道管理条例》《浙江省实施〈水法〉办法》及有关法规执行。

第三十三条　本实施办法由县水利电力局负责解释。

第三十四条　本实施办法自公布之日起执行。

二、平阳县人民政府关于颁布《平阳县水政监察人员职责及管理办法》（试行）的通知

平政〔1991〕40号

各区公所、镇、乡人民政府，各办事处、南麂岛办事处，县府各工作部门，直属单位：

《平阳县水政监察人员职责及管理办法》（试行），已经县人民政府同意，现予颁布，请认真贯彻执行。

一九九一年七月二十九日

平阳县水政监察人员职责及管理办法（试行）

第一条 为贯彻实施《中华人民共和国水法》和其他水法规（以下统称为水法规），实行依法治水、管水，维护正常的水利秩序，根据水行政主管部门的法定职责和权限，制定本办法。

第二条 水政监察人员隶属水行政主管部门领导，按照规定的授权范围依法进行水行政监察工作。

第三条 水行政监察的基本任务和职责：

（一）宣传贯彻水法规；

（二）依法保护水、水域、水工程和其他有关设施，维护正常的水事秩序；

（三）依法对水事活动进行监督检查，对违反水法规的行为依法作出行政处罚或者采取其他行政措施；

（四）配合公安、司法机关查处水事治安、刑事案件，依法追究违法者的责任；

（五）受理群众和单位对本辖区内有关单位和公民违反水法规行为的检举和控告。

第四条 按照中华人民共和国水利部水政监察组织暨工作章程（试行）规定，县级以下水政监察人员的职务序列是：设主任水政监察员、副主任水政监察员、水政监察员、兼职水政监察员。

任免权限：主任、副主任水政监察员由县人民政府任免。水政监察员、兼职水政监察员由县水行政主管部门任免，水政监察员证统一由县人民政府颁发。

第五条 水政监察员应当具备下列条件：

（一）坚持党的四项基本原则，拥护党的方针、政策，熟悉和掌握水法规及有关政策、法令；

（二）热爱水利事业，具有一定的水利管理业务知识和实践经验；

（三）坚持原则，廉洁奉公，秉公执法，作风正派，办事公道；

（四）身体健康，具有中等文化水平，经过法律基础知识培训和考核，有一定的工作能力。

第六条　水闸监察员在执行公务时，行使下列职权：

（一）依法进行现场检查、取证、询问当事人和有关证人，作出笔录；

（二）依法要求被检查的单位和公民提供有关文件、资料和数据；

（三）依法制止各种违法水法规的行为，并采取防止造成损害的处置措施；

（四）依法对违法行为和侵权行为作出行政处罚，经济处罚或者采取其他处置措施。

第七条　水闸监察员执行公务时，应当着装、持证、佩戴标志，标志和证件格式由国家水利部统一规定，由县人民政府核发。

第八条　水行政主管部门应对所属水政监察人员定期进行业绩考核，对成绩优良者给予奖励，对犯有错误者给予批评处分。

第九条　对于拒绝、阻碍水政监察人员执行公务的，由公安机关依照《中华人民共和国治安管理处罚条例》规定进行处罚，构成犯罪的，依法追究刑事责任。

第十条　本试行办法自颁发之日起执行。

三、平阳县人民政府关于颁布《平阳县划定水利工程管理和保护范围的规定》的通知

平政〔1991〕41号

各区公所、镇、乡人民政府，各办事处、南麂岛办事处，县府各工作部门，直属单位：

《平阳县划定水利工程管理和保护范围的规定》，已经县人民政府同意，现予颁布，请认真贯彻执行。

一九九一年七月二十九日

平阳县划定水利工程管理和保护范围的规定

第一条 为加强水利工程的保护，确保水工程安全，发挥工程效益，适应国民经济发展和人民生活的需要，根据《中华人民共和国水法》第二十九条，浙江省人民政府办公厅浙政办〔1989〕153号文件和有关水法规之水精神，特制订本规定。

第二条 管理范围指由工程管理单位直接管理的区域。过去尚未正式划定的，凡国家管理的工程需报县人民政府批准，并逐步办理相应的土地征用手续。凡乡（镇）、村管理的工程由当地政府办理使用手续。过去已划定管理范围，但手续不全的，应补办有关手续。

管理范围的水资源及地上附着建筑物，国家管理的工程，其所有权属全民所有，使用权属水利工程管理单位；集体管理的工程，其所有权属于集体，使用权属水利工程管理单位。

凡管理范围内的水域、工程、工程附属设施、周围林木、管理设施等必须

严格保护，不得侵占，不准破坏，不得倾倒矿渣、石渣、垃圾以及含毒废物、污水。

第三条　保护范围是指在管理范围以外为工程安全管理所需而定的范围，保护范围内的土地所有权不变，由原使用者进行正常的农业生产，但禁止从事建房、取土、打井、挖塘、开沟、葬坟、建窖、爆破等危害工程安全的活动。

第四条　河道堤防管理范围和保护范围

河道堤防分：河堤、江堤、溪堤、海堤。

（一）河堤：管理范围自背水坡堤脚外3米至5米宽为护堤地。

（二）江堤：管理范围自迎水坡包括两岸江堤之间滩地和部门江道，背水坡堤脚（指达到设计标准后的堤脚，下同）外5米至10米宽为护堤地。险工地段护堤地范围适当放宽。

（三）溪堤：管理范围迎水坡包括两岸溪、塘间漫滩和部分溪道，背水坡堤脚外5至10米宽为护堤地。

（四）海堤：管理范围自迎水坡堤脚外50米至100米，背水坡堤脚外10米，保护范围为海堤背水坡管理范围线外延10米。

第五条　水闸（涵）管理范围和保护范围

过水流量100立方米每秒以上水闸，管理范围为水闸上下游河道各250米，水闸左右侧边墩翼墙外个30米地带，不另设保护范围。

过水流量100立方米每秒以下水闸（涵）的管理范围为闸上下游河道各150米，水闸左右侧边墩翼墙外个20米地带。

第六条　水库管理范围和保护范围

水库库区管理范围，为已征用的土地和山区地带。移民安置高程线以下，或最高洪水位线以下。

小（一）型水库管理范围为大坝两端外不小于50米的水平距离地带或以山头，岗山背脊线为界，大坝背水坡坡脚外100米地带。大坝管理范围以外如有影响大坝安全的爆破等作业，根据实际情况划定保护范围。

小（二）型水库管理范围为大坝两端不小于30米的水平距离地带或以山头、岗地山脊线为界，大坝背水坡脚外50米地带。

其他建筑物，如隧洞进出口，溢洪道等根据保护工程安全的实际需要划定管理和保护范围。

第七条　堰坝管理范围和保护范围

10000亩以上灌溉堰坝管理范围为坝头两端外各20米，上下游各200米地带，不另设保护范围。

1000亩以上至10000亩灌溉堰坝管理范围为坝头两端外各10米，上下游各100米地带。

第八条　渠道管理范围和保护范围

10000亩以上灌溉渠道管理范围为两侧各3米地带，不另设保护范围。

1000亩以上至10000亩灌溉渠道管理范围为两侧各2米地带。

第九条　水电站管理范围和保护范围

500千瓦以上水电站的管理范围为压力前池四址方位各15米，压力管两侧各15米，发电厂房四址方位各15米，升压站四址方位各20米地带。

125千瓦以上至500千瓦水电站的管理范围为压力前池四址方位各8米，压力管两侧各8米，发电厂房四址方位各8米，升压站四址方位各10米地带。

125千瓦以下水电站的管理范围为压力前池四址方位各5米，压力管两侧各5米，发电厂房四址方位各5米，升压站四址方位各8米地带。

第十条　泵站管理范围和保护范围

全县排灌站、翻水站都属于泵站，其管理范围为前池进水口外15米，降压泵站房四周各5米地带。

第十一条　其他小型水库、堰坝、渠道（包括1000亩以下灌区）等水利工程的管理范围和保护范围，参照以上有关条款的要求确定其尺寸。

第十二条　凡新建工程在批准设计时，应同时明确管理范围和保护范围，办好必要的手续。

第十三条　本规定罚则参照《中华人民共和国河道管理条例》和《浙江省实施〈水法〉办法》及有关水法规办理。

第十四条　本规定由县水行政主管部门负责解释。

第十五条　本规定自批准之日起实施。

四、平阳县人民政府关于颁布《平阳县取水许可登记发证实施办法》（试行）的通知

平政〔1991〕42号

各区公所、镇、乡人民政府，各办事处、南麂岛办事处，县府各工作部门，直属单位：

《平阳县取水许可登记发证实施办法》（试行），已经县人民政府同意，现予颁布，请认真贯彻执行。

一九九一年七月二十九日

《平阳县取水许可登记发证实施办法》（试行）

根据《中华人民共和国水法》、《浙江省实施〈中华人民共和国水法〉办法》，为合理开发利用保护水资源，加强用水管理，实行计划用水，避免用水矛盾，保护用水者的合法权益，特制定本办法。

第一条　凡在本县辖区内的水系、水域范围内利用水工程设施取水或者用机械提水方式直接从江河、湖泊、水库以及开采地下取水的单位和个人（除家庭生活、畜禽饮用水和其他日取水10立方米以下的非经营性取水外）均应在规定日期内进行取水登记，领取取水许可证后，方能按照规定的地点、方式和数量进行取水。

第二条　县水行政主管部门负责全县取水许可登记发证的实施和管理。凡全民企事业单位，县属集体企事业单位，由县水利电力局负责登记发证，各乡镇企事业单位及个人（包括区、镇、乡、村自来水厂）的取水登记发证，由县水利电力局委托各区（镇）水利管理站负责。取水单位必须按有关规定缴纳水费、水资源费和水利工程建设补偿费。

第三条　凡在本办法实施前已经取水的单位和个人，必须在规定时间内向登记发证机关办理取水登记手续，经审查核定后，发给取水许可证。

新建、扩建、改建的建设项目需要申请取水许可的可扩大用水量的建设单位和个人，在报送设计任务书前，须办理取水申请手续，经审查批准后，才能进行取水工程的施工，待该工程验收合格后，发给取水许可证。

第四条　日取水量在200吨以下的单位和个人，应按规定填写取水申请表；日取水量在200吨以上的单位和个人，在申请取水许可证时，还应向登记发证机关提交下列资料：

（一）取水许可申请书（项目另列）；

（二）取水依据的有关文件；

（三）拟定取水的地点和可行性研究报告；

（四）申请取水与第三者有利害关系的，须附具第三者的承诺书或有关协商情况的文件。

第五条　登记发证机关在接受取水申请后，应及时组织审查、核定，如有不尽事项，应通知申请单位和个人补充或纠正。对不适当的取水许可申请，有权进行调整或不予办理。

审核的主要内容：

（一）取水用途和取水量是否与申报的一致；

（二）节水措施是否落实；

（三）计量设备是否具备；

（四）水污染防治措施是否落实。

第六条　领到取水许可证的单位和个人，其合法权益受到法律的保护。但因人力不可抗拒因素或遇其他特殊情况，发证机关有权对持证人的取水量进行调整。当水源地供水能力降低不能满足原定标准时，应首先保证居民生活用水，发证机关有权采取临时限制取水或暂缓取水，并及时告知取水单位。

第七条　对未领取取水许可证而擅自进行取水，或虽领有取水许可证但不按照取水许可的有关规定取水的，登记发证机关有权责令其停止取水，并处以500元至3000元的罚款。对非法转让取水许可证进行取水的，吊销其取水许可证，并对当事人双方各处罚以1000元至5000元的罚款。

第八条　本办法由县水行政主管部门负责解释。

第九条　本办法自公布之日起施行。

五、平阳县人民政府关于颁布《平阳县水事案件调查处理程序暂行办法》的通知

平政〔1991〕43号

各区公所、镇、乡人民政府，各办事处、南麂岛办事处，县府各工作部门，直属单位：

《平阳县水事案件调查处理程序暂行办法》，已经县人民政府同意，现予颁布，请认真贯彻执行。

一九九一年七月二十九日

平阳县水事案件调查处理程序暂行办法

第一章　总则

第一条　为全面实施《中华人民共和国水法》（以下简称《水法》），把水事活动纳入法制轨道，使水利执法工作制度化、规范化、科学化，特制定本暂行办法。

第二条　水利执法的任务是：按照《水法》和其他有关水法规，追究违法者的法律责任，维护水资源和工程设施的社会主义公有制和所有者、使用者的合法权益。

第三条　在查处违法案件中，要坚持以事实为依据，以法律为准绳，做到事实清楚、证件确凿、定性准确、处理恰当、手续完备。

第四条　查处水事案件，在法律面前人人平等。任何违法《水法》及其他有关水法规的单位和个人，都要承担法律责任。

第五条　县水行政主管部门按照《水法》和其他有关水法规，负责全县水事案件的受理、立案、调查和处结。

第六条　水利执法部门在处理案件中，要主动与公、检、法、司等执法部门联系，搞好协作和配合。

第二章　管辖

第七条　县水行政主管部门管辖本县行政区域内的水事案件。

第八条　县人大常委会、县人民政府和上级水行政主管部门交办的案件。

第三章　受理

第九条　县水行政主管部门对上级交办、有关部门移送、行政执法人员发现、专管及各级管理单位和群众举报的违法《中华人民共和国水法》或其他水法规行为的。

第十条　举报水事违法案件可用书面与口头的方式，水行政主管部门受理口头举报案件时，必须详细记录，经核对无误后，由举报人签名盖章。

第十一条 县水行政主管部门发现受理的举报案件不属于本部门查处时，应及时向举报者说明，同时应将举报信函或者笔录移送有权处理机关。对明显违反治安管理条例和刑法的水事案件，水行政主管部门应主动协同司法机关查处。

第十二条 县水行政主管部门受理的水事违法案件，应当认真进行审查，符合立案条件的，应予以立案。不符合立案条件的须告知交办、移送案件的单位和举报人。

第四章　立案

第十三条 符合下列条件的水事违法案件，水行政主管部门可以立案。

（一）属于水行政主管部门管辖范围的；

（二）具有违反水法规事实的；

（三）依照水法规应当追究法律责任的。

第十四条 需要立案查处的案件，要填写《水事违法案件受理立案呈批表》，按照管辖权限经主管领导批准立案。

已经批准立案的重大案件，要抄报上一级水行政主管部门备案。

第十五条 已经立案的水事案件，需要终止或撤销的，写出书面报告，经水政办公会同意并经原批准领导批准后方可，重大案件终止或撤销，要抄报上一级水行政主管部门。

第五章　调查处理

第十六条 立案后，水行政主管部门及时派出办案人员调查。在执行检查和调查公务时应当着装，佩戴标志，应出示水政监察证件，必要时还应当出示县级以上地方人民政府有关主管部门的证明。

第十七条 承办人在调查案件时，首先查看现场，进行现场拍照、测量，可以向当事人和证人提出询问，必要时，要被调查人写出书面材料，索取有关的证据，填写《水事违法案件调查笔录》。

第十八条 违反本暂行办法规定，有下列行为之一的，县水行政主管部门除责令其停止侵害和违法行为，赔偿损失，清除障碍，采取补救措施。构成犯罪的，应依法追究法律责任。

（一）违反取水许可制度，擅自取水的；

（二）污染、浪费水资源的；

（三）非法围垦湖泊、河流的；

（四）不按照规定缴纳水资源费和水费；

（五）在河道管理范围内弃置、堆放阻碍行洪物体，种植阻碍行洪林木或者高杆植物，修建阻水坝、阻水渠、阻水道路的；

（六）在堤防护堤地、河道滩地建房、开渠、打井、挖窖、葬坟、存放物料、开采地下资源、进行考古发掘以及开展集市贸易活动；

（七）未经批准或者不按照国家规定的防洪标准、工程安全标准整治河道，或者修建水工程建筑物和其他设施的；

（八）未批准或者不按照河道主管机关的规定在河道管理范围内采砂、取土、淘金、弃置砂石或者淤泥、爆破、钻探、挖筑渔塘的；

（九）未经批准在河道滩地存放物料、修建厂房或者其他建筑设施，以及开采地下资源或者进行考古发掘的；

（十）擅自砍伐护堤护岸林木的；

（十一）汛期违反防汛指挥部的规定或者指令的；

（十二）毁坏水工程观测设施、防汛设施、水文水情通讯设备、输变电、排灌设备以及照明、交通等附属设施；

（十三）在水工程保护范围内进行建房、爆破、打井、采石、取土等危害水工程安全活动的；

（十四）在水工程管理范围和管理范围预留地内进行爆破、打井、采石、取土、建窖、挖坑、开沟、埋坟、堆物等危害水工程安全的活动，或未经水行政主管部门批准进行建房的；

（十五）拒绝、阻碍水行政主管部门和其他有关部门依法执行公务的。

第十九条　办案人员承办案件，有下列情况之一者应当回避：

（一）是本案调查人的近亲属，或与本案有利害关系的；

（二）与本案当事人有其他关系，可能影响公正查处案件的；办案人员的回避由批准立案的领导决定。

第二十条　办案人员制作的询问笔录、调取或复制书证等材料，必须经提供单位和个人核对无误，并签名盖章。办案人员要在笔录材料上签名盖章。

第二十一条　所有物证、书证、证人证言、当事人的陈述、视听材料等证据，办案人员要认真鉴定，严防伪证和错证，然后根据有关法律法规书写《水事违法案件调查报告》。

第二十二条　经立案调查认定有明显违法行为的，水行政主管部门应及时发出《责令停止水事违法行为通知书》，送达当事人。

第二十三条　办案人员调查结束后，将调查报告及索取的证据提交主管负责人。召集水政办公会议讨论，以事实为依据，以法律为准绳，确定案件的性质，分别予以处理决定。

（一）认为举报不实或证据不足，未构成违法事实的，应报请原批准立案的主管领导准予撤销；

（二）认定事实清楚，证据确凿，由水行政主管部门依法决定给予赔偿损失，采取补救措施，并处10000元以下罚款；

（三）认定须按照治安管理条例处理的，将案件移送公安机关处理；

（四）认定国家工作人员违法，依法给予行政处分的，须提出书面建议并附调查报告和有关证据，移送所在单位或上级监察机关处理；

（五）认定案情严重，情节恶劣，违法行为构成犯罪的，应及时将案件移送司法机关依法追究刑事责任。

第二十四条　水行政主管部门依法作出行政处罚决定后，并发出《违反水法规行政处罚决定通知书》，直送违法单位和当事人。违法单位和当事人在

《违反水法规行政处罚决定通知书》回证上签名或盖章，并注明收到日期。违法单位负责人和当事人不在或者拒绝签收时，可由违法单位其他领导或当事人家属代收，或者在有人见证下将《违反水法规行政处罚决定通知书》留在单位办公室或当事人住处，并附诸说明。

第六章　执行

第二十五条　水事违法单位和当事人在河道管理范围内的阻水障碍物，按照“谁设障，谁清除”的原则，由河道主管机关提出清障计划和实施方案，由防汛指挥部责令设障者在规定的期限内清除。逾期不清除的，由防汛指挥部组织强行清除，并由设障者负担全部清障费用。

第二十六条　水事违法单位和当事人接到《违反水法规行政处罚决定通知书》后，要立即履行。当事人对行政处罚不服的，可以在接到《处罚决定通知书》之日起十五日内，向作出处罚决定机关的上一级机关申请复议。对复议决定不服的，可以在接到复议决定之日起十五日内，向人民法院起诉。当事人也可以在接到《处罚决定通知书》之日起十五日内，直接向人民法院起诉。当事人逾期不申请复议或者不向人民法院起诉，又不履行处罚决定的，由作出处罚决定的机关填写《水事违法案件行政处罚强制执行申请书》，申请人民法院强制执行。

第二十七条　水事违法案件的罚没财物和追回的赃款、赃物由作出处罚决定的机关收缴，缴县财政列预算外管理，专款专用。主要用于水利执法经费，奖励举报和查处违法案件的有功人员。

第七章　结案

第二十八条　办案人员查处的水事案件，在行政处罚决定完毕后应及时填写《水事违法案件结案报告》，经原批准立案的领导批准结案。

第二十九条　办案人员在结案后，将办案过程中形成的全部文书整理齐全，编目装订，立卷归档。

第三十条　案情重大和情况复杂的案件，以及上级交办的案件结案后，应当报上级水行政主管部门备案。

第八章　附则

第三十一条　本暂行办法与国家、法律、法规和省有关水法规、规章和市有关水规范性文件有抵触的，按照国家法律、法规和省有关水法规、规章和市有关水规范性文件执行。

第三十二条　本暂行办法由县人民政府水行政主管部门负责解释。

第三十三条　本暂行办法自公布之日起执行。

六、平阳县人民政府关于颁布《批转水利电力局关于水利执法体系建设工作方案》的通知

平政发〔1991〕50号

各区公所、镇、乡人民政府，各办事处，县府各工作部门：

县府决定今年在全县范围内开展水利执法体系建设工作。现将县水电局《关于水利执法体系建设工作方案》批转给你们，望立即组织实施。

一九九一年三月九日

关于水利执法体系建设工作方案

为切实搞好我县水利执法体系建设，根据水利部水政〔1989〕13号、16号文件和省水利厅有关文件精神，参照全省第一批试点县工作经验，联系我县实际，特制定本方案。

一、指导思想

以党的十三届七中全会精神为指针，以宣传贯彻《中华人民共和国水法》为中心，深化水利事业改革，管理开发利用和保护水资源，依法管水，依法用

水，逐步将我县水利工作纳入法制轨道。

二、基本任务

（一）广泛深入开展《中华人民共和国水法》的宣传教育活动，在全县形成一个珍惜保护水资源，爱护水工程，遵纪守法的社会新风尚。

（二）制定如下与水法规配套的地方性规范性文件及一套水事案件处理办法：

1．平阳县河道管理暂行细则；

2．平阳县水利工程管理和保护范围划定暂行细则；

3．平阳县取水许可证实施细则；

4．平阳县河道溪库占用收费标准；

5．水政监察员工作守则；

6．平阳县水事案件处理程序及办法。

（三）建立水政水资源管理机构和队伍，做好水政监察员的选配和上岗前的培训工作。

（四）查处一批水事违法案件，打击破坏水利工程设施的犯罪活动。

三、工作步骤

（一）组织准备阶段：建立县水利执法体系领导小组；召开有各区镇水利站和水利工程管理单位及有关部门参加的县水利执法体系建设工作动员大会，统一思想，部署我县水利执法建设工作。

（二）宣传发动阶段：

1．县府领导发表电视、广播讲话；

2．利用广播、电视、电影、幻灯、黑板报、标语、宣传车船等各种宣传工具，广泛深入开展宣传工作，大造声势，大造舆论；

3．各区镇乡所在地及公共场所、公路两侧都要设置永久性标语牌。

（三）制定规章阶段：起草规范性文件。在广泛征求意见的基础上，制定完善有关地方性水法规。

（四）建立机构，组建执法队伍阶段。

1．县编委平编〔1990〕52号文件已批准建立“县水政水资源管理所”作为县水行政主管部门，对全县水资源实行统一管理。

2．建立水政监察队伍。从现有干部职工中选择热线执法工作，熟悉水利法规，有一定政策水平，具有初中以上文化程度，办事公正，作风正派，能坚持原则的人员从事监察工作。水政监察员由主任监察员、副主任监察员、专职监察员和兼职监察员组成。

3．水政监察员的标志和证件按水利部统一规定配置，上岗前必须统一组织培训和考核。

以上方案，如无不妥，请转批各地执行。

平阳县水电局

一九九一年二月二十八日

七、平阳县人民政府关于加强堤塘管理的通告

平政〔1999〕11号

为加强沿江沿海堤塘管理，确保国家和人民生命财产安全，根据《中华人民共和国防洪法》《中华人民共和国河道管理条例》等国家有关法律法规的规定，特通告如下：

一、堤塘的管理保护范围：自背水坡堤脚起10米宽为护堤的管理范围，管理范围外10米宽为保护范围（新围海塘50米为护塘区）；迎水坡脚以外滩涂水域均属管理保护范围。

二、严禁在堤塘管理和保护范围内挖井、取土、采砂、围垦、建房等2堤塘工程安全和正常运行的活动。如确需在堤塘管理、保护范围内修建码头、码道、涵洞、桥梁、船闸、道路等建筑物，须报经县水行政主管部门审批。

三、严禁在堤身和迎水坡镇压层撬石、开口等破坏行为，或在堤塘上堆放物料、搭棚、设置障碍、砌围墙等违章建筑，以及在内外堤脚边开沟排水。

四、禁止在堤塘上设立系船缆柱，台风活动期间严禁船舶在堤塘、水闸保护范围内停靠。

五、禁止在堤塘上通行机动车辆（除防汛抢险车辆外），确需通行的需经水政主管部门同意，并交纳养护费；如果车辆通行造成堤身或堤防设施损坏的，须赔偿损失。

六、违反上述规定者，将依法予以处罚并追究责任。

七、本通告由县水行政主管部门负责解释，并有县水行政主管部门和当地政府共同监督实施。

八、本通告自发布之日起施行。

一九九九年二月一日

八、平阳县人民政府办公室关于印发《平阳县水土保持工作领导小组成员单位工作职责》的通知

平政办〔1999〕153号

县政府有关工作部门：

《平阳县水土保持工作领导小组成员单位工作职责》已经县政府同意，现印发给你们，请认真贯彻执行。

平阳县人民政府办公室（印）

一九九九年十一月十六日

平阳县水土保持工作领导小组成员单位工作职责

为了切实做好我县水土保持工作，根据《中华人民共和国水土保持法》《中华人民共和国水土保持实施条例》《浙江省实施〈中华人民共和国水土保持法〉办法》及其他有关法律、法规，结合我县实际情况，特制定水土保持领导小组成员单位工作职责。

一、水利部门：主管全县水土保持工作。会同有关部门编制水土保持规划；①审查批准水土保持方案并监督、检查实施；负责全县水土流失防治工作；依法征收水土保持补偿费和水土流失防治费；②查处水土保持违法违章案件。

二、计划部门：在批准建设项目立项时、督促业主编制水土保持方案，对没有水利部门审查同意的水土保持方案报告或报告表的，一律不予主持可研报告审查。

三、环保部门：开发建设项目的环境影响报告书中，必须有县水政主管部门同意的水土保持方案，并作为审批影响报告书的依据之一，否则，一律不予审批。

四、矿产部门：在山区、丘陵区依照矿产资源法的规定开办乡镇矿山企业和个体申请采矿的，必须填写水土保持方案报告表，报水利部门批准后，矿产部门方可予以审批采矿手续；对已在采矿、采石的企业或个人，不补报水土保持方案报告表，或造成严重水土流失的，要配合水利部门予以查处；积极协助水利部门征收水土流失防治费。

五、农业部门：对二十五度以上的陡坡地要实行退耕还林，并配合水利部门加强对在二十五度以上陡坡地禁止开垦种植农作物的监管工作；开垦禁止开垦（具体划定）以下，五度以上的荒坡地，在经水利部门批准后，农业部门方可予以审批土地开垦手续。

六、林业部门：在林区采伐林木的，采伐方案中必须制定采伐区的水土保持措施，林业部门依照《森林法》批准采伐后，应抄送水利部门备案，以便共同监督采伐区的水土保持措施的落实；在依照《森林法》及有关法规条例收取有关规费外，并支持和协助水利部门征收水土保持有关规费；积极配合查处水土保持违法违章案件。

七、土地部门：涉及到水土保持的建设项目，如在山区、丘陵修建铁路、公路、水工程，开办矿山企业、电力企业及其他企业在征用土地（包括征用覆盖度大于0.3的林地）时，须凭水利部门审批同意的水土保持方案方可予以审批土地征用手续。

八、交通部门：涉及水土流失的交通建设项目，交通部门须督促建设单位办理或补办水土保持方案报批手续。

九、财政部门：安排专项经费，以保证水土保持宣传教育工作、编制水土保持规划，改善水土保持执法装备及开展日常工作的需要。

十、建设部门：对可能造成水土流失的城市建设和开发项目，督促编报水土保持方案；对工程项目进行竣工验收时，可研报告中有提出水土保持措施的，应邀请水利部门对该项目进行同步验收。

十一、公安部门：以暴力、威胁方法阻碍水土保持监督人员依法执行职务的，依法追究刑事责任；拒绝、阻碍水土保持监督人民执行职务未使用暴力、威胁方法的，依照治安管处罚条例的规定处罚。

为使我县水土流失切实得以有效控制并改善，保证我县经济社会可持续发展，有关职能部门务必要明确职责，严格把关，共同配合，齐抓共管。

九、平阳县人民政府关于同意签订“围垦开发西湾海涂项目合同书”的批复

平政发〔2000〕19号

县水利水电局：

你局《关于签订“围垦开发西湾海涂项目合同书”的请示》（平水电〔1999〕129号）悉。经研究，现批复如下：

一、同意你局上报的“围垦开发西湾海涂项目合同书”文本内容。

二、同意将平阳县西湾围垦海涂项目特许给平阳县利得海涂围垦开发有限公司按BOT运行方式围垦开发。

三、同意你局代表甲方与平阳县利得海涂围垦开发有限公司签订合同，并督促其做好项目融资等前期工作，严格按照合同书文本规定，尽快组织施工建设。

二〇〇〇年元月三十一日

围垦开发西湾海涂项目合同书

甲方：平阳县水利水电局（以下简称甲方）

乙方：平阳县利得海涂围垦开发有限公司（以下简称乙方）

根据国家有关法律、法规和“浙江省围垦海涂条例”、浙围计〔1996〕10号、39号文件的规定，经双方充分协商订立本合同。

一、总则

西湾围垦海涂工程位于平阳县城东南部的东海岸，介于鳌江与飞云江之间的海涂上，由北直堤、北顺堤、南顺堤、南堤和小洋山、杨屿山水闸、杨屿山船闸组成。堤线总长9050米，开发面积12090亩，工程投资概算3.01亿元。由三沙咀与杨屿山北侧联接的中隔堤把本项目分成南、北两片，南片面积5220

亩，投资1.31亿元；北片面积6870亩，投资1.7亿元。

1．根据中共平阳县委〔1999〕7号常委会议纪要精神。甲方同意将平阳县西湾围垦海涂项目特许给乙方围垦开发，其位置与四至范围如本合同附图所示，附图已经甲乙双方签字确认。

2．乙方依据本合同拥有西湾海涂土地的使用权，土地所有权属国家所有，地下资源、埋藏物均不在土地使用权范围。

3．乙方在本合同项下拥有的海涂使用权范围内所进行的开发、利用、经营土地的活动，须遵守中华人民共和国法律、法规及浙江省有关规定，其合法权益受法律保护。

二、开发功能

按照批准的工程初步设计报告规定，南片5220亩和北片西北岙800亩主要用于工业、交通、旅游、房地产、养殖等综合开发用地；北片6070亩以养殖、水果等农业开发为主，并准许建设一些与综合或农业开发项目相配套的生产和生活服务设施。

在土地使用期限内，如需改变本合同规定的土地用途，双方应当重新协商取得有关部门和上级水行政主管部门批准。

三、使用年限

本合同项下的土地使用年限，符合甲方规划要求时，综合开发用地使用50年，农业开发用地使用70年。在围区完成配套设施建设，基本形成综合开发条件后，自颁发该地的“国有土地使用证”之日起算。

四、甲方权利

在项目实施的各个阶段，甲方应拥有相应的权利：

1．在设计阶段：甲方有权审查项目的设计方案，并有修改权或要求乙方进行修改。

2．在主体工程施工阶段：乙方要执行项目法人制、工程招标制、工程监理制。并接受国家规定的工程质量监督部门对工程实施质量监督。

3．在项目运营阶段：甲方可对乙方进行检查，并可要求提供有关文件，如设施维修和保养记录、财产保险情况、经营情况、年度财务报告等。

五、优惠政策

为保障项目的实施，乙方享有以下优惠政策：

1．甲方同意，从合同签订之日起，国家、省、市政府规定的海涂围垦和海涂开发补助（补贴）款及专项贷款指标归乙方，贷款由乙方贷还。

2．甲方同意在项目完成配套实施建设，形成综合或农业开发条件后，其土地使用权依法出让给乙方，运行其按法定程序办理转让（包括出售、交换与赠与）、出租或抵押。合同签订，基本金到位后，运行按规定贷款。

3．凡是县级有权决定减免的有关建设用地的收费项目减半收取，工程建设税缓收。

4．甲方按年度安排占补土地平衡计划，给予乙方复垦补助费。

甲方协助乙方将围垦开发范围的部分土地，争取列入土地整理，其增加耕地面积的用地指标，按政策规定办理。

5．甲方同意将杨屿山纳入乙方围垦开发范围（用于旅游休闲开发），并按有关程序帮助办理土地征用手续，土地征用和政策处理费由乙方负责支付。杨屿山开发后的收益用于西湾海涂项目的滚动开发。

6．围垦工程的料场、接线公路、配套水资源开发、临时设施建设用地，水闸迁建、确定围区边界，由甲方协助做好政策处理，经乙方认可后，由乙方支付政策处理费，并办理用地手续。

7．在项目建设、运营有限期内的各个阶段，甲方协助乙方做好周边交通、施工用电和通讯等对外联系和围区周边关系的协调。

8．在建设过程中，甲方提供必要的培训和技术援助。

9．政府已投入西湾围垦中隔堤工程的建设资金，先作为该项目的建设基本金。中隔堤工程验收决算后交乙方使用，建设资金乙方在2010年开始分5年偿还。

经批准，乙方可以扩大与其项目营业范围。

六、乙方任务

1．根据南片的围垦开发规模，工程投资概算1.31亿元，建设周期五年。从发合同签订之日起，至2000年9月30日乙方必须按国家规定的基本金制度，将基本金汇入工程指挥部户头。

2．南片工程施工总进度安排如下：

（1）施工准备阶段工期

a）招投标工作在2000年8月完成；

b）乙方在2000年8月底完成施工道路、征地（包括山地）、料场、临时房建、电力设施布置、供水、通讯等；

c）乙方在2000年9月，南施工堤率先施工。

（2）南片主体工程工期

开工日期为2000年10月15日

完工日期为2004年12月底

3．西湾围垦海涂北片工程的施工设计于2003年完成，2004年10月底前做好施工准备，并于同年11月开工。该工程的配套工程设计和北片工程施工计划、配套工程设计的费用由乙方自负。

4．乙方应按规划在中隔堤的适当位置集中建设避风港，以解决西湾乡二沙、三沙、四沙村渔船停靠泊岸。

5．乙方对项目设施进行维护、保养，使之保持良好的运行状态，直至期限届满时，将项目无偿移交给甲方。

七、存续特需

本合同存续期间，在特殊情况下，根据社会公共利益的需要，甲方可以依据法律程序提前收回出让土地的使用权，并根据土地使用者已使用的年限和开发利用土地的实际情况给予相应的补偿。

八、不可抗力

任何一方对于因发生不可抗力，且自身无过错造成延误或不能履行合同义务不负责任。但必须采取一切必要的补救措施，以减少造成的损失。

遇有不可抗力的一方，应将事件情况迅速以书面形式通知另一方，并要提交合同不能履行或部分不能履行或需延期履行理由的报告。

除国家法律本身明确规定外，后续立法或法律变更对本合同无追溯力。

九、违约责任

如果一方未能履行本合同规定的义务应视为违反合同，违约方从另一方收到具体说明违约情况的通知后应在15日内纠正该违约行为。否则，违约方应向另一方负责赔偿因违约引起的一切直接和可预见的损失。

如果由于甲方的过失而产生乙方对土地使用权占有的延期，则本合同下的土地使用权出让期限应相应推延。

如果乙方未按合同规定到位建设资金或未按开发计划进行建设，使工程不能按进度建设或使工程半途停工的，甲方有权另行选择合作伙伴开发西湾海涂项目。乙方已经投入的建设资金由经双方认可的中介机构评估审计后，甲方在南片工程完工后归还。

十、本合同订立、效力、解释、履行及争议的解决均受国家法律的保护。因执行本合同发生争议，由争议各方协商解决，协商不成的，可以向有管辖权的人民法院起诉。

十一、本合同经双方法定代表人签字后生效。

十二、本合同正本一式六份，双方各执三份，副本六份。

十三、本合同未尽事宜，可由双方约定后作为合同附件。

十四、本合同于二〇〇〇年二月一日在县水利水电局签订，并自签订之日起生效。

甲方：平阳县水利水电局　　乙方：平阳县利得海涂围垦开发有限公司

法定代表人：　　法定代表人：

二〇〇〇年二月一日

十、平阳县人民政府关于印发《平阳县水土保持实施办法》的通知

平政发〔2000〕27号

各乡（镇）人民政府，县政府各工作部门：

现将《平阳县水土保持实施办法》印发给你们，请认真贯彻执行。

平阳县人民政府（印）

二〇〇〇年二月二十一日

平阳县水土保持实施办法

第一条 为预防和治理水土流失，保护和合理利用水土资源，改善生态环境，发展生产，根据《中华人民共和国水土保持法》（以下简称《水土保持法》）、《中华人民共和国水土保持法实施条例》（以下简称《水土保持法实施条例》）、《浙江省实施〈中华人民共和国水土保持法〉办法》（以下简称《浙江省实施办法》）等法律法规，结合本县实际，制定本办法。

第二条 凡在本县行政区域内从事与水土保持有关的活动的单位和个人，必须遵守本办法。

第三条 水土保持工作实行预防为主，全面规划，综合防治、因地制宜、加强管理、注重效益的方针，坚持谁开发利用水土资源谁负责保持、谁造成水土流失谁负责治理的原则，正确处理农业综合开发、基础设施建设与水土保持工作的关系。

第四条 县人民政府水利水电局是本县行政区域内的水土保持主管部门，下设平阳县水土保持监督管理所，具体负责本县水土保持执法监督检查、水土

保持案件调查处理及纠纷的调解。

县计划、财政、农业、林业、公安、土地、规划、环保、交通、建设、物价、能源、地矿等有关工作部门，应配合支持县水行政主管部门做好水土保持工作。各乡镇人民政府应将水土保持工作纳入议事日程，制定水土保持规划，安排必要的人力、财力、物力，确保规划实施。

第五条　任何单位和个人都有保护水土资源、防治水土流失的义务，并有权对破坏水土资源、造成水土流失的单位和个人的检举。

第六条　县水行政主管部门应会同有关部门根据本行政区域内水土流失状况，划定水土流失重点预防保护区、重点监督区和重点治理区的具体范围，制定防止方案，报县人民政府批准，公布组织实施。

第七条　在山区、丘陵区从事烧制木炭、砖瓦、石灰等活动的单位和个人，必须按照《水土保持法》等法律法规的规定，采取水土保持措施，防止水土流失和生态环境恶化。

第八条　禁止在二十五度以上陡坡地和二十度以上直接面向水库蓄水区的荒坡地开垦种植农作物。

禁止开垦的具体范围由县人民政府划定并公告。

第九条　开垦禁止开垦坡度以下、五度以上的荒坡地的，必须提出防止水土流失的措施，填写水土保持方案报告表，报经县水行政主管部门批准。

第十条　采伐林木应采用合理的采伐方式，严格控制皆伐。采伐方案中必须有采伐区和集材道的水土保持措施。

林业行政主管部门批准采伐方案后，应抄送水行政主管部门，共同监督采伐区和集材道水土保持措施的实施，

第十一条　在山区丘陵区修建公路、水工程、开办矿山企业、电力企业和其他中小型工作企业，其建设项目环境影响报告书必须附有经县水行政主管部门按管理权限批准的水土保持方案。

第十二条　在山区丘陵区依照矿产资源法的规定开办乡（镇）集体矿山

企业或申请个人采矿，必须填写水土保持方案报告表，报水行政主管部门批准后，方可依法申请办理采矿批准手续。

第十三条 建设工程中的水土保持设施必须与主体工程同时设计、同时施工、同时投入使用，必要时还应先于主体工程施工并投入使用。建设工程竣工验收时，其水土保持设施应同时验收，由县水行政主管部门参加并签署意见。水土保持设施验收不合格的，建设工程不得投入使用。

第十四条 生产建设中废弃的砂、石、土等，必须按照国家有关规定和水土保持方案的要求处理，严禁向河道、溪流、水库、山塘、沟渠倾倒，堵塞河道、溪流、水库、山塘、沟渠的，生产建设单位应负责清理疏浚，保持河道、溪流的畅通。

第十五条 生产建设要注意保护植被，防止水土流失，严禁毁林开荒，烧山开荒。

第十六条 在五度以上山坡地进行农业综合开发整地造林，抚育幼林、垦复油茶、毛竹、果园等必须采取水土保持措施，防止水土流失。

严格控制开垦坡地，严格控制全垦造林、全肯扶林。

第十七条 禁止在崩塌滑坡危险区、泥石流易发区取土、挖砂、采石及从事其他易导致崩塌、滑坡、泥石流的生产建设活动。

第十八条 从事生产建设等活动造成水土流失的，应按照水土保持方案负责治理。因技术等原因无力治理的，应按规定缴纳水土流失防治费，由县水行政主管部门按水土保持方案的要求进行治理。

第十九条 从事生产建设等活动损坏水土保持设施，使其水土保持功能降低或丧失的，应按规定缴纳水土保持设施补偿费。

第二十条 水土保持设施补偿费和水土流失防治费的征收标准和使用管理办法按温州市物价局、财政局、水利局印发的《温州市水土保持设施补偿费、水土流失防治费征收和使用管理细则》办理。

第二十一条 已建成的水土保持设施（包括种植草木）应落实保护和管

理责任制，任何单位和个人不得毁坏或侵占。

第二十二条　水土保持监督人员有权对本行政区域内的水土流失及其防治情况依法进行监督检查。被检查的单位和个人必须如实报告情况，提供便利，不得妨碍阻扰监督人员依法进行的监督检查活动。

第二十三条　对在水土保持工作中成绩显著的单位和个人，由县人民政府或县水行政主管部门给予表彰和奖励。

第二十四条　违反本办法第七条，在山区丘陵区从事烧制木炭、砖瓦、石灰等活动，不采取水土保持措施的，由县水行政主管部门责令其限期采取水土保持措施，造成水土流失的，由县水行政主管部门责令其限期治理，并可处一百元以上二千元以下的罚款。

第二十五条　在二十五度以上陡坡地和二十度以上直接面向水库蓄水区的荒坡地上开垦种植农作物的，由县水行政主管部门按《水土保持法》《水土保持法实施条例》《浙江省实施办法》的有关规定处理。

第二十六条　违反本办法第九条、第十条、第十五条、第十七条的规定，按按《水土保持法》《水土保持法实施条例》《浙江省实施办法》的有关规定处理。

第二十七条　违反本办法第十一条、第十二条的规定，水土保持方案未按规定申报或未批准擅自开工建设的，依法由县水行政主管部门责令其限期改正，并可处以1000元以上1万元以下的罚款。

第二十八条　违反本办法第十三条的规定，水土保持设施未经水行政主管部门验收或经验收不合格，其建设工程即投入使用的，由县水行政主管部门责令其限期采取补救措施，并可处500元以上5000元以下的罚款。

第二十九条　违反本办法第十四条的规定，将生产建设中废弃的砂、石、土等倒入河道、溪流、水库、山塘、沟渠的，由县水行政主管部门责令其停止违法行为、限期采取补救措施，并可处500元以上5000元以下的罚款。情节严重的，追究有关领导人员和直接责任人的责任。

第三十条 违反本办法第十六条规定，由县水行政主管部门责令其停止违法行为、限期采取补救措施。

第三十一条 违反本办法第十八条规定，造成水土流失，不进行治理又不按规定缴纳水土流失防治费的，由县水行政主管部门责令其限期治理或限期缴纳水土流失防治费，并可根据所造成的危害后果，责令停业治理或处1000元以上1万元以下的罚款。

第三十二条 违反本办法第十九条规定，不缴纳水土保持设施补偿费的，由县水行政主管部门责令其限期缴纳，逾期不缴纳的，应责令其补缴并按日加收3‰的滞纳金。

第三十三条 水土保持设施补偿费和水土流失防治费必须用于水土保持，任何部门单位不得截取或挪作他用。

第三十四条 水行政主管部门从事水土保持的监督人员，必须模范执行本办法，若玩忽职守、滥用职权、徇私舞弊，由所在单位或者上级主管机关给予行政处分，给公共财产、国家和人民利益造成重大损失、构成犯罪的，衣服追究刑事责任。

第三十五条 本办法具体应用中的问题由县水行政主管部门负责解释。

第三十六条 本办法自印发之日起施行。

十一、平阳县人民政府关于公布平阳县水土流失重点防治区的通知

平政发〔2000〕155号

各乡（镇）人民政府，县政府各工作部门：

根据《中华人民共和国水土保持法》和《浙江省实施〈中华人民共和国水土保持法〉办法》有关规定，以及《平阳县水土保持总体规划》实施要求，现将全县划定的水土保持重点预防保护区、重点监督区和重点治理区的具体范围及有关事项通知如下：

一、重点防治保护区为吴垟乡和顺溪镇，土地总面积75.93平方千米，其中水土流失面积17.96平方千米。

二、重点监督区：

（一）东部平原、丘陵、海岛重点监督区为昆阳、鳌江、萧江、宋桥、郑楼、榆垟、宋埠、西湾、钱仓、南麂等10个乡（镇），土地总面积415.05平方千米，其中水土流失面积105.38平方千米。

（二）中西部山地丘陵重点监督区为水头镇、桃源乡，土地总面积45平方千米，其中水土流失面积11.63平方千米。

三、重点治理区为麻步、腾蛟、山门、南湖、南雁、鹤溪、凤卧、凤巢、闹村、梅溪、梅源、晓坑、怀溪、青街、朝阳、龙尾、维新等17个乡（镇），土地总面积514.9平方千米，其中水土流失面积257.04平方千米。

四、具体要求：

按照《中华人民共和国水法》《中华人民共和国水土保持法》等法律法规规定，重点防治区必须根据水土保持的要求，加强管理，采取水土保持措施，防止水土流失和生态环境恶化。

重点预防保护区要对天然林实施保护，保护现有的植被和其他水土保持设施，防止乱砍滥伐，防止发生新的水土流失。同时，搞好局部地方严重水土流失的综合治理。

重点监督区要搞好水土保持监督执法工作，防止因生产活动和城市开发建设造成新的水土流失，对所造成的水土流失与开发建设要同步实施治理。同时，采取有效措施，对原由的水土流失进行综合治理。

重点治理区要实施退耕还林、坡耕地改造、“四荒”地治理、疏林地封育为主要内容的水土流失综合治理。同时，做好水土流失的预防和水土保持监督管理工作。

各乡（镇）政府要切实加强对水土保持工作的领导，认真落实行政首长负责制，因地制宜，统筹规划，认真组织制定水土流失防治方案，采取有效措施，做好水土流失防治工作。县水行政主管部门要加强对城市建设和经济开发建设项目的监督管理，加大水行政执法力度，制止和查处违反水土保持法律、法规行为，推进全县水土保持工作上台阶。

平阳县人民政府（印）

二〇〇〇年十一月一日

十二、平阳县人民政府办公室关于印发《平阳县水事纠纷处置应急预案》的通知

平政办〔2006〕21号

各乡（镇）人民政府，县政府直属各单位：

《平阳县水事纠纷处置应急预案》已经经县人民政府同意，现印发给你们，请认真贯彻执行。

二〇〇六年二月十三日

平阳县水事纠纷处置应急预案

为预防和妥善处理突发性水事纠纷，依法保护单位和个人的合法权益，维护社会稳定，根据《中华人民共和国水法》和《中华人民共和国防洪法》《中华人民共和国治安管理处罚条例》等法律法规，结合我县实际，特制定本预案。

一、适用与原则

在本县境内发生的各类重大水事纠纷应急处置措施和善后调处工作，适用本预案。

本预案所称的水事纠纷是指因开发利用水资源、防治水害等活动引起的纠纷，主要包括：

因兴建水工程或者涉水工程影响到相邻地区的权益引起的纠纷；

因防洪排涝、河道整治等活动引起的纠纷；

因取水侵犯他人利益引起的纠纷；

因其他水事活动引起的纠纷。

本预案所称的重大水事纠纷是指在水事活动中水事矛盾激化引起聚众闹事、打架斗殴、群体性械斗等严重影响社会稳定或危及水工程安全，给国家、

集体和人民群众造成或可能造成生命财产损失的事件：

因水事纠纷发生20人以上群体性械斗事件；

因水事纠纷出现危及重要水工程安全的情况；

严重危及人民群众饮用水安全的水事纠纷；

发生跨县级行政区域的水事纠纷；

其他情况需要启动本预案的。

出现下列案情重特大、涉及县际边界的水事纠纷，除做好应急处置措施外，应当同时向上级水行政主管部门报告：

因水事纠纷发生50人以上群体性械斗事件；

因水事纠纷出现危及重要水工程安全的情况；

严重危及人民群众饮用水安全的水事纠纷；

发生跨县级及县级以上行政区域的水事纠纷；

出现其他严重影响社会稳定的情况的。

重大水事纠纷应急处置的基本原则和依据：

处理水事纠纷，必须在遵循局部服从大局，统筹兼顾，协调发展，尊重历史，照顾现实，要依据有关法律、行政法规和部门规章、流域规划和水功能区、水量分配方案和调度方案以及旱情紧急情况下的水量调度预案、防御洪水方案和洪水调度方案、上级部门或有关政府的文件，并按以下基本原则处理：

加强预防。增强忧患意识，坚持预防与应急相结合，一旦出现有可能出现重大水事纠纷的情况，应及时采取有效措施，防止事态扩大。

快速反应。及时、充分和准确获取有关水事矛盾的信息，建立健全快速反应机制，果断决策，迅速处理，最大程度地减少因水事纠纷冲突导致的危害和影响。

以人为本。把保障人民群众的身体健康和生命财产安全作为处置水事纠纷应急情况的首要任务。涉及饮用水安全的水事纠纷，在纠纷得到解决前，要确保当地人民群众的饮用水安全。

责权一致。实行重大水事纠纷应急处置工作行政领导责任制，依法保障责任单位、责任人员按照有关法律法规和规章以及本预案规定行使权利，对不作为、延误时机、组织不力等失职、渎职行为依法追究责任。

二、水事纠纷处理组织机构及职责

根据重大水事纠纷直接涉及人民群众的切身利益和生命财产安全的特性，设立以分管副县长为组长，县府办副主任、县水利局局长为副组长的平阳县重大水事纠纷应急处置领导小组（以下简称领导小组）。领导小组成员单位由水利、公安、财政、卫生、环保、交通等部门组成。领导小组下设办公室，办公室设在县水利局。

领导小组的主要职责：根据水事纠纷的严重程度，决定是否启动本预案；统一指挥和组织重大水事纠纷的调处工作；执行国家水利部、省水利厅、市水利局和县委、县政府下达的其他关于水事纠纷调处的任务。

办公室的主要职责：在接到有关重大水事纠纷报告的第一时间，立即向领导小组报告。根据水事纠纷冲突严重程度，提出启动本预案的建议；根据领导小组的各项指示、命令，负责实施、协调并督促、检查、落实各项应急工作；负责有关信息、联络、接待等领导小组的各项日常工作。

乡（镇）人民政府的主要职责：负责处理本行政区域水事纠纷应急情况，并将动态报县委、县政府值班室与县水行政主管部门；会同县水行政主管部门按照《水法》《防洪法》《河道管理条例》《浙江省水资源管理条例》等法律法规处理辖区一般性水事纠纷；负责应急处置意见的贯彻实施；做好重大水事纠纷应急处置的后勤保障工作。

水利部门的主要职责：负责有关水法律法规与水利技术指导与咨询，进一步核实、查证水事纠纷的有关状况；根据县政府指示（必要时会同公安、卫生、环保等有关行政主管部门）紧急研究纠纷动态，提出应急处置意见；将应急处置意见下达到纠纷所在地的乡（镇）人民政府。

公安部门的主要职责：对械斗等恶性事件，要及时阻止和平息械斗各方暴力行为，对故意煽动闹事、结伙斗殴、抢夺损坏公私财物、非法限制他人人身自由的，依法采取强制性措施平息事态。对构成犯罪或造成经济损失的当事人，按《中华人民共和国刑法》《中华人民共和国民法》《治安管理处罚条例》等有关规定追究法律责任。

卫生部门的主要职责：及时组织人员对被伤害人员进行抢救和医治，防治纠纷地疫情发生。

财政部门的职责：负责解决重大水事纠纷相关水利工程的资金落实。

交通部门的主要职责：负责提供到达纠纷发生目的地的通行方案。

环保部门的主要职责：当水事纠纷与水污染事件发生重叠时，负责处理相关水域污染的治理。

平阳电信分公司、移动公司和联通公司等通信部门的主要职责：负责保障水事纠纷处理现场通讯畅通，确保与外界的联络。

三、水事纠纷应急处置预案

一般性的水事纠纷由各乡（镇）人民政府及水利管理所按《中华人民共和国水法》《浙江省水资源管理条例》等法律法规的规定自行处理。处理结果报县水行政主管部门备案。

（一）当发生重大、特大水事纠纷时，启动本预案。

乡（镇）人民政府对涉及本辖区的水事纠纷，要防止事态进一步扩大，对辖区发生的突发性、群体性纠纷事件，必须做好相关村居或当事人的稳定工作，并迅速做好情况报告。

水行政主管部门接到乡（镇）人民政府水事纠纷情况通报，24小时内派员到达水事纠纷发生地调查取证。当达到预案启动条件时，县水行政主管部门应当立即提请领导小组启动应急预案。

领导小组迅速组织公安、卫生、财政、交通、通信和事发地政府等部门的有关人员赶赴现场，督促指导应急处置意见的落实工作。同时，应及时将处置的进展情况或处理结果报告县委、县政府和有关领导。涉及县际水事纠纷，应当向上级水行政主管部门报告处置的进展情况和处理结果。

在纠纷得到解决前，未经纠纷各方达成协议或共同的上一级政府批准，任何一方不得修建排水、阻水、取水或截（蓄）水工程，不得单方面改变水的现状，对擅自改变水的现状的，有关部门或单位应依法采取临时应急处置措施。对单方面改变现状的当事人按照《中华人民共和国水法》《浙江省水资源管理条例》及《治安管理处罚条例》等规定予以处理。

（二）因重大水事纠纷导致的人员伤亡和财产损失，按照国家有关法律法规予以处理。在重大水事纠纷突发性事件得到平息后，依法按照下列程序和职责分工解决处理水事纠纷：

在同乡（镇）境内单位、村与村之间、街道之间、个人之间、单位与个人之间等发生的重大水事纠纷，应当协商解决；当事人不愿协商或者协商不成的，可以申请县人民政府或其授权的部门调解，也可直接向人民法院提起民事诉讼。县人民政府或其授权部门调解不成的，当事人可向人民法院提起民事诉讼。

在乡（镇）之间发生的重大水事纠纷，由县水行政主管部门负责协调，协调达成协议的，纠纷各方必须严格执行。协调不成无法达成协议的，县水行政主管部门可依法下达水量分配方案和实施水量统一调度，对拒不服从水量分配方案和水量统一调度的有关当事人，由县人民政府裁决，纠纷各方必须严格执行。

跨县际的重大水事纠纷，由县水行政主管部门协助省、市水行政主管部门做好协调工作。

四、其他

重大水事纠纷的新闻报道材料必须经县重大水事纠纷应急处置领导小组审查后再作报道。对县内外有重大影响的水事纠纷的发生和处理等消息，按有关规定由县人民政府或水行政主管部门指定发言人发布。

水事纠纷多发的乡（镇）可根据本预案，结合当地实际，制定具体应急预案。

五、附则

本预案由县水利局负责解释，自发布之日起施行。

十三、平阳县人民政府办公室关于印发《平阳县重大洪涝台旱和水利工程险情处置应急预案》的通知

平政办〔2006〕22号

各乡（镇）人民政府，县政府直属各单位：

《平阳县重大洪涝台旱和水利工程险情处置应急预案》已经县政府同意，现印发给你们，望认真贯彻执行。

二〇〇六年二月十三日

平阳县重大洪涝台旱和水利工程险情处置应急预案

为及时、妥善处置因暴雨、洪水、台风、潮汛、干旱等造成的各种自然灾害和水利工程险情方面的重大紧急情况，最大限度地减少损失，保障经济社会持续健康发展，根据《中华人民共和国防洪法》和《中华人民共和国水法》等法律、法规和有关规定，结合我县实际，制定本预案。

一、工作目标及基本原则

（一）工作目标

预防和减轻洪涝台旱灾害造成损失，防止因暴雨、洪水等造成垮坝、溃堤等恶性事故发生。坚持以人为本，努力减少人员伤亡，减轻国家和人民群众财产损失，保障人民群众基本生活用水，维护社会稳定。

（二）基本原则

1．立足预防，主动防范。把洪涝台旱灾害的预防和强化水利工程安全管

理放在防灾减灾工作的中心环节，密切监视雨情、水情、工情、旱情、险情和灾情，认真做好各项防范工作。

2．分级负责，加强督查。洪涝台旱灾和水利工程险情按行政区域实行属地管理，以各乡（镇）人民政府为主进行处置，并实行行政首长负责制。县有关单位积极支持和指导、督促各地的应急处置工作。

3．科学调度，保障安全。认真分析洪涝台旱灾情的发展和防洪抗旱工程现状，科学调度，优化配置，保障安全。

4．果断处置，全力抢险。一旦发生重大洪涝台旱灾害和水利工程险情，应迅速反应，及时启动应急处置预案，组织力量全力抢险救灾，尽最大努力避免和减少人员伤亡及财产损失。

二、预案的启动

各乡（镇）人民政府防汛防旱指挥部按照本地预案负责处置洪涝台旱灾和水利工程险情。当发生以下情况之一时，县人民政府防汛防旱指挥部办公室（以下简称县防办）及时提出处理意见，报经县人民政府防汛防旱指挥部（以下简称县防指）指挥批准，启动本预案。

（一）在汛期，较大范围（一个乡镇以上）内24小时降雨量已超过100毫米，并且县气象部门预报未来24小时仍有暴雨或大暴雨。

（二）鳌江流域水位全面超过警戒水位。

（三）县气象部门预报强热带风暴、台风将登陆或严重影响我县，并发出紧急警报。

（四）较大范围（一个乡镇以上）内，7—10月份连续干旱70天以上；梅汛期降雨量严重偏少，水库蓄水严重不足，梅汛期后连续干旱天数在30天以上；饮水困难人数超过1000人。

（五）小（一）、小（二）型水库或重要江河堤防出现险情（如：管涌、漏水、土坝过水等），并危及公共安全。

（六）县重点在建水利工程遭遇超标准洪水等险情，并危及公共安全。

（七）其它情况需要启动预案的。

三、处置程序

（一）当达到预案启动条件时，县防办立即向县防指副指挥、指挥报告，并由指挥决定启动本预案。同时，县防指向县委、县政府和市防汛防旱指挥部报告，向县防指成员单位和有关乡（镇）人民政府防汛防旱指挥部通报有关情况。必要时，向社会公众发布有关信息和防范措施。

（二）县防指立即组织专家进一步分析研究暴雨、洪水、台风、潮汛、干旱等可能带来的影响或危害，分析水利工程险情状况，提出处置意见。县防指及时召开紧急会议，部署抢险救灾工作。必要时，建议县委、县政府召开紧急会议，部署抢险救灾工作。

（三）根据洪涝台旱灾和水利工程出险情况，县防指派员赴现场指导帮助灾区开展抢险救灾工作。必要时，经县防指决定，成立现场抢险救灾指挥部，组织开展抢险救灾工作。

（四）洪涝台旱灾和水利工程险情过后，县防指派员赴现场调查灾情，慰问灾民，指导生产自救工作。同时，对洪涝台旱灾和水利工程险情处置情况进行总结，向县委、县政府和市防汛防旱指挥部专题汇报。

四、预案的实施

预案启动后，县防指统一指挥县各有关单位协助地方开展抢险救灾工作。县防指召集水利、气象、水文、海洋部门研究分析雨情、水情、工情、旱情、险情和灾情，提出洪涝台旱灾和水利工程险情处置意见，对有关水利设施进行调度，协调联络各成员单位，督促检查各有关单位的应急准备情况，收集信息，传达指令，并开展总结、评价等有关具体工作。县防指各成员单位及有关乡（镇）人民政府根据职责分工，做好以下工作：

（一）抢险救灾。灾害发生地的乡（镇）人民政府组织实施抢险救灾、人员转移、灾民安置等工作。县人武部负责组织预备役部队、民兵参加抗洪抢险救灾，协调驻平部队参加抗洪抢险救灾工作，协助地方政府转移危险地区的群众。公安局维护抢险救灾秩序，协助地方政府转移危险地区的群众。县水利局、交通局、供电局、规划建设局、国土资源局和平阳电信分公司等有关单位分别指导水利工程、交通道路、电力设施、市政基础设施、公共通信设施、地质灾害等抢险救灾工作；县海洋与渔业局负责指导海上渔船回港避风工作；县民政局负责指导灾民安置和救济救助工作。

（二）抗旱救灾。干旱发生地的乡（镇）人民政府组织全社会力量抗旱救灾。县水利局负责组织水资源应急调度、配置和监测；县规划建设局负责组织实施城市自来水管网用户应急配水供水预案；县环保局负责地表水、污染源监测和加强对排污单位的监督检查；县公安局协助调处水事纠纷和维护社会治安秩序；县经贸局组织制定干旱期企业限制用水措施；县国土资源局负责地下水应急开采的技术指导；县气象局组织实施人工增雨作业。

（三）预测预报。县气象局、水利局、海洋与渔业局、国土资源局等单位共同做好暴雨、洪水、台风、潮位、干旱及山地灾害的预测预报，及时上报县防指。

（四）应急物资和电力通信保障。县发改局牵头，县经贸局、交通局、人武部等单位共同做好应急防汛抢险物资、器材等储备和调运工作；县供销总社负责按照县防指指令监督落实代县专项储备编织（麻）袋的储存和调运工作；县供电局负责抗洪抢险现场的电力供应；平阳电信分公司负责保障抗洪抢险现场通讯畅通，确保与外界的联络。

（五）应急资金保障。县财政局牵头，县发改局、水利局、民政局、交通局、国土资源局及农行平阳支行等单位负责县级抢险救灾资金的筹措、落实和争取省、市财政的支持，做好救灾资金、捐赠款物的分配、下拨，指导、督促灾区做好救灾款的使用、发放，相关金融机构负责救灾、恢复生产所需信贷资金的落实。

（六）医疗卫生保障。县卫生局、农业局等单位指导灾区卫生防疫和医疗救护，预防疾病流行，做好人畜疾病的免疫和公共场所消毒工作。

（七）后勤保障。灾害发生地的乡（镇）人民政府负责抢险物资、交通工具、食品、饮用水、医疗、药品等基本后勤保障。必要时，县经贸局牵头，县粮食局、民政局、交通局、卫生局等单位共同做好灾区急需物资的调配工作。

（八）灾情核查。县民政局、水利局牵头，县交通局、农业局、平阳电信分公司、供电局、国土资源局、海洋与渔业局等单位分别负责了解、收集、核实本行业的灾害损失情况，并及时上报县防指。

（九）善后处理。县发改局、水利局、规划建设局、交通局、农业局、经贸局、国土资源局、教育局、供电局、民政局、人武部和平阳电信分公司等单位指导灾区组织力量抢修受损的重要水利、电力、交通、通信、学校等设施和城市供水、供气等市政设施，帮助指导灾民修缮房屋，恢复工农业生产和教学秩序；保险公司做好善后理赔工作，维护社会稳定。

（十）灾后重建。灾害发生地的乡（镇）人民政府应根据洪涝台灾情及防灾减灾工作需要，统筹规划，安排受灾地区的重建工作。

（十一）新闻宣传。重大洪涝台旱灾害和水利工程险情的有关新闻稿必须经县防指核实后，按重大突发性事件报道管理规定进行报道。对县内有重大影响的洪涝台旱灾的发展趋势、人员伤亡、经济损失等消息，由县防指审核后，按重大突发性事件报道管理规定进行报道。

五、责任与奖惩

县、乡（镇）人民政府和有关部门要对参加重大洪涝台旱灾害和水利工程险情抢险救灾工作做出重大贡献的单位和个人给予精神或物质奖励；对违反操作规定或工作不到位、失职、渎职等行为，按有关法律、法规以及相关规定追究责任。

六、附则

县有关单位应根据本预案，制定具体实施办法，落实相关人员及应急资金、物资，并报县防指。

本预案由县水利局负责解释，自发布之日起实施。

十四、平阳县人民政府关于印发《平阳县河道采砂权公开有偿出让办法（试行）》的通知

平政发〔2008〕159号

各乡（镇）人民政府，县政府直属各单位：

《平阳县河道采砂权公开有偿出让办法（试行）》已经县人民政府第五次常务会议研究同意，现予印发，请认真组织实施。

二〇〇八年九月二十七日

平阳县河道采砂权公开有偿出让办法（试行）

第一条　为确保我县河道砂石资源开采活动依法、科学、有序进行，按照公平、公开、公正的原则，根据《中华人民共和国行政许可法》《中华人民共和国水法》《中华人民共和国防洪法》《中华人民共和国矿产资源法》《浙江省实施〈中华人民共和国河道管理条例〉办法》等法律法规和《浙江省人民政府关于加强小流域和河道疏浚工作的通知》（浙政发〔1995〕194号）精神，结合我县实际，制定本办法。

第二条　水流、滩涂及河道砂石资源属于国家所有，任何单位和个人不得以任何手段非法侵占、买卖、出租、开采和破坏。

第三条　本办法所称河道采砂是指在河道管理范围内采砂、采石、取土等行为。

第四条　河道管理范围是指：有堤防的河道、湖泊为两岸堤防之间的水域、沙洲、滩地、行洪区和堤防及护堤地；无堤防的河道、湖泊，其管理范围

为历史最高洪水位或者设计洪水位之间的水域、沙洲、滩地和行洪区。

第五条　县水利局是我县水行政主管部门，负责组织实施河道采砂权公开有偿出让工作。县国土资源局、风景旅游、林业、环保、交通、公共资源交易、工商、电力等单位、有关乡（镇）人民政府配合实施。

第六条　河道采砂必须服从防洪安全和河道整治规划，确保河势稳定、堤防、护岸等建筑物的安全和行洪、航运的畅通。河道采砂必须符合鳌江北港流域水利规划及各小流域治理规划、《平阳县鳌江中游段及怀溪支流河道采砂规划》。

第七条　河道采砂权采取招标、拍卖、挂牌等公开有偿出让形式。

第八条　出让人应当按规定在新闻媒体发布招标、拍卖或者挂牌公告，公布公开有偿出让采砂权的基本情况和招标、拍卖、挂牌的时间、地点。

第九条　投标人、竞买人或受让人应当具备下列条件：

（一）具有合法资格的中华人民共和国境内法人、其他组织或具备完全民事行为能力的自然人；

（二）遵守河道采砂管理的法律法规及有关规定；

（三）按规定缴纳投标保证金，并承诺按规定缴纳河道采砂权有偿出让金、河道采砂管理费；

（四）服从和配合主管部门的监督和管理；

（五）符合法律法规规定的其他条件。

第十条　投标人、竞买人报名或受让人申请时须提交以下材料：

（一）采砂申请书；

（二）法定代表人身份证明、法人授权委托书或个人身份证明及复印件；

（三）与开采计划相配套的运输船舶组织方案；

（四）县相关行政主管部门规定的其他材料。

第十一条　计划出让的可采区由有资质的测量单位进行测量后，由出让人委托中介机构评估，确定出让底价。

标底、出让底价不包括河道采砂管理费及其他税费，由中标人、竞得人或受让人另行缴纳。

第十二条　平阳县公共资源交易中心是县境内河道采砂权出让工作的承办机构和交易活动场所。河道采砂权出让人应当以书面的形式，委托县公共资源交易中心进行交易。

第十三条　中标人、竞得人或受让人依照《平阳县河道采砂权出让合同》的约定付清全部出让金后，应当依法申请办理采砂许可证。中标人、竞得人或受让人办理采砂许可证后，供电部门给予办理供电手续。

第十四条　河道采砂权出让金全部上缴财政专户，按收支两条线管理，主要用于河道整治、政策处理等水利工作支出。河道采砂权公开有偿出让金的征收、使用和管理应当接受财政、审计部门的监督检查。

第十五条　中标人、竞得人或受让人必须遵守以下规定：

（一）按批准的采砂地点、范围、时间、方式和规模进行作业，在采砂现场设立明显标志，标识采砂现场范围，确保安全生产；

（二）不得在水行政主管部门划定的禁采区范围内开采；

（三）汛期必须服从县防汛防旱指挥部的统一指挥调度；

（四）不得转让许可证和采砂场地；

（五）河道采砂要严格执行弃渣处置方案。采挖后应及时回填整被开采的区域，符合河道、航道整治要求，保持底平、坡顺，不影响行洪安全；

（六）在河道管理范围内运输砂石、土料的车辆应按指定的路线行驶，跨越堤防应按批准的道口进出，禁止在堤防上任意开口；

（七）按规定要求使用采砂机械设备开采。

第十六条　在合同执行中，中标人、竞得人或受让人确需在河道内临时堆置废料的，应经县水行政主管部门批准并缴纳河道治理保证金，在规定的期限内清理完毕，并经水行政主管部门验收合格后，退还保证金；未按规定期限清理完毕的，按规定处理。

第十七条　违反本办法规定，县水利、国土资源、风景旅游、林业、电力、交通、环保、工商等有关部门应当依照有关法律、法规规定，依法对非法采砂等违法行为进行严肃处理。对拒绝、阻碍管理人员依法执行职务的，有公安机关依照《中华人民共和国治安管理处罚法》予以处罚；构成犯罪的，依法追究刑事责任。

第十八条　本办法由县水利局负责解释。

第十九条　本办法自印发之日起施行。

附录2：荣誉称号

1989～2012年，在水利建设中，一些单位和个人得到国家、省、市政府及其部门的表彰或奖励，记录如下：

一、先进单位

万全区公所，1989年获温州市人民政府水利建设三等奖。

山门镇人民政府、黄坑水库电站工程指挥部，1989年被温州市人民政府评为水利建设先进单位。

平阳县人民政府，1990年被温州市人民政府评为农田水利建设先进单位三等奖。

平阳县人民政府，1994年被温州市人民政府授予农田水利基本建设先进县称号。

平阳县水电物资经理部，1995年被浙江省人民政府授予水利经济先进单位称号。

平阳县水利电力局，1996年5月获全国第二批农村初级电气化建设先进集体称号。

平阳县水利电力局，1997年4月被省水利厅评为全省1996年度地方水电目标管理考核合格单位。

宋埠标准堤工程，1997年11月被温州市人民政府评为1997年度水利建设先进工程。

鳌江下厂段标准堤工程，1998年10月被温州市人民政府评为1998年度先进水利工程。

平阳县水利水电局，1999年7月被省水利厅评为全省1998年度地方水电目标管理考核合格单位。

平阳县水利水电局，2000年4月被省水利厅评为全省水利工作考核优秀单位。

平阳县人民政府，2000年获温州市人民政府水利建设二等奖。

平阳县人民政府，2000年6月获温州市人民政府集中清除水荷花先进县（二等奖）。

鳌江水利管理所、昆阳水利管理所，2000年6月被温州市人民政府评为集中清除水荷花先进单位。

平阳县人民政府、平阳县滩涂围垦开发建设有限公司，2004年9月获温州市人民政府2003年度全市滩涂围垦开发建设三等奖。

宋埠镇人民政府、西湾乡人民政府、县国土资源局、县林业局，2004年9月被温州市人民政府评为2003年度全市滩涂围垦开发建设支持协作先进单位。

平阳县水利局，2004年11月获温州市人民政府2003～2004年度“千库保安”工程建设三等奖。

后岙水库，2004年11月获温州市人民政府2003～2004年度千库保安工程先进项目三等奖。

宋埠镇人民政府，2005年11月被温州市人民政府评为2004～2005年度滩涂围垦开发建设支持协作先进单位。

平阳县水利局，2008年12月获全省水资源费征收工作先进单位三等奖。

麻步镇人民政府，2008年3月获温州市人民政府千库保安工程建设支持协作先进单位。

西湾乡人民政府，2008年3月被温州市人民政府评为2006−2007年度滩涂围垦开发建设支持协作先进单位。

平阳县水利管理所，2008年3月获温州市人民政府2006～2007年度“千库保安”工程建设二等奖。

平阳县龙潭水库，2008年3月获温州市人民政府千库保安工程建设先进项目一等奖。

平阳县水利水电工程质量监督站，获2010年度“浙江省水利工程先进质量监督站”称号。

平阳县人民政府，2011年被温州市人民政府评为农村饮用水安全先进集体。

平阳县海涂围垦指挥部，2012年5月获浙江省2011年度重点围垦工程建设考核先进单位。

平阳县人民政府，2012年3月被温州市人民政府评为2011年度全市水利工作先进县。

二、先进工作者

周景标、缪纪顺、华稳健，1996年被评为全国农村水电初级电气化建设先进个人。

许益顺，2001年10月被浙江省人民政府评为千里海塘建设先进个人（二等奖）；黄光理、郑海羽，被浙江省人民政府评为千里海塘建设先进个人（三等奖）。

陈伦帅，1989年1月被省水利厅评为全省优秀水利员。

华稳健，1997年2月被省水利厅评为1996年度全省水利科技先进工作者。

黄美胜，1997年4月被省水利厅评为1996年度全省小水电统计先进工作者。

黄美胜，1998年4月被省水利厅评为1997年度全省小水电统计先进工作者。

林　敏，1998年3月被省水利厅评为1997年度全省水政水资源管理先进工作者。

林开胜，1999年12月获省水利厅1998年度全省水利综合统计优胜奖。

林　敏，2002年5月被省水利厅评为2001年度全省河道管理先进个人。

林立军、周景标、林克聪、陈修明、蔡德迪、陈宜范、陈小玲等，2004年9月被温州市人民政府评为2003年度全市滩涂围垦开发建设先进个人。

陈绍熙、张永安、苏中坚，2004年11月被温州市人民政府评为2003～2004年度“千库保安”工程建设先进个人。

蔡德迪、黄光理，2005年11月被温州市人民政府评为2004～2005年度滩涂围垦开发建设先进个人。

苏中坚，2005年11月被温州市人民政府评为2004～2005年度“千库保安”工程建设先进个人。

张永安、鲍承北，2008年3月被温州市人民政府评为2006～2007年度全市“千库保安”工程建设先进个人。

周景标、陈瑞华、毛芳丛，2008年3月被温州市人民政府2006–2007年度全市滩涂围垦开发建设先进个人。

附录3：碑记和科技论文

一、碑记（原文）

萧江水闸碑记　萧江水闸原建于一九五六年，因年久老化不能运行，经温州市人民政府同意，市计委批准立项，拆除老闸在下游80米处兴建新闸。工程总造价近900万元，其中平阳县出资500万元，苍南县出资400万元。工程自1997年11月动工，1998年12月竣工。

萧江水闸是南港流域重要的中型排涝挡潮闸之一，规模为3孔，净宽18米，十年一遇最大过水流量为267立方米/秒。担负着萧江塘河两岸5.5万亩农田的排涝、灌溉以及横阳支江分洪流量80立方米/秒的任务。

建设单位为温州市平阳萧江水闸拆扩建工程指挥部；设计单位为温州市水利水电勘测设计院；由平阳县基础机井工程公司施工；浙江省水利水电科学研究院监理；温州市水利水电工程质量监督站为质监单位。

公元一九九九年元月立

墨城水闸扩建记　鳌江口北岸墨城小流域面积21.2平方公里，原有东头、西头两闸，排涝规模小，工程老化，易受潮水顶托，洪水常淹没墨城小平原。

在浙江省水利厅全力支持下，平阳县水利局、鳌江镇人民政府、平阳县利得海涂围垦开发有限公司共同投资扩建水闸工程。2000年6月批准立项，温州市水利电力勘测设计院承担设计任务，2004年11月成立“平阳县墨城水闸改扩建工程指挥部”，浙江江河建设有限公司中标承建，监理单位是湖北葛洲坝工程监理总公司，质监单位是温州市水利水电工程质量监督站。2005年7月开工建设，2007年7月竣工。

扩建后的墨城水闸是以排涝挡潮为主的中型水闸，共三孔净宽12米，排涝标准20年一遇，防潮标准五十年一遇，最大泄洪量186立方米/秒，工程总投资壹仟叁佰余万元。墨城水闸成功扩建，对于提高墨城小流域排涝和挡潮能力，保障墨城及周边地区人民群众生命财产安全，促进社会经济可持续和谐发展，起到极其重要作用。功在当代，利在千秋，现记其事以昭示后人。

平阳县墨城水闸改扩建工程指挥部

公元二〇〇七年

南湖水闸碑记 南湖水闸位于平阳县水头镇南湖办事处（原平阳县南湖乡普美村），又称崇德陡门，由两座水闸组成，其中靠右侧山边为一座开敞式水闸（以下简称南闸），始建于清朝乾隆35年（1770年），闸孔孔数为2孔，总净宽7.5米；另一座位于开敞式水闸左侧25米处，为涵闸（以下简称北闸），始建于1963年8月，孔数为二孔，总净宽6米，两座水闸合计净宽13.5米。该两涵闸主要担任南湖区域的排涝、挡潮等任务，对周边8000余亩农田的排涝和灌溉发挥了很大作用。经过历年的运行，后经清光绪和民国年间多次修建，现两水闸放水冲槽部分地段已出现严重的不均匀变形，同时两闸下游护坦及护岸冲刷坍塌严重，管理房与启闭设备已陈旧不堪不能适应频繁的启闭工作，下游底坎止水存在漏水等问题。该工程的修建，直接关系到南湖片人民群众的生命财产安全，经平阳县人民政府研究决定修筑南湖水闸，并作为国家农业综合开发项目向国家农业综合开发办公室进行申请批复。

2010年，经国家农业综合开发办公室批复，同意在平阳县南湖乡实施中低产田改造工程（控制性工程），总投资1600万元，受益面积1.5万亩。本工程包括新建南湖水闸1座，排涝站1座，开挖疏浚渠道5千米，改建衬彻渠道5.96千米，新建机耕路1.75千米，新建机耕桥3座，新建下田机埠40个等。

新建南湖水闸设三孔，单孔净宽5.0米，采用开敞式结构，底板高程1.40米。底板顺水流方向长16.0米，自上游向下游抛石护底、干砌块石护面、C25砼上游护坦、C25砼上游铺盖、C25砼底板、C25砼下游消力池、C25砼下游护坦、C35砼防冲板桩、下游合金网石箱、下游合金网石笼等。

建设单位：平阳县农业综合开发办公室　平阳县水头镇人民政府

施工单位：温州市宏源水电建设有限公司

2012年3月19日

二、科技论文

1989～2013年8月，获奖论文11篇，发表在全国性刊物上的论文25篇（不完全统计），予以立表。对部分水利水电工程应用论文予以摘编。

（一）获奖论文

获县级以上科技奖的11篇，其中省级水利系统调研报告三等奖1篇，市级调研报告、科技论文三等奖4篇，县级论文三等奖6篇。

获县级以上科技奖的论文名录

表附 3-1

论文名称	作　者	获奖情况	获奖时间
平阳县顺溪水利枢纽工程现状与对策	林克聪　殷为东 许益顺　王希贤	省水利系统调研报告三等奖	2005 年 4 月
应重视冲击式水轮机叶片气蚀	华稳健　黄美胜	市五届论文三等奖	1992 年 6 月
小水电站防雷保护存在问题探讨	华稳健　黄美胜	市六届论文三等奖	1994 年 5 月
鳌江中上游洪水灾害综合治理对策研究	林克聪　周咸文 郑乃坤　许益顺	市科技三等奖	2007 年 3 月
关于平阳县溪流采砂情况的调研报告	周贻训　陈文榜 陈岳程	市水利系统调研报告三等奖	2003 年 1 月
平阳县水电站若干经济问题分析	华稳健	县论文二等奖	2000 年 12 月
小水电站防雷保护解决措施	华稳健	县论文二等奖	1994 年 9 月
排污工程施工严重危及鳌江标准堤镇区段工程安全的调查报告	林克聪	县论文三等奖	2002 年 12 月
岭门水电站增容改造	华稳健	县论文三等奖	1993 年 3 月
过流及过压保护的改进实验	华稳健　黄美胜	县论文三等奖	1992 年 5 月
平阳县初级农村电气化规划	华稳健	县科技进步三等奖	1991 年 1 月

（二）发表在全国性刊物上的论文

1992～2013年，共有25篇论文在《中国水利》《中国水运》《中小水电设备通讯》《中国水能及电气化》《小水电》等18种刊物发表。

发表在全国性刊物上的论文名录

表附 3–2

序号	论文名称	作者	刊物名称	发表时间
1	一座村办小水电站增容改造	华稳健	《中小水电设备通讯》	1992 年 1 月
2	一起合闸母线接地故障的处理	华稳健 许方安	《中小水电设备通讯》	1993 年 10 月
3	水轮机测流小经验	华稳健	《农田水利与小水电》	1993 年 11 月
4	一起发电机定子线圈接地故障的修复	华稳健 黄美胜	《中小水电设备通讯》	1996 年 3 月
5	平阳县小水电农村电气化规划	华稳健	上报国务院	2000 年 6 月
6	平阳县小水电代燃料生态工程规划	华稳健	上报水利部	2001 年
7	关于平阳水利工程管理的思考	陈绍熙	《中国水利》	2002 年 8 月
8	平阳县水环境问题及其对策	陈绍熙	《中国水利》	2003 年 2 月
9	平阳县节水水平分析及对策探讨	李道西 缴锡文 彭世彰 殷为东 王希贤	《节水灌溉》	2005 年 4 月
10	鳌江平阳段纳污能力分析及总量控制预测	邢文刚 张国华 俞双恩 殷为东	《水资源保护》	2007 年 1 月
11	平阳水能资源开发管理问题及发展方向探讨	黄美胜	《中国水能及电气化》	2008 年 3 月
12	平阳县渔塘水库大坝防渗加固设计	温自力	《科技资讯》	2009 年 2 月
13	水利工程中的施工索赔分析	温自力	《中小企业管理与科技》	2009 年 3 月
14	浅谈平阳县小水电产业的发展现状和对策	华稳健 许宏棉	《小水电》	2010 年 1 月
15	腾蛟小水电增容改造的探讨	许宏棉	《小水电》	2010 年 3 月
16	浅析水利工程施工质量有效控制	郑邦山	《中国水运》	2010 年 4 月
17	浅谈凤卧溪小流域综合治理	胡克银	《中国科技财富》	2010 年 7 月

续表附3-2

序号	论文名称	作者	刊物名称	发表时间
18	地下水流向测量模型的构建与精度分析	林统 郑礼巧 陈光跃	《水电能源科学》	2011年7月
19	浅谈平阳县农村水电的现状与发展思路	华稳健 许宏棉	《中国水能及电气化》	2012年3月
20	基于MIKEⅡ的平原河网洪水演进动力研究	修海峰 吴联志	《南水北调与水利科技》	2012年6月
21	平阳县黄坑水库大坝防渗加固设计	胡克银	《地方水利科技的应用与实践》	2012年6月
22	平阳县水利建设规划思考	蔡德迪	《水利规划与设计》	2013年6月
23	解析省级河道鳌江（平阳段）水域管理范围划界工程实施	钱月新	《城市建设理论研究》	2013年6月
24	瑞安市金河水库工程大坝防渗加固工程	温自力	《城市建设理论研究》	2013年6月
25	GPS-RTK在平阳水利工程测量中应用	钱月新	《城市建设理论研究》	2013年8月

附：论文选摘（五篇）

平阳县顺溪水利枢纽工程现状与对策研究（摘编）

平阳县顺溪水利枢纽工程现状与对策联合调研组

平阳县顺溪水利枢纽工程（以下简称枢纽工程）为《平阳县鳌江北港流域水利规划报告》推荐的首批兴建工程，是县重点工程。现工程前期工作处于停顿状态，已经成为北港人民乃至全县各界关注的热点。该工程关系到北港流域，尤其是水头镇防洪头等大事，紧密联系着北港流域经济发展，平阳经济可持续发展。为了寻找我县经济发展的动力，为县委、县府领导提供决策依据，促进工程早日上马，县高级人才联谊会、县工程师协会、县农业农村专家咨询委员会、县水利学会联合组织成立了调研组，对枢纽工程现状和对策开展调研。近半年时间里，联合调研组制订调查大纲、收集资料、实地考察、深入访问。并多次召开座谈会、研讨会，对所掌握的情况进行认真分类、分析、综合，六易其稿，最后形成本调研报告。本报告综观工程概况及其进展情况，解剖了枢纽工程受阻经过、原因，综合反映了目前各方尤其是顺溪镇干部群众的态度和观点，并对工程重新上马提出了若干对策与建议。

一、枢纽工程概况

枢纽工程是我县北港地区鳌江干流上游的控制性水利工程，其主要任务为防洪和灌溉，结合供水、发电、旅游，属综合性甲类水利枢纽工程。工程主体分水库和电站两部分，坝址在顺溪镇上游2.2千米，距平阳县城约55千米，电站厂址位于大坝下游1.0千米，整个枢纽工程均在顺溪镇范围内。

原设计为砼双曲拱坝，后改为钢筋砼面板堆石坝，水库集雨面积92.3平方千米，最大坝高93米，总库容3056万立方米，正常库容2653万立方米，防洪库容750万立方米，供水调节库容750万立方米。正常蓄水位时水库面积0.85平方千米，回水长度4.0千米，大坝右岸建引水隧洞，引水到下游1000米河湾处建电厂，装机容量2×5000千瓦，多年平均发电量2127万千瓦时。

关键枢纽工程量：土石方明挖80.1万立方米，洞挖6.1万立方米，堆石填筑118.6万立方米，砼8.75万立方米。工程需移民576人，淹没耕地187亩，林地644亩，工程永久占地230亩。工程静态总投资2.27亿元，其中钢筋砼面板堆石坝投资1.49亿元。投资回收期为13.35年。

枢纽工程综合效益巨大。建成后可以消减洪峰，配合流域的防洪体系，显著地减轻洪水对下游的危害，提高鳌江中下游沿线的防洪标准；为下游农田用水提供水源，改善农业生产条件；为平阳城市化建设提供优质的水资源和充足的电能，有利于促进平阳县工农业生产的发展；水库形成高峡平湖，为旅游业的发展创造良好的资源环境，带动顺溪、吴垟等乡镇的经济发展。

二、枢纽工程现状

（一）枢纽工程建设进展情况

1.前期准备工作，该枢纽工程1994年被列入我县“九五”社会发展计划。

1994年1月，县水利局委托浙江省水利水电勘测设计院对枢纽工程进行勘测设计。1996年9月，省计经委批准同意平阳县兴建枢纽工程。2001年4月，根据顺溪群众意见，浙江省水利水电勘测设计院按照省水利厅的指示，重新编制了可行性研究报告。浙江省农科院对枢纽工程的农业自然资源的开发利用及可持续发展的影响进行了评估。2001年10月，顺溪水利枢纽工程初步设计报告编写完成。

2.成立建设指挥部。

3.落实投资业主。

（二）枢纽工程受阻原因分析

2000年5月至2001年11月期间，顺溪镇有关村、老人协会为代表的顺溪镇部分群众对引水至南雁岭脚发电，影响顺溪镇水环境、改拱坝为堆石坝等有意见，五次上访。枢纽工程可行性研究报告审批受阻，省发展计划委员会对项目可行性研究报告至今未批，工程建设指挥部工作中断，工程建设的前期工作停顿。

究其原因：

1.对生态环境考虑不够。

2.宣传不力，群众误解。

3.领导精力不到位，工作不细致。

（三）当前各方态度和观点

1.顺溪镇群众的态度和观点。对顺溪镇当地社会各界43位代表、28位人大代表进行调查访问时，他们认为电站厂房选址河湾，不会对顺溪镇水环境产生影响，支持工程重新上马。顺溪镇企业家们，也大都表示支持建设枢纽工程，其中有些人希望能投资参股建电站；持反对态度的仅为极个别人。

顺溪镇老人协会负责人和部分村干部以及年青人要求枢纽工程尽快上马。原来多条要求都主动放弃，现剩下三条要求：一是河湾下游梯级电站交给当地集资建设；二是为顺溪镇建造一座自来水厂；三是工程发挥效益后，要求业主每年提取一笔款项资助当地贫困村。

2.顺溪镇政府的态度和观点。顺溪镇新一届领导认为：必须抓住枢纽工程上马这个契机，改变顺溪镇面貌，造福顺溪和北港人民。该工程是促进顺溪镇社会经济飞速发展的强大动力，倘若抓住机遇按时开工，顺溪镇的农村现代化进程可提前十多年。

3.有关部门的态度和意见。水利等有关部门认为：建设枢纽工程是可行的，应该上马，只要领导思想认识到位，决心大，有专人负责，落实资金难也有办法解决。

温州市水利局认为：北港流域水旱灾害频繁，经省人民政府审批的鳌江流域综合规划，推荐顺溪水库工程为近期建设项目。

省水利厅明确指示：按照北港地区防洪排涝规划，需在北港上游建设顺溪水利枢纽工程，建议抓紧上报审批该工程的可研报告，并提出该工程的资金筹措方案，在可能的情况下给予一定的资金补助。

三、对策和建议

（一）统一认识

1.要充分认识枢纽工程建成的重大意义；

2.枢纽工程是民心工程。

（二）投资方案的分析

综合分析各方意见，提出以下四种投资方案供领导决策时参考。

方案一：本工程静态投资2.27亿元，政府补助1亿元支持项目建设，业主拟投资3001万元作为资本金，余下的9771万元向银行贷款，年利率为6.21%，还贷年限为20年。资本金不还本付息，在还贷期以7%的利润分配红利，还贷后分红率为10%。本工程的施工期为3.5年，生产期为30年，计算期为33.5年。按满足还贷测算的原水价0.79元/立方米，平均上网电价0.425元/千瓦时，至33.5年计算期满可上缴税费1.13亿元，可分配利润1.95亿元。

方案二：将第一方案中的水价降低为0.60元/立方米，至33.5年计算期满可上缴税费8127万元，可分配利润13959万元。

方案三：政府补助7000万元，业主投资15722万元，至33.5年计算期满可上缴税费10118万元，可分配利润16036万元。

方案四：政府补助3000万元，业主投资19722万元，至33.5年计算期满可上缴税费7930万元，可分配利润13609万元。

以上四种投资方案比较内容共14项，详见投资方案比较表。（略）

（三）投资业主的选择

经调查分析，综合各界意见，现拟出三个方案供选择确定：

1.方案一：浙江省圣雄集团作为投资主体。

2.方案二：县国有资产投资公司作为投资主体。

3.方案三：向全社会公开招标择优选择投资业主。

（四）制订和落实政策

由于本工程是以社会效益为主的甲类水利工程，政府一定要制订和落实相关政策，使政策体系和建设保障系统进一步完善。

（五）相信和依靠当地群众

（六）切实加强领导

四、结论：

1.顺溪水利枢纽工程是为子孙造福的德政工程，现在已经不是争论枢纽工程要不要上或能不能上的问题，在顺溪干部群众态度积极、思想认识普遍提高，原上访群众认识态度理性，积极性高涨、强烈要求上马的情况下，工程上马也有了广泛的群众基础，其他条件也基本成熟，应是下决心进行科学决策的问题。

2.第一种投资方案是“可研报告”推荐的，经专家测算，财务内部收益率大于8%。但如果县府觉得拿出巨额补助有困难，可考虑采用后二种投资方案，它也可获得较好的财务指标（应合理延长使用年限，弥补投资利益）。

3.根据合同，权衡利弊，投资业主维持以圣雄集团有限公司较为合适，有利于工程尽快上马。但如果合同双方确实存在一些困难而难以履约的，应再进行协商，修改合同某些条款；如果无法协商一致，应本着相互谅解的精神，依法解除合同关系。随后把枢纽工程推向市场，采取多渠道、多层次、多形式进行融资，在为工程营造好的投资开发环境的同时，组织力量，向全社会公开招标，进行公开、公平、公正地选择投资业主。

4.如果县府经过周密分析和慎重考虑，认为目前条件还不成熟，枢纽工程还不宜仓促上马的话，那也须有明确的态度，及早向全县及顺溪镇的干部群众和相关部门作出解释，并采取适当措施解脱库区四个村人民10多年来的困境，不可久拖不决。

5.本调研报告还是比较宏观和粗线条的。如果有意上马，政府部门还须组织对具体问题（如资金来源与渠道；融资、投资体制与机制；政策处理和移民问题；领导班子、下一步工作等），进行深入的调研与部署。

2003年10月

课题组成员：周咸文 林克聪 殷为东 许益顺 王希贤 周景标 周洪兴 郑乃坤 张声和 温庆来 王泽伟 庄义瑞 薛安志 郑小城。执笔：林克聪

应重视充气式水轮机叶片气蚀

华稳健　黄美胜

在我县小型水电站中，水斗式、斜击式水轮机使用的比较多。这类冲击型水轮机结构简单操作，维护方便，深受山区用户的青睐。

根据多年运行实践，我们发现，早期的水轮机其转轮根部断裂是造成水轮机寿命缩短的主要原因；近期的水轮机由于采取了整铸工艺和结构，这种状况已经得到改善。最易损坏的元件是喷针和转轮的叶片，主要是气蚀破坏。

对于喷针和阀体之间的缝隙所产生的气蚀，制造和运行都比较重视。但通过运行发现转轮叶片的气蚀也会使水轮机的效率降低，转轮的使用寿命缩短，振动增强等。因此，我们认为对此也应引起一定的重视。

为什么冲击型水轮机转轮叶片也会产生气蚀破坏呢？在检修中，我们发现，在气蚀点较深较严重处的流线前面，其表面都有凸出部门。

我们分析认为，当水流经过表面较凸的地方，在其背后产生脱流，形成一定的真空度，又造成极不稳定的旋涡，从而产生了气蚀破坏。对于这种现象所产生的气蚀，我们在小水电站的检修中，都细心地将叶片表面较凸处磨平，特别是将气蚀严重的流线前面的凸处磨光滑。实践证明，这种办法不仅能防止气蚀进一步加深，而且，运行中还发现振动有所减少，效率也得到了提高。

除在运行中重视冲击型水轮机叶片气蚀外，我们也要求生产厂家尽力提高整铸转轮的精确性，以进一步提高冲击型水轮机的使用性能。

小水电站防雷保护存在问题探讨（摘编）

华稳健　黄美胜

小水电站遭受雷击虽有偶然性，但由于破坏性大，决不可掉以轻心。我县水电站在每年的雷雨季节，总有一些电气设备遭到破坏。

经我们对全县各水电站防雷设施进行全面检查和分析后，现对存在问题和解决办法作如下探讨：

1.厂房安装避雷针防直击雷存在距离太近现象

为了防止雷电反击作用，一般厂房不宜安装避雷针。据有关资料，我们取雷电流i的幅值为150kA，雷电流的平均上升速度du/dt为30kA/μs计，避雷针电感为1.7μH/m。通过计算得出雷击避雷针时，雷电流流经避雷针及其接地装置，在避雷计h高度处和接地处出现的高电位为：

Uh=150Rch（式中Rch为接地电阻）。

另外，雷击感应过电压也容易引起雷害事故。多数为负极性的雷云会束缚避雷针上的正电荷，当雷云放电消失后，束缚力消失，避雷针上的正电荷会以光速流入大地，其冲击时间为1～10μs左右，如此快速变化的电流所造成的电磁感应也容易影响控制、测量、信号回路的正常工作。

因此，鉴于农村水电站厂房内的主控制室、配电装置等的绝缘水平较低，水电站厂房防直击雷应尽量采用在屋顶布置接地良好的金属网结构的方法为宜。

2. 接地装置连接方式不合理

水电站防雷接地的地方有避雷针、避雷器、避雷线接地，它与电站电气设备的工作、保护接地的关系是非常重要的。我县水电站在这个方面存在以下问题：

（1）有些电站防雷装置接地端和电气设备的工作、保护接地端先连接，再一起接至主接地网，这样一来，通过避雷装置流入大地的雷电流造成的接地高电压将直接反击于电气设备，有很多雷击事故都是这样造成的。

（2）避雷接地虽有单独支线，但其与主接地网的地下连接点至发电机变压器等电气设备的接地线，沿接地体长度达不到规定的15米，这种情况仍不能避免强雷电的反击。

（3）主接地网的接地电阻大于发电机外壳的接地电阻。由于水轮机附近比较湿润，其接地电阻往往比主接地网还要小。这样一来，由于雷电入地走捷径，当其流至主接地网之前，很容易由发电机中性线引入发电机定子主绕组，从而迅速将定子绕组绝缘击穿后通过发电机外壳流入大地。这种雷击破坏就是发电机停止运行并与系统解列时也同样可以发生。

综上所述，水电站主接地网的接地电阻必须要达到规定要求，一般应在4Ω以下，另外，发电机组的外壳接地也应接入主接地网。这样，一方面有利于发电机的安全；另一方面也有利于降低主接地网的接地电阻。同时，防雷接地最好采用独立的接地网，特别是避雷针更要有其独立的接地网，并且与主接地网的距离要大于10米以上为宜。如果防雷接地要引入主接地网必须用自己独立的接地支线，主接地网的地下连接点至电气设备的接地线与主接地网的地下连接点沿接地体的长度要在15米以上。

3. 管型避雷器和阀型避雷器的使用场合不明确

理论和运行实践表明：管型避雷器动作后会产生振荡性的截波，其幅值为冲击放电电压的两倍，容易造成变压器电机绕组匝间甚至相间绝缘击穿。因此管型避雷器用于保护具有绕组的设备是不理想的。我县水电站中，管型避雷器用于杆上隔离开关、交叉跨越处、线路与电缆连接处及接地电阻难以降低的个别杆塔和作为水电站进线保护方面都取得很好的效果。

阀型避雷器的保护作用比较完善，我县水电站将其用于升压变、发电机母线的保护上效果很好。但由于普通阀型避雷器的通流容量与直击雷电流相差甚远，故也不宜作线路防雷保护。

另外，有些水电站的电气设备遭雷击破坏是由于避雷器失效所引起的。

4. 发电机有直配线路，但避雷装置有问题

我县低压水电站一般都带有近区线路，由于发电机和负荷相距较近而无需升压输电，所以发电机和低压架空线是直接相连的。

经运行实践表明：发电机经升压变再和架空线相连接时，由于变压器高低压绕组之间存在电磁耦合和静电耦合，雷击架空线时传递给发电机绕组的电压是不高的，一般不会有什么破坏后果发生。但发电机和架空线直连时，就很容易使发电机绕组绝缘受到雷电流的严重威胁。鉴于农村水电站多为低压电机，绝缘水平很低，且大都忽视低压避雷的必要性，有些电站甚至不装设低压避雷器或者不将其接地。因此这些情况造成很多发电机绝缘损坏。

5. 升压站没有防直击雷措施

经运行实践表明：当雷电流幅值较大时，避雷器有时会发生爆破损坏。同时，避雷器防直击雷效果也不明显。所以对于地形开阔或地形较高的升压站，必须架设避雷针防直击雷。避雷针最好应靠近架空线出线处。这样不仅可以防直击雷，同时可以保证近处导线不遭雷击、而远处导线遭受雷击时，由于导线本身阻抗的限流作用，可使流入阀型避雷器的雷电流受到这个阻抗的限制，一般不会超过额定值。另外，由于这段导线冲击电晕作用，也将使雷电流的陡度

大为降低，减少到允许值以下。

6. 其他缺陷

经实际检查，农村水电站防雷措施还存在避雷接地引线过细、接头过多现象。接头形式多为螺栓连接或手工绞接，锈蚀严重。有些电站虽用焊接，也达不到规范要求。另外，接地电阻也普遍达不到规定要求。这些问题都必须尽快加以改进。

鳌江中上游洪涝灾害综合治理对策研究（摘编）

鳌江中上游洪灾综治对策研究课题组

提　要：鳌江中上游洪涝灾害的整治重点为水头镇，本文介绍了鳌江中上游洪涝灾害情况及治理的要求，分析了该区域洪涝灾害日益严重的原因，提出了对洪涝灾害治理的规划、对策和建议。

鳌江为浙江省八大入海水系之一，流域面积1530.7平方千米，北港流域（干流）从西向东横贯平阳县，流域面积806平方千米。北港流域洪涝灾害频发，并逐年加重，给当地人民群众的生命财产安全造成极大威胁，治理鳌江中上游洪涝灾害已到了刻不容缓的地步。

一、流域概况和洪涝灾害状况

1. 自然地理和社会经济概况

鳌江中上游行政区划包括平阳县的顺溪、山门、南雁、水头、腾蛟、麻步及苍南县天井、文成县桂山等23个乡镇，总人口41万人，耕地54万亩，2007年北港地区工农业总产值94.32亿元。水头镇地处北港地区中部，面积36.3平方千米，人口10余万人，是平阳县中西部的经济、文化、交通中心，也是国家级风景区南雁荡山的东大门，全国最大猪皮集散地和制革基地，2007年水头镇工业总产值40.08亿元，外贸出口值7.62亿元。

2.流域防洪工程建设概况

新中国成立以来至1981年分县前，鳌江流域水利建设本着先南港后北港的原则，重点建设南港流域的桥墩水库和横阳支江（现属苍南县）。平阳县政府曾开工建设南雁水库、维新水库，并筹备建设顺溪水库、岳溪水库等控制性水利工程，但由于资金不足，又缺乏省市政府的支持而告吹。

3.洪涝灾害状况

1）洪灾频发，受淹时间愈来愈长。北港流域洪涝灾害，古已有之。据历史记载，自南宋至民国期间，约数年一遇；新中国成立后至1985年，平均每年受灾2次；1985年以后，达每年受灾3－5次；2002年一年之内水头镇连续被淹11次。洪水淹没时间过去为1－2天，现在达到3－4天。

2）洪涝灾害愈来愈厉，损失越来越大。20世纪80年代以来，受灾范围从水头镇下延扩大到麻步镇、萧江镇。2005年5号台风在埭头水文站过程降雨492毫米，使水头镇淹没水深达5米，安全转移人口1.78万人；洪水约6小时后使麻步镇大范围受淹，淹没最深处达4米；约12小时后萧江镇出现历史上从来没有过的全镇大满水，农田受淹深度达3米，几百家企业进水，上万人被洪水围困，造成水头、南湖、麻步、鹤溪、萧江等镇直接经济损失20余亿元（其中水头镇损失11亿元）。北港地区的广大群众受洪灾之害最深，庄稼房屋财产受损最大，而洪水过后，则总是全镇停电、停水，到处是垃圾和污泥，一片狼藉，清理打扫苦不堪言。水头镇不少居民和企业家因不堪洪灾肆虐，而只得举家外迁。

3）群众呼声愈来愈强烈，引起了省、市、县领导的高度关注。北港地区老百姓近年来受洪涝灾害的折腾对洪灾深恶痛绝，对治理洪灾的要求日益强烈，广大群众、人大代表、政协委员20余年来议案、提案的强烈呼声，引起了政府部门领导的高度重视。近年来，省水利厅厅长陈川、副厅长彭佳学和厅总工程师许文斌专程到水头、顺溪调研，陈厅长指出："顺溪水利枢纽和水头城市防洪工程是关系平阳工农业生产和社会稳定的大事。各级政府和部门一定要把这项工作放在一个突出的位置抓紧抓好。"温州市委书记、市长邵占维多次专程到平阳县水头和顺溪视察调研水利建设和防洪工作，听取了群众、干部的反映。他指出："顺溪水库和水头城市防洪工程要加快建设步伐。平阳县委、县政府要高度重视这两项水利工程建设，集中精力、财力、物力把工程建设好，彻底解决水头镇水患问题。"

二、洪涝灾害频发原因

1.自然地理因素

北港流域属亚热带季风气候，年均降水量1880毫米，夏秋的台风期和梅雨期，占全年降水量70%。水头镇位于三面环山的河谷小盆地，上游顺溪是暴雨中心，山高坡陡，汇流迅速，流域上游无控制性拦蓄工程，洪水暴涨暴落，加上凤卧溪、鹤溪、闹村溪三条支流汇入，洪峰重迭，泄洪时常遭遇高潮位潮水顶托，造成水头漫滩行洪，泛滥成灾。

2.部分群众防灾意识薄弱，受利益的驱动破坏了水环境

长期以来，群众防洪减灾意识淡薄，往往为了一己私利，人为破坏了水环境。一是水头镇小南、溪心及上店一带有600多家制革企业和众多当地群众、山区移民大量占用滞洪区、河滩地办厂建房，加重了洪水灾害；二是大量的制革下脚料、污泥、生活垃圾、建筑废渣随意倾倒河道中，造成河道淤积、河床抬高，还有沿河群众在滩地上大量种植竹木使河道变窄，大大减少了河道过水断面；三是群众在上店至旧玛瑚渡溪滩乱采滥挖沙石，形成深水道，使鳌江溪心段主河道北移，洪水直泄水头镇城区，加重洪涝灾害程度；四是上游岳溪水库、顺溪水库建设遭到当地群众阻挠，未能适时按计划开工建设，失去了蓄洪调峰能力。

3.政府及有关部门对防洪减灾体系建设重视不够、措施不力

20世纪80年代以来，当地政府和有关部门在发展社会经济中，对北港流域河况、水情特点了解不深，未能统筹经济发展与民生大局。一是多年来鳌江流域综合规划未纳入平阳县城市总体规划，也未能与国土规划和土地利用总体规划相协调；二是政府对群众和一些企业单位占用滞洪区建房办厂的违法行为熟

视无睹，放任自流，破坏流域水环境现象愈演愈烈；三是水利部门编制的鳌江（北港）流域水利（防洪）规划，政府至今没有采用和实行长期动态控制管理；四是过江交通桥建设欠合理造成严重阻水、壅水。

4.水利基础设施投入严重不足

新中国成立后，历届政府对鳌江流域水利工程建设投入严重不足。分县以来，县政府没有集中财力投入防洪工程建设，没有千方百计发动民众筹集防洪资金，也没有积极向省、市争取城防资金，而县政府确实财力不足，力不从心；市政府由于财政体制问题未予以支持，省政府对北港流域治理也关注不够，投入少。

三、洪涝灾害综合治理思路和原则（略）

四、对策与建议

1.统一认识，积极推进规划实施

鳌江中上游综合治理工程是一项功在当代，利在千秋，使北港地区免受洪涝灾害的重要基础工程；是一项拓展水头发展空间，改善水头居住、投资环境的德政工程；是一项贯彻“三个代表”重要思想、政府偿还历史欠账、密切党群关系、构建和谐社会的民生工程。平阳县委、县政府把治理鳌江中上游洪涝灾害作为落实科学发展观、构建和谐社会的重要抓手，建立了工程建设指挥部。

2.加大宣传力度，树立全社会长期的防洪减灾意识

实施鳌江流域防洪减灾体系是一项艰巨的、公益性的社会系统工程。大力宣传流域水利规划实施的重要性和紧迫性，以引起上级领导的重视；大力宣传人与自然和谐相处，以人为本的治水理念，充分调动各行业和群众，支援防洪工程建设的自觉性和积极性；大力宣传树立全社会长期的防洪减灾意识，把防洪减灾、实施流域规划作为公民应尽的职责和义务，参与全民爱河、护河的活动，用实际行动支持水头城市防洪工程建设零阻力进场，无障碍施工。

3.区域规划要与防洪减灾规划相统一，加强北港流域规划管理

首先，为避免在有洪灾风险的地段进行开发，北港流域规划必须纳入水头

城市总体规划，绝对不允许在流域综合治理规划红线范围内进行城市开发建设，当前要抓紧重新修编水头城镇总体规划。

其次，落实审批责任制，加强流域规划管理。一是设置规划红线标志桩，严格禁止使用规划红线内的土地；二是迅速组织力量清除规划红线内的违章建筑，为水头新河和防洪堤工程建设创造最佳环境。

4.加快防洪减灾工程建设进程

1）加快水头城防工程建设步伐。几年来，水头镇政府已竭尽全力，将城防工程纳入社会发展规划之中，根据城市防洪工程难点、重点，按轻重缓急，分期实施，尽量在较小投资的状态下，加快水头城防工程建设步伐，把水头镇城防工程效益尽快体现。

2）同步做好流域上下游防洪工程勘测设计。水头镇城市防洪工程是建立在鳌江流域防洪规划基础上的，建议同步做好鳌江上游顺溪水利枢纽工程建设前期工作和下游河道整治工程勘察设计。

3）促进顺溪水利枢纽工程早日开工。北港流域防洪以“上游建水库拦洪、中游疏浚分洪治洪、下游河道整治排洪”的布局，在上游修建水库来调节径流的时空分布，以达到削减洪峰的目的。顺溪是鳌江流域暴雨中心，水库调蓄作用明显，我们期盼顺溪水库工程尽快上马建设，以缓解北港流域的洪水灾害。

5.积极筹措资金，保障防洪减灾规划的实施

1）财政要加大投入。北港流域综合治理工程是区域内经济发展和创造财富的重要基础设施，必须得到财政保证。财政投入比例要随本县财力的增长而增加，使财政对北港流域综合治理的扶持力度最大化。

2）制订政策，多方集资，营造水利投融资机制。要开展“爱我家乡，和谐鳌江”的筹资活动，采取对新建防洪堤、桥梁和景观以出资人命名或具体景点刻字留名等形式发动企业或个人捐资；动员工业反哺水利、在外创业的企业家反哺家乡筹集城防经费；相关部门领导带头，发动干部职工积极捐资筹集城

防资金。同时，政府要积极争取银行贷款，进一步拓宽融资渠道。

3）要求省、市政府加大对鳌江北港流域治理的支持力度。建国以来，省、市政府对北港流域的治理，一直未给予全力、长期有效的支持，全省各地城防工程都建成了，平阳县北港流域没有治理，这是历史的欠债，目前省市领导已经看到了这个被遗忘的角落，因此，平阳县政府主要领导应该亲自出马，抓住机遇，争取省市乃至中央的支持。

6.切实加强组织领导

1）落实目标责任制，实行地方行政首长负责制，把流域防洪减灾工程建设纳入领导的考核目标。

2）建立“北港流域综合治理工程建设指挥部”及其办公室。其中常年办公人员列入编制和财政预算。

3）要重视人才队伍建设。鳌江中上游综合治理项目是一项长期建设的工程，提高人才知识层次和综合素质，保障鳌江中上游洪涝灾害综合治理对人才的需求。

2008年12月

课题组成员：林克聪 周咸文 许益顺 郑乃坤 周景标 王希贤 王泽伟 周洪兴 郑国楚。执笔：林克聪

平阳县水利建设现状、问题及其对策（摘编）

陈绍熙

摘　要：坚持深化水利改革不动摇。近几年来，水利工程越建越多，然而水工程管理相对薄弱，要坚决纠正“重建轻管”的思想，做到建设、管理、执法并举，突出管理在水利工作中的重要地位，积极探索新形势下水利工程管理良性运行的路子，充分发挥水工程的社会效益。

1 现状

平阳县水利大致经历了三个发展阶段：一是1981年分县前的大发展阶段。新中国成立后，平阳县开始了水利建设的新时期。二是1981～1992年的平稳发展阶段。在这个时期侧重水利工程的完善和配套。三是1992年以后进入加快发展阶段。水利建设开始步入市场化运作轨道，特别是1998年长江发生洪涝灾害以来，水利建设进入了较好的发展时期。小水电开发建设方兴未艾，标准堤塘建设、西湾海涂围垦、顺溪水利枢纽等重点工程进入实质性实施和启动阶段，水利基础设施建设明显加快。

进入90年代以来，平阳水利建设事业步伐加快的主要标志有以下几个方面。

一是以沿海沿江标准堤塘建设为重点的水利基础设施建设进一步得到加强；

二是以防洪、排涝、灌溉为重点的小型农田水利项目进一步配套完善；

三是以山区小水电建设为重点的水资源开发利用进一步加快；

四是以水土保持为重点的水行政执法工作有了进一步发展。

2 问题

2.1 水工程老化

平阳县的小型蓄水工程大多数是1970年以前建造的，由于工程数量多，运行时间较长，普遍存在着安全隐患。

2.2 河道槽蓄功能弱化

随着经济和社会的发展，城镇开发建设活动的加剧，蚕食河流、与水争地矛盾日益突出，随意向河道倾倒建筑及生活垃圾的现象普遍，加上山区植被被破坏，水土流失严重，造成平原河道淤积，河床抬高，河面变窄，严重影响了正常排涝、蓄水、灌溉和航运的功能。

2.3 水环境恶化

由于水土流失和大量的生产生活污水和垃圾排入河道，致使鳌江中下游及塘河河网水质严重污染，水质基本上处在Ⅳ～Ⅴ类的水平，均已超过了Ⅲ类水质标准要求。

2.4 北港地区防洪能力退化

洪涝台灾害一直是平阳人民的心腹之患，尤其是水头等北港地区洪涝台灾害更为频繁。

2.5 水利经济不发达，水利改革难以深化

长期以来，由于“重建轻管”思想的禁锢，水工程的效益得不到发挥。水利经济不发达，水利改革虽然走出了第一步，但仍步履维艰。

2.6 水行政执法亟待进一步加强

全民水利法制意识还比较淡薄，依法治水、科学治水的观念尚未真正树立。特别是城镇建成区和开发区的河道、溪流以及北港流域溪滩地等盲目填、非法占的不法行为时有发生。

3 对策

3.1 指导思想和工作思路

今后一个时期，平阳县水利工作总的指导思想是：坚持以邓小平理论和党的基本路线为指导，认真贯彻党的十五届三中、五中全会精神，切实把水利放在基础设施建设的首位。坚持以防汛减灾保安全为中心，突出抓好平原河道疏浚、小流域治理和骨干水利工程建设；加大城市防洪工程建设力度，进一步完善农田水利设施配套；加大水行政执法，依法保护和合理开发水资源；强化水

工程管理，进一步深化水利改革；大力发展产业经济，更新观念，及时调整治水思路；坚持依法治水，科学治水，努力推进水利现代化建设，为平阳县经济和社会发展提供基础性保障作用。

据此，我们必须在工作思路上实现四大转变：

一是在思想观念上，要逐步实现从现在的传统水利向现代水利转变。这里面包含三个层次的转变：计划平衡的水利向市场导向的水利转变；传统技术的水利向科技创新的水利转变；短期的、局部的水利行为向长期的、全局的、可持续发展的水利行为转变，树立大水利观念。

二是在工作职能上，要逐步实现从工程水利向资源水利转变。加强水利工程建设的同时，必须更加合理地保护、配置水资源，把对水资源的统一管理和优化配置作为水利工作的出发点和归宿点，牢牢把握好，要彻底转变水利部门的职能。

三是在工程建设上，要逐步实现从现在的防灾水利向环境水利转变。

四是在工作重心上，要逐步实现从现在的农村水利向农村水利与城市水利并举转变。

3.2 把握一个主题，围绕两个重点，实现三个突破，坚持四个不动摇

3.2.1 把握一个主题

要始终把水利作为基础设施和基础产业来抓，摆在国民经济的首位，多方争取和全面筹集水利资金，进一步加大水利建设力度，为建设现代化新平阳提供强有力的水利支撑。

3.2.2 围绕两个重点

一是大力开展小流域治理。要在全面规划的基础上有计划、分步骤、分期分批开展治理，本着先急后缓、先重点后一般原则，力争在5～10年内完成治理任务。

二是大力开展平原水网地带河道疏浚整治。举社会之力，广泛筹集资金，运用机械的、人工的方式进行疏浚，力争用5年时间完成全县河道清淤任务。

3.2.3 实现三个突破

北港干流整治力求有新的突破。要采取拓宽、疏浚、筑堤等工程措施对鳌江北港干流进行综合整治，力争在一二年内取得明显成效。

顺溪水利枢纽工程要力求有新的突破。顺溪水利枢纽工程的建成能够对减轻北港经济重镇水头等地的洪涝灾害起到积极作用，目前已基本完成可行性研究，要加快步伐，力争用3～5年时间建成。

南雁水库工程要力求有新的突破。南雁水库工程建成可使北港地区防洪标准达到20年一遇，每年可供水2.1亿立方米，要利用5年时间完成前期准备工作，争取在下一个五年计划内开工兴建。

3.2.4 坚持四个不动摇

坚持防汛抗旱不动摇。洪涝灾害一直是平阳县人民的心腹之患，必须继续认真贯彻“建、防、避、抢”的防汛工作指导方针，立足防大汛、抗大灾，加大宣传力度，增强全民防灾避灾意识。进一步落实防汛行政首长责任制，落实防洪预案，落实各项应急措施，加强防汛业务培训，提高基层的防洪抢险能力。研究和完善防汛预案，制定江河水系汛期调度运行计划，加强防汛指挥系统和水文遥测系统自动化建设，落实防汛值班、巡查和报告制度，及时掌握台情、雨情、旱情、工情，做到反应迅速，措施有力，调度科学，指挥得当，确保安全度汛。

坚持水政执法不动摇。水利部门既是一个建设管理部门，又是一个执法部门，要切实加强水资源管理，提高依法治水、依法管水的水平。一要进一步加大执法力度，坚持查处和预防相结合，全面落实执法责任制和执法巡查制度。二要严格穿河、涉水开发建设项目和采沙的审批，推行占用水域举行听证和公示制度。三要努力做好水事纠纷的调处工作，发现水事纠纷苗头的要及时予以调处，坚持把水事纠纷消灭在萌芽状态，防止矛盾扩大化。四要加强水法宣传，增强水法制意识。水法宣传要改变传统的、单一的宣传教育方式，要做到广泛深入，形式多样，力求生动、形象、直观、具体、真实。

同时，要加强水土保持工作。平阳县是全省水土流失最严重的县之一，要作为一项基本国策摆上水利工作的重要议事日程，突出预防保护和综合治理，加快水土保持工程建设，要坚持贯彻“退耕还林、封山绿化、以粮代赈、个体承包”的政策措施，抓住以粮食换林草的有利时机，有计划、有步骤地做好退耕还林还草工作。要强化水土保持预防监督，严防在项目建设和开发中造成新的人为水土流失，及时督促建设单位和业主编制水土保持方案，依法足额征收水保“两费”，并落实“三同时”。

坚持深化水利改革不动摇。要坚决纠正“重建轻管”的思想，做到建设、管理、执法并举，突出管理在水利工作中的重要地位，积极探索新形势下水利工程管理良性运行的路子，充分发挥水工程的社会效益、生态效益和经济效益。首先，要转变管理部门的指导思想，向管理要效益，从管理中求发展。其次，要改革管理体制，提高管理效率，逐步实行管养分开，积极引进适应市场经济的水利工程物业管理新办法，达到省钱、高效。

坚持狠抓队伍建设不动摇。切实加强水利队伍自身建设，是做好水利工作的关键。要结合机构改革的有关要求，把队伍建设摆到更为突出的位置，从政治上、业务上和作风上不断提高干部职工的整体素质。

（原载《浙江水利科技》2001年第5期）

编 后 记

2012年12月，平阳县水利局成立《平阳县志（1989～2012）·水利卷》及《平阳县水利志（1989～2012）》编纂委员会，又于2013年3月和2014年10月先后调整和充实编纂委员会成员。编纂委员会的任务：一是撰写《平阳县志（1989～2012）·水利卷》；二是编纂《平阳县水利志（1989～2012）》。两者同步进行，相辅相成。

在编纂过程中，各重点水利工程建设指挥部、局机关各科室都积极提供资料，编辑部人员在查找资料的同时，深入到顺溪水利枢纽、海涂围垦、鳌江干流治理工程指挥部、瑞平水系管理处、局属各流域所等单位进行调查、考察，召开座谈会。在此基础上，历时两年，完成了《平阳县志（1989～2012）·水利卷》和《平阳县水利志（1989～2012）》的初稿。

初稿形成后，编纂委员会多次召集各重点水利工程建设指挥部、局机关各科室、局属各流域所负责人会议，听取意见，核对和补充材料。根据初审、复审和终审的反馈，编写人员先后对志稿进行六次大修改，于2015年5月完成全部编纂工作。除将《平阳县志（1989～2012）·水利卷》交付《平阳县志（1989～2012）》编辑部使用外，根据编纂委员会决定，《平阳县水利志（1989～2012）》另行出版。

值此完稿之际，感谢有关专家和领导的关怀和支持，感谢局属各单位及相关部门提供资料，感谢顺溪水利枢纽、海涂围垦、鳌江干流治理工程指挥部

（办公室）提供文稿，感谢陈绍熙、陈先夏、林开胜、周贻训、殷为东、柳宜本、潘永乐等审阅志稿，感谢县志办夏江雷、陈肖粟、卢立新担任本志编辑顾问！同时，对辛勤工作的编辑部全体同仁表示慰问！

由于我们学识水平有限，内容的疏漏和不当之处在所难免，敬请各级领导、方志专家和广大读者批评指正。

《平阳县水利志（1989～2012）》编辑部

2015年12月